普通高等教育“十三五”规划教材

电子信息科学与工程类专业规划教材

电路计算机辅助分析

李　岩　刘陵顺　王成刚　　主　编

刘　迪　杨　帆　杨　玫　　副主编

杨莉莉　葛宝川　　参　编

李建海　王　晶　　主　审

電子工業出版社

Publishing House of Electronics Industry

北京 • BEIJING

内 容 简 介

本书是根据电路计算机辅助分析课程的教学基本要求和实际需要编写的。全书介绍了经典电路理论、电路方程的求解方法、电路计算机辅助分析实例及常用的电路计算机辅助分析软件等内容。本书将经典电路理论与现代电路分析方法相结合，突出求新与求实的风格，力求体现电路计算机辅助分析领域的新技术和新成果，做到学科先进性和教学适用性的和谐统一。

本书可作为电气类和电子信息类本科生教材，也可作为相关专业工程技术人员的参考书。

图书在版编目（CIP）数据

电路计算机辅助分析 / 李岩，刘陵顺，王成刚主编. —北京：电子工业出版社，2020.5
ISBN 978-7-121-38607-7

Ⅰ. ①电… Ⅱ. ①李… ②刘… ③王… Ⅲ. ①电子电路－计算机辅助分析－高等学校－教材 Ⅳ. ①TN702

中国版本图书馆 CIP 数据核字（2020）第 034685 号

责任编辑：赵玉山
印　　刷：三河市良远印务有限公司
装　　订：三河市良远印务有限公司
出版发行：电子工业出版社
　　　　　北京市海淀区万寿路 173 信箱　邮编 100036
开　　本：787×1 092　1/16　印张：12　字数：307 千字
版　　次：2020 年 5 月第 1 版
印　　次：2021 年 3 月第 2 次印刷
定　　价：39.90 元

凡所购买电子工业出版社图书有缺损问题，请向购买书店调换。若书店售缺，请与本社发行部联系，联系及邮购电话：（010）88254888，88258888。

质量投诉请发邮件至 zlts@phei.com.cn，盗版侵权举报请发邮件至 dbqq@phei.com.cn。

本书咨询联系方式：（010）88254556，zhaoys@phei.com.cn。

前　　言

随着电子科学技术的迅猛发展，电路计算机辅助分析技术成为电路分析和设计的必要手段，以此为重要基础的电子设计自动化（EDA）技术已成为一门独立而重要的学科，被广泛应用于电路的设计和仿真、版图设计、印制电路板设计和可编程逻辑器件编程等各项工作中，因此，掌握电路计算机辅助分析的基本理论、分析方法及常用分析软件是电气类和电子信息类专业学生和工程技术人员职业发展必备的技能。

电路计算机辅助分析涉及电路理论、最优化方法、计算数学和计算机程序设计与软件工程等学科，各种电路分析软件的内核均基于电路计算机辅助分析。本书的体系是作者经过长期教学实践形成的，内容编排上将经典电路理论与现代电路分析方法相结合，突出求新与求实的风格，力求反映电路计算机辅助分析领域的新技术、新成果，努力做到学科先进性和教学适用性的和谐统一。全书介绍了经典电路理论、电路方程的求解方法、电路计算机辅助分析实例及电路计算机辅助分析软件等内容。经典电路理论模块包括电路计算机辅助分析概论、网络图论、常用电路系统化分析方法等；电路方程的求解方法包括线性代数方程组、复代数方程组、一阶微分方程及一阶微分方程组的求解方法和常用程序代码等；电路计算机辅助分析实例模块是作者编写的电路计算机辅助分析系统，能完成线性直流电路、正弦稳态电路、线性电路瞬态分析及非线性电阻电路分析等，该模块中各实例均给出了具体的编程思路和实现方法；电路计算机辅助分析软件模块包括基于 MATLAB 2018 和基于 Multisim 14 的电路计算机分析方法，还给出了基于 MATLAB GUI 的电路计算机辅助分析及仿真系统编写思路和方法；每一章都附有配套习题。

本书分为 7 章，由李岩、刘陵顺、王成刚担任主编，刘迪、杨帆、杨玫担任副主编。其中第 1 章和第 3 章由李岩编写，第 2 章由王成刚编写，第 4 章由杨玫编写，第 5 章由刘陵顺和葛宝川编写，第 6 章由刘迪和杨莉莉编写，第 7 章由杨帆编写，全书由李建海、王晶担任主审。

在本书的编写过程中，参考了一些优秀教材和参考资料，在此对相关作者表示感谢！本书得到了海军重点建设课程项目的资助，在此一并对相关人员表示感谢！

由于编者水平有限，编写时间仓促，书中难免存在疏漏和不妥之处，敬请读者批评指正。

编　者

2019 年 10 月

目　　录

第1章　电路计算机辅助分析概论

电路理论包括电路分析、电路设计和故障诊断三大问题，其中电路分析是所有问题的基础。电路分析是将实际电路抽象为电路模型，应用电路分析的各种方法列写电路方程，电路方程的形式可以是线性代数方程（组）、微积分方程（组）等，通过求解方程（组），得出电路中的各支路或元件的电压、电流和功率。电路分析的目的就是根据计算结果判断电路设计是否达到了所要求的性能指标，以及电路的可靠性和稳定性等。

借助计算机辅助分析电路经历了电路计算机辅助分析（Computer Aided Analysis of Circuits，简称 CAA）、电路计算机辅助设计（Computer Aided Design，简称 CAD）、电子设计自动化（Electronic Design Automation，简称 EDA）等阶段，其中电路计算机辅助分析是完成各类电路分析的基础，涉及电路理论、最优化方法、计算数学和计算机程序设计与软件工程等学科，目前电路分析软件已成为电路分析和设计的有效工具，各种电路分析软件的内核也是基于电路计算机辅助分析理论的。

1.1　电路计算机辅助分析的特点和作用

电路分析是电路设计的基础和依据，借助计算机分析电路在各个电路设计的历史阶段都起着重要的作用。

1.1.1　传统的电路设计过程

在计算机出现以前，电路设计从电路方程的建立、求解到分析都是人工完成的，虽然工作量大，但能满足工程需要。

传统的电路设计通常分为三步：一是根据设计指标，依据电路理论知识和工程经验初步确定电路方案和元件参数；二是根据设计方案给实际电路建模，应用电路分析方法建立数学模型，并借助于计算器等进行求解，即进行电路分析，求解的结果与设计指标要求进行比较，不断修改完善，这是一个反复的过程，直至符合设计要求；三是根据设计方案用实际元件搭接电路进行实验，通过对电路性能参数的测试，来检验设计的正确性，这也是一个反复的过程，通过修改电路结构或元件参数，直到电路性能满足指标要求。

1.1.2　电路计算机辅助分析特点

传统的电路设计方法仅适用于规模小、元件类型少、计算精度不高的电路。随着新的电路元器件的出现及集成电路的飞速发展，电路中元器件数目越来越多，复杂度和集成度越来越高，如中规模集成电路的元件数达近千个，超大规模集成电路的元件数达近千万个，而目前巨大规模集成电路的元件数可达近亿个，如果仍然靠人工来分析计算是完全不可能的，需要借助计算机来完成电路方程的建立和求解，通常由电路计算机辅助分析软件来实现，即电路计算机辅助分析（CAA）技术。CAA 是大规模电路分析的必备手段。

1.1.3　电路计算机辅助设计

电路计算机辅助设计（CAD）包括电路的计算机辅助分析和电路的最优化设计。CAD 将计算机的高速运算、优良的数据处理能力与人的创造性思维有机地结合起来，从根本上改革了电路的设计方式，丰富和发展了经典的电路理论。

CAD 的过程首先要画出电路的拓扑结构并确定相应元件参数，给出必要的约束条件，运用计算机对电路反复迭代计算，最后优化出符合电路设计指标，满足约束条件的电路结构和元件参数，在此基础上，由计算机编辑电路原理图，实现 PCB 布局布线。这种设计方法简单、快捷，而且直观，极大地促进了中小规模集成电路的开发和应用。

采用 CAD 技术实现各类电路分析，包括分立元件电路和集总电路，以及模拟电路、数字电路和模拟数字混合电路，均不需任何实际元件，应用程序代替实验中的各种仪器仪表，计算机根据设计人员的指令执行各种数据分析和模拟实验过程。在这一过程，CAD 也是以 CAA 为基础的。

1.1.4 电子设计自动化

随着电工科学技术的飞速发展，在 20 世纪 90 年代初，综合运用计算机辅助设计（CAD)、计算机辅助制造（CAM)、计算机辅助测试（CAT）和计算机辅助工程（CAE）等技术成果，电路设计进入了电子设计自动化时代。

电子设计自动化（EDA）技术采用自顶向下的设计流程，从系统设计入手，在顶层进行功能框图的划分和结构设计，在顶层一级进行仿真、优化、设计；采用超高速集成电路硬件描述语言（Very-High-Speed Integrated Circuit Hardware Description Language，简称 VHDL）描述高层次的系统行为；通过编译器形成标准的 VHDL 文件，在系统一级进行仿真、测试和验证；用综合优化工具生成具体门电路的网络表；实现的物理目标有 3 个，一是专用集成电路（Application Specific Integrated Circuit，简称 ASIC)，二是复杂可编程逻辑器件（Field-Programmable Gate Array，简称 FPGA）/现场可编程逻辑阵列（Complex Programmable Logic Device，简称 CPLD)，三是印制电路版（Printed Circuit Board，简称 PCB)。EDA 技术是整个设计流程中各环节不断求精的过程，是从高抽象级别到低抽象级别的推进，有利于在设计早期发现结构设计中的错误，极大地提高了系统设计效率，缩短了产品的研发周期。

EDA 技术是电工科学技术领域一个独立而重要的学科，已经被广泛应用于电路的设计和仿真、版图设计、印制电路板的设计和可编程逻辑器件的编程等各项工作中。目前绝大多数的集成电路设计、分析与制造，都是通过 EDA 工具来实现的，而 CAD 是 EDA 的重要组成部分，因此 CAA 也是 EDA 的重要基础。

1.2 电路计算机辅助分析的一般步骤

电路计算机辅助分析通常遵循以下 7 个步骤。

（1）实际电路的建模，将实际电路器件抽象为理想电路元件或理想电路元件的组合，便于应用电路理论建立电路方程，而模型的精确程度、复杂程度将影响分析的精度和计算速度，因此要根据电路的工作条件和要求的性能指标，选取恰当的模型；

（2）将电路规模和参数编写为计算机可识别的机器语言；

（3）将电路信息输入计算机，可以采取输入电路文件或图形化的方式；

（4）建立电路方程，针对线性电路或非线性电路、稳态或瞬态分析，方程的形式均有不同；

（5）电路方程求解，针对不同类型电路方程的特点，采用不同的数学求解方法；

（6）输出电路分析结果，可以是图形或数值解；

（7）结果分析。

电路计算机辅助分析的一般流程如图 1-2-1 所示。

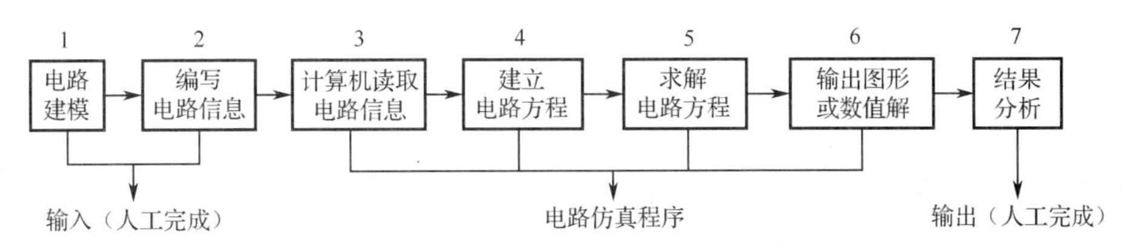

图 1-2-1　电路计算机辅助分析流程图

在图 1-2-1 中，1、2 是输入，7 是输出，由人工来完成，而 3、4、5、6 由计算机完成，通过电路仿真程序的形式呈现。对电路仿真程序的使用者来说，直接打交道的都是输入和输出模块，操作方便是原则，而电路仿真程序的核心是电路方程的建立和求解，这也是本书的主要内容。

1.3　电路计算机辅助分析研究的主要内容

应用计算机，可对所设计的各类电路进行分析，包括线性电路、非线性电阻电路及非线性动态电路等，这些分析有助于电路的优化设计、故障诊断和电路可靠性分析，是电路设计的基础。

1. 线性电路的分析

线性电路包括线性电阻电路和线性动态电路，主要研究以下问题。

① 直流分析：线性电阻电路在直流激励下的响应。

② 交流分析：线性动态电路的频率响应，通常以曲线的形式显示电路幅频特性与相频特性。

③ 瞬态分析：线性动态电路在指定时间区域内的时域响应。

④ 噪声分析：以噪声源作为激励，所引起的电路的响应，可以是交流解或时域解。

⑤ 灵敏度分析：电路的输出变量对电路中元器件参数变化的敏感程度。

2. 非线性电阻电路的分析

① 直流工作点分析：计算非线性器件在交流信号置零时电路的静态工作点。

② 驱动点特性分析：非线性电阻电路在直流激励下驱动点电流与电压的关系。

③ 传输特性分析：网络的输入端与输出端的电压与电流关系。

3. 非线性动态电路的分析

① 初始值、偏置或平衡点分析：非线性动态电路在直流激励下的初始值、偏置或平衡状态下的工作点。

② 瞬态分析：非线性动态电路时域分析。

③ 非线性失真分析：输出信号与输入信号由于非线性元器件存在而不成线性关系，使输出信号中产生谐波成分。

在众多的分析方法中，最基本的是线性电路的直流分析、交流分析和瞬态分析，其他分析都是在这三种分析的基础上进行的。

1.4　电路计算机辅助分析课程的主要内容

1. 网络图论

网络图论为描述电路的拓扑结构提供了有效的方法。应用网络图论把电路的拓扑结构用矩阵来描述，如用关联矩阵 $\boldsymbol{A}$ 描述支路与结点的连接关系，用回路矩阵 $\boldsymbol{B}$ 描述支路与回路的关系，用

割集矩阵 $\boldsymbol{Q}$ 描述支路与割集的关系等，从而得到电路的拓扑结构，独立的 KCL 方程、独立的 KVL 方程、支路的 VCR，电路参数也用相应的电路矩阵描述，通过矩阵运算建立电路方程。

2．系统化列写电路方程的方法

随着计算机辅助电路分析的应用和发展，电路分析方法也相应地发展、变化。如在电路理论中涉及的回路电流法、结点电压法等，主要由观察法列写电路方程，而在网络图论的基础上，用系统化的列写方法，可得到复杂网络的矩阵形式的方程，如矩阵形式的结点电压法、改进的结点电压法、回路电流法、割集分析法等，可根据电路特点选用适当的方法，用系统化的方法建立矩阵形式的电路方程，便于大规模电路分析和求解。

3．电路方程的求解方法

由电路理论可知，电路由各种元器件组成，首先要建模，即用电阻、电感、电容、独立电源、受控源等理想电路元件来表示实际的元器件，如电阻器、电容器、电感器及三极管等，根据电路中两类约束关系可以导出电路方程，电路方程通常是代数-微分方程组：

$$\boldsymbol{F}\left(\boldsymbol{x},\frac{\mathrm{d}\boldsymbol{x}}{\mathrm{d}t},t\right)=0 \tag{1-4-1}$$

其中，$\boldsymbol{F}$ 为多元函数列向量，可以是线性代数形式、非线性代数形式或微分形式；$\boldsymbol{x}$ 为电路变量列向量，可以是电压或电流。具体方程的形式和电路变量要根据实际电路的特点，以及电路分析和设计所需的变量来确定。

线性电路分析是各类电路分析的基础，包括三类电路：直流电阻电路、正弦稳态电路及暂态电路，不同电路对应的方程（1-4-1）的形式不同。例如在线性直流电路分析中，$\frac{\mathrm{d}\boldsymbol{x}}{\mathrm{d}t}=\boldsymbol{0}$，方程（1-4-1）为线性代数方程组；正弦稳态电路相量分析时，方程（1-4-1）为线性复代数方程组；在暂态电路分析中，方程（1-4-1）为一阶微分方程组。如果电路中含有非线性电路元件，电路的方程就是非线性代数方程（组）。

电路方程的建立方法是多样的，每种分析方法都有相应的应用条件，建立的方程规模差异也很大，不同的分析软件采用的分析方法也不同。由于现代电路方程规模越来越大，要得到解析解是不可能的，因此，普遍采用的是数值算法，包括线性代数方程组的数值解、一阶微分方程组的数值解。

电路方程的建立和数值求解是电路计算机辅助分析中的两个重要问题，也是本书的核心内容。

4．电路计算机辅助分析实例

遵循图 1-2-1 的设计流程，作者编写了电路计算机辅助分析系统，完成了从电路的建模、电路信息编写、计算机读取电路信息、电路方程的建立与求解及计算结果输出等电路计算机辅助分析的全过程，可以实现对直流电阻电路、正弦稳态电路、动态电路暂态分析及非线性电路的求解。通过学习可以使学生系统掌握借助计算机辅助分析电路的一般思路和实现方法。

5．常用电路计算机辅助分析软件

目前，EDA 技术通常通过成熟的 EDA 软件来实现，EDA 软件有很多，本书主要介绍在工程领域应用最为广泛 MATLAB 及 Multisim。

MATLAB 是MathWorks公司推出的一款商业数学软件，其强大的数值分析、数值和符号计算、控制系统的设计与仿真等功能可作为各类电路方程求解的有效工具；基于 MATLAB 框图设计环境的 Simulink，是一种可视化仿真工具，广泛应用于线性系统、非线性系统、数字控制及数字信号处理的建模和仿真中。本书主要介绍 2018 版 MATLAB 及 MATLAB\Simulink 在电路分析中的使用方法。

Multisim 是美国国家仪器（NI）有限公司推出的以 Windows 为基础的仿真工具，包含了电路原理图的图形输入、电路硬件描述语言输入方式，具有丰富的仿真分析能力，用于板级的模拟/数字电路板的设计工作。PCB 设计工程师可以完成从电路理论分析到原理图设计与仿真再到 PCB 设计和测试这样一个完整的综合设计流程。目前最新版本是 Multisim 14，本书主要介绍应用 Multisim 14 进行电路分析的方法。

习　　题

1-1　回顾电路理论课程中讨论的各种电路方程的列写和求解。
1-2　简述电路分析在电路设计不同历史时期的特点和作用。
1-3　简述电子设计自动化技术（EDA）的特点和解决的主要问题。
1-4　简述电路计算机辅助分析的一般流程。
1-5　说出电路计算机辅助分析研究的主要问题。
1-6　总结电路计算机辅助分析课程研究的主要内容。

第2章　电路计算机辅助分析理论基础

在电路理论课程中，已经学习了直观列写电路方程的基本方法，如网孔电流方程、结点电压方程等。对于规模较小的电网络，用这些方法列写和求解方程都不困难。但随着现代电子电路和大型电力系统的发展，电路规模日益庞大，结构日益复杂，已不可能再用人工直接列写和求解方程，而往往需要借助计算机，根据输入数据，自动列写出电路方程并进行分析计算。为此，就需要建立一种便于计算机识别的编写电路方程的系统化方法。在这类方法中，要用到网络图论的相关知识，本章主要介绍网络图论的一些基本概念和由电路矩阵表示的两类约束关系。

2.1　图论基础

图论是数学的一个分支，由数学家欧拉（Euler）建立，应用的领域很多。网络图论是应用图论研究网络的几何结构及其基本性质的理论，又称网络拓扑。

哥尼斯堡七桥问题被认为是图论的起源。据传 18 世纪时，欧洲有一个风景秀丽的小城叫哥尼斯堡，普莱格尔河横贯其中。在这条河上建有七座桥，将河中间的两个小岛（A、D）和河岸（B、C）连接起来，如图 2-1-1（a）所示：河中的小岛 A 与河的北岸 B、南岸 C 各有两座桥相连接，小岛 D 与 A、B、C 各有一座桥相连接。当时哥尼斯堡的居民中流传着一道难题：一个人怎样才能一次走遍七座桥，每座桥只走过一次，最后回到出发点？大家都试着去走，但是谁也无法做到，这就是著名的哥尼斯堡七桥问题。

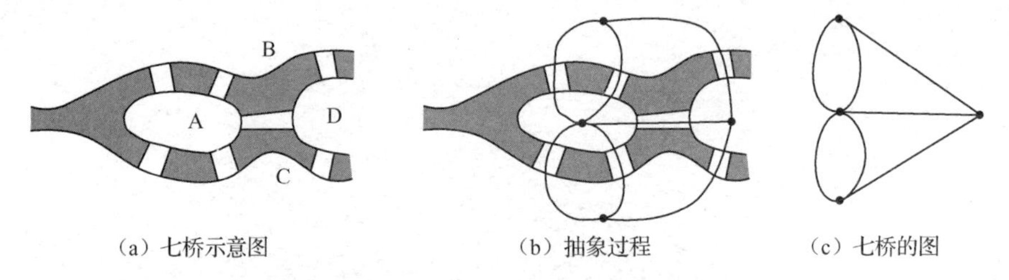

（a）七桥示意图　（b）抽象过程　（c）七桥的图

图 2-1-1　哥尼斯堡七桥问题示意图

当时著名的数学家欧拉拿到这个问题，他没有实地去哥尼斯堡，而是用一支笔和一张纸解决了这个问题。他是这样做的：把两岸和小岛缩成点，桥化为线，线都连在两个点上，如图 2-1-1（b）所示，这样欧拉就得到了一个由点和线组成的几何图形，如图 2-1-1（c）所示。欧拉现在就考虑这个图形是否能一笔画成，如果能的话，对应的“七桥问题”也就解决了。接下来就是数学问题了，欧拉先研究能一笔画成的图应该具有的性质：图中所有点连接的线段的数目要么全都是偶数，要么就是有两个奇数点，这称为一笔画定理。欧拉以此为准则，再对应七桥问题的图，结果发现所有的四个点连接的线的个数都是奇数，可判断出要一次不重复走遍哥尼斯堡的 7 座桥是不可能的。也就是说，多少年来，人们寻找的那种不重复的路线，根本就不存在。一个曾难住了所有人的问题，竟是这么一个出人意料的答案！1736 年，欧拉在交给彼得堡科学院的《哥尼斯堡 7 座桥》的论文报告中，阐述了他的解题方法，这就是图论的起源。图论的思想方法是将实际问题抽象化，抽象的目的是为了更有效地解决实际问题。

图论研究的对象是从实际问题中抽象出来的用线段和点组成的“图”。图论在电路理论中的应用就是网络图论。1845 年，基尔霍夫运用图论解决了电网络中求解联立方程问题，并引入了“树”的概念，为网络图论奠定了基础。20 世纪中期，图论在电路理论中得到广泛应用，网络图论已成为现代电路理论中重要的基础知识。

2.2 电 路 的 图

2.2.1 电路的图概述

电路的“图”是指把电路中每一条支路抽象成线段，每个结点抽象成点而形成的一个点和线段的集合，通常用 G 来表示。图 G 每条支路的两端都必须连到相应的结点上，图 G 中的支路是一个抽象的线段，可以是任意元件及参数的集合，也就是说，图 G 可以表示拓扑结构相同的任意电路，便于计算机识别和求解。

在图的定义中，要注意两点：1）允许有孤立结点的存在，移去结点上的所有支路，结点保留；2）若移去一个结点，则与该结点连接的全部支路都同时移去。

电路中由具体元件构成的支路和结点与图论中关于支路和结点的概念有些差别，电路的支路是实体，具有唯一性，而图 G 中的支路是抽象的，可以表示任意元件和参数。

电路理论中，一般认为每一个二端元件构成电路的一条支路，也是图的一条线段。图 2-2-1（a）中电路对应的图为图 2-2-1（b），它共有 5 个结点和 8 条支路。

由于串联支路电流相同，在图 G 中可作为一条支路处理，以简化计算，例如图 2-2-1（a）中电压源 u_{S6} 和电阻 R_6 的串联组合可以作为一条支路；并联支路电压相同，也可以把元件的并联组合作为一条支路，例如图 2-2-1（a）中，电流源 i_{S1} 和电阻 R_1 的并联组合作为一条支路，因此，图 2-2-1（c）也是图 2-2-1（a）的图。所以，用不同的元件结构定义电路的一条支路时，电路的图 G 中的结点数和支路数将随之不同。在计算机辅助分析电路中，通常引入复合支路（标准支路）的概念，如图 2-2-1（d）所示，可作为图中的一条支路，用一段线段来表示。复合支路中还可以包含受控源和互感，相关内容将在后续章节中分析。

2.2.2 有向图与无向图

电路的图的每一条支路通常指定一个方向，用箭头标注在支路上，表示该支路电流（电压）的参考方向。赋予支路方向的图称为“有向图”，未赋予支路方向的图称为“无向图”。图 2-2-1（b）、（c）为无向图，图 2-2-1（e）为有向图。支路中的箭头由于同时表示支路电压和支路电流的方向，称为关联参考方向。

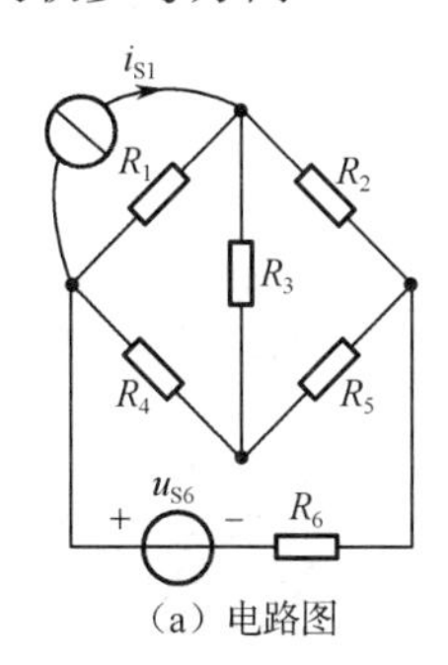

（a）电路图

（b）电路图（a）的图

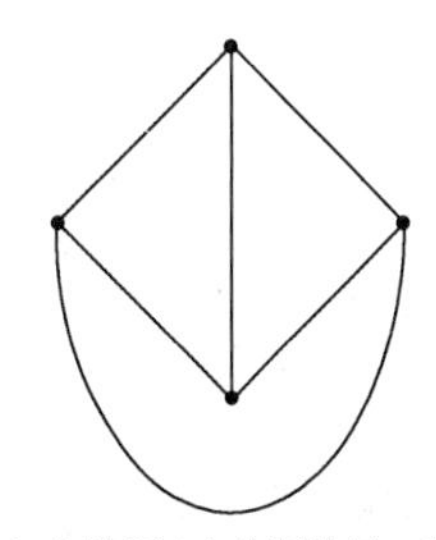
（c）电路图（a）的图的另一种形式

图 2-2-1　电路的图

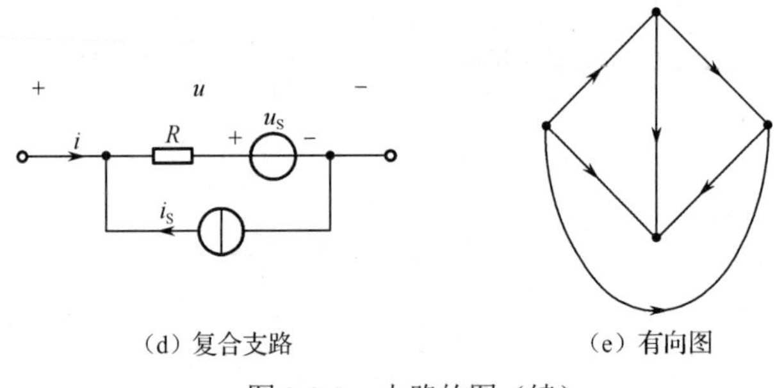

（d）复合支路　　（e）有向图

图 2-2-1　电路的图（续）

2.2.3　连通图和非连通图

图 G 的任意两个结点之间至少存在一条路径时，图 G 称为连通图，否则称为非连通图。如图 2-2-2（a）为非连通图，而图 2-2-2（b）为连通图。

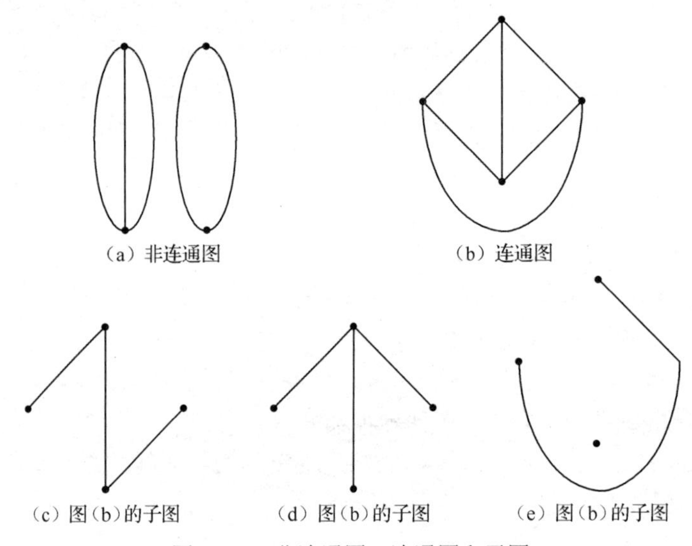

（a）非连通图　　（b）连通图

（c）图（b）的子图　　（d）图（b）的子图　　（e）图（b）的子图

图 2-2-2　非连通图、连通图和子图

2.2.4　子图

若图 G1 的每个结点和支路是图 G 的结点和支路，则图 G1 是图 G 的一个子图。如图 2-2-2（c）、（d）、（e）是图 2-2-2（b）的子图。对任意图 G 可以有很多子图，子图可以是连通图也可以是非连通图。

2.2.5　路径和回路

从图 G 的某一结点出发，沿着一些支路移动，从而到达另一结点（或回到原出发点），这样的一系列支路构成图 G 的一条路径。在图 2-2-3（a）中，（1，2，3）、（1，5，8）等都是路径，如图 2-2-3（b）、（c）所示。一条支路本身也算为路径，路径个数很多。

如果一条路径的起点和终点重合，且经过的其他结点都相异，这条闭合路径就构成图 G 的一个回路。例如，对图 2-2-3（a）所示图 G 中，支路（1，5，8）（1，2，3，4）、（1，2，6，7，4）均是回路，如图 2-2-3（c）、（d）、（e）所示；而（1，5，7，3，6，8）不是回路，如图 2-2-3（f）所示，因为路径两次经过结点⑤。

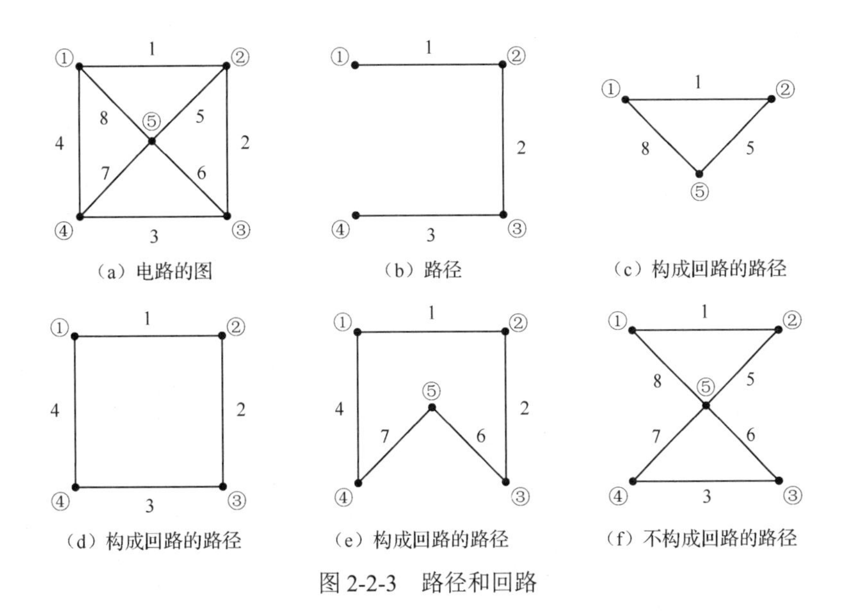

图 2-2-3　路径和回路

2.2.6　树

由电路理论可知，电路中独立回路数远少于总回路数，通常利用树的概念确定独立回路组。

树的定义：树 T 是图 G 的子图，是连通图，包含图 G 的全部结点而不包含回路；树中包含的支路称为树支，而图 G 中除去树支以外的支路则称为对应于该树的连支；树支和连支一起构成图 G 的全部的支路。

对于图 2-2-4 所示图 G，符合上述定义的树有很多，如图 2-2-4（b）、（c）、（d）等均是图 G 的树。图（e）、（f）不是该图的树，因为图（e）是非连通图，图（f）中包含了回路，不符合图的定义。图 2-2-4（b）中，支路（1，3，6）组成树，则支路 1，3，6 是树支，而其余支路 2，4，5 是连支，图 G 中的支路不是树支就是连支。

图 2-2-4（a）中图 G 有 4 个结点，图 2-2-4（b）、（c）、（d）作为树有 3 条支路，而图 2-2-4（e）有 2 条支路，图 2-2-4（f）有 4 条支路，它们都不是树，通过分析可以看出，图 G 可以有许多不同的树，但不论是哪一个树，树支数总是 3，其中的规律可以这样来理解：树包含了图 G 的全部结点，如果把树中只与一条树支相关联的结点称为端结点，树至少具有两个端结点；如果从树上移掉一个端结点则相关联的支路也移去，余下的子图仍然至少具有 2 个端结点，继续移掉端结点和相连支路，直到最后一条支路为止，这条支路仍有 2 个端结点。可以有这样的结论，每移掉一个端结点就移掉一条树支，即树支数比结点数少 1 个，因此，一个具有 n 个结点、b 条支路的连通图，它的任何一个树的树支数为$(n-1)$，而连支数为 $b-(n-1)$，因此，树是连接电路中所有结点的最少支路的集合。

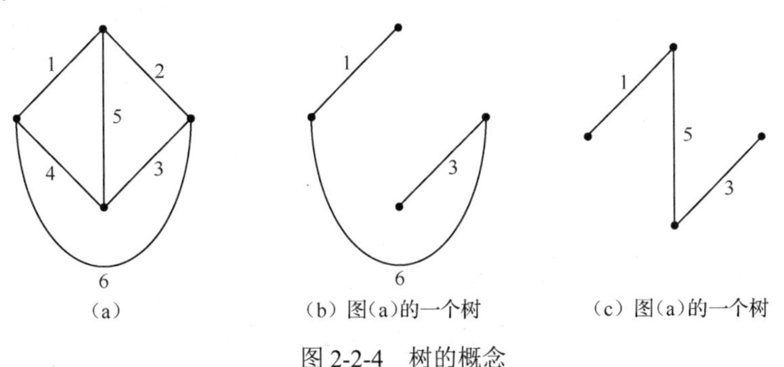

图 2-2-4　树的概念

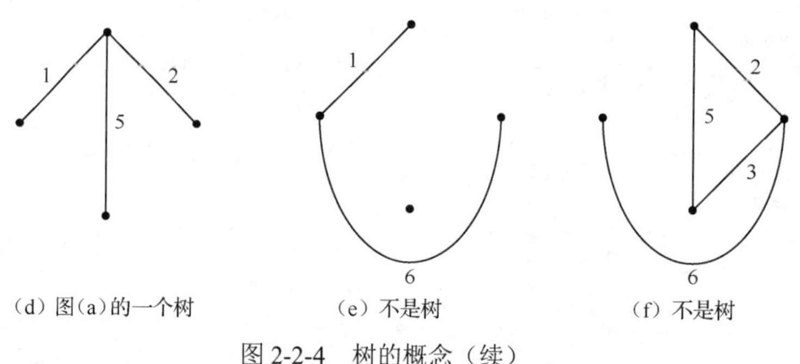

（d）图(a)的一个树　（e）不是树　（f）不是树

图 2-2-4　树的概念（续）

2.2.7　单连支回路（基本回路）

由树的定义知道，连通图 G 的树支连接所有结点且不形成回路，因此，对于图 G 的任意一个树，每加入一个连支，这个连支就会与树支形成一个回路，这种回路称为单连支回路或基本回路。由全部连支形成的基本回路构成基本回路组。基本回路组是独立回路组，因为每一个回路中都包含一条其他回路不包含的支路，也就是连支。

图 2-2-5（a）所示图 G，取支路（1，3，6）为树，以实线表示，相应的连支为（2，4，5），以虚线表示，则基本回路是（1，2，6），（3，4，6）和（1，5，3，6），显然，每一个基本回路仅含一个连支，而该连支并不出现在其他基本回路中，所以，由单连支回路组成的一组基本回路组是独立回路组，而且基本回路组中回路的个数与连支数相同。

图 2-2-5（e）、（f）分别以支路（1，2，5）、（3，4，5）为树，仍以实线表示，读者可自行分析基本回路组，会得到相同的结论。

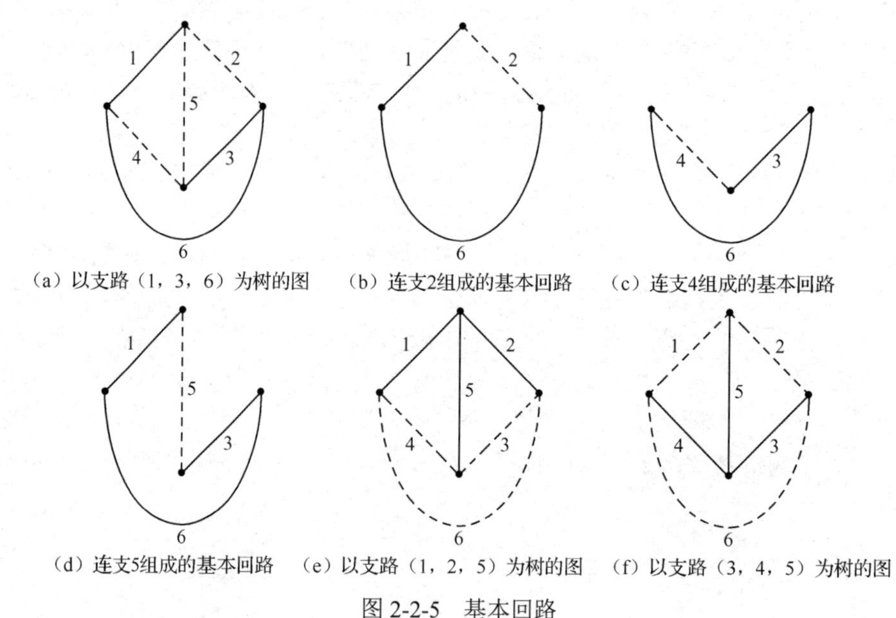

（a）以支路（1，3，6）为树的图　（b）连支2组成的基本回路　（c）连支4组成的基本回路

（d）连支5组成的基本回路　（e）以支路（1，2，5）为树的图　（f）以支路（3，4，5）为树的图

图 2-2-5　基本回路

2.2.8　平面图与非平面图

如果把一个图画在平面上，能使它的各条支路除连接的结点外不再交叉，这样的图称为平面图，否则称为非平面图。图 2-2-6（a）是平面图，因为支路 5 和支路 7 并没有交叉，可改画为图 2-2-6（b），符合平面图的定义，而图 2-2-6（c）则是非平面图。

对于一个平面图，引入网孔的概念。网孔是回路，它所限定的区域内不再有支路。平面图的一个网孔是它的一个自然的“孔”。

对图 2-2-6（b）所示的平面图，支路（1，2，7）（1，4，5），（2，3，5），（3，4，6）都组成网孔；支路（1，2，3，4）组成回路，但不是网孔，因为它限定的区域内有支路 5。

再来看网孔的个数：图 2-2-6（a）的平面图有 4 个结点，7 条支路，独立回路数 $l=b-n+1=4$，而网孔数正好也是 4 个。所以，平面图的全部网孔是一组独立回路，即平面图的网孔数也就是独立回路数。

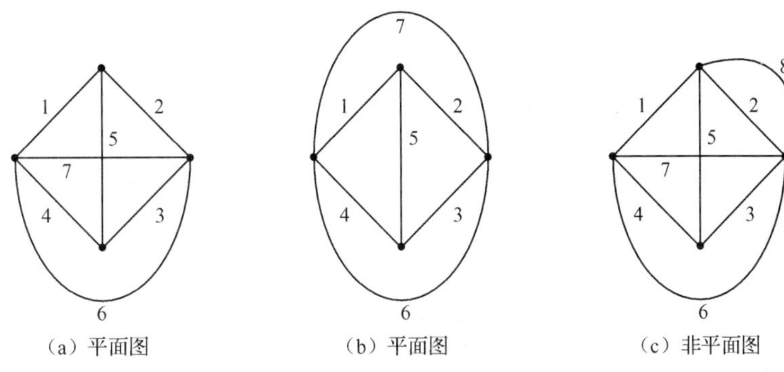

图 2-2-6　平面图与非平面图

2.2.9　割集

基尔霍夫电流定律指出，在集总电路中除结点之外，对闭合面也满足基尔霍夫电流定律。而割集就是满足基尔霍夫电流定律的一组支路。

割集是连通图 G 的一个支路集合，满足两个条件：1）把集合中的支路移去，将使图 G 分为两个部分；2）如果少移去其中任一条支路，图仍将是连通的。这里需要注意的是移去支路，支路两端的结点要保留，孤立的结点也是一个部分。割集用 C 表示。

例如，在图 2-2-7（a）所示的连通图 G 中，支路集合（1，2，5）就是一个割集，用虚线表示，因为将这 3 条支路移去后，结点②是孤立结点，图 G 就是两个部分，保留这 3 条支路的任一条，图 G 依然是连通图。

为方便起见，常用在连通图 G 上作闭合面的方法确定割集，闭合面包含部分支路和结点。如在图 2-2-7（a）中，包围结点②的闭合面，用点画线表示，正好切割支路（1，2，5），便构成一个割集。图 2-2-7（b）和（c）都是由闭合面确定的割集。

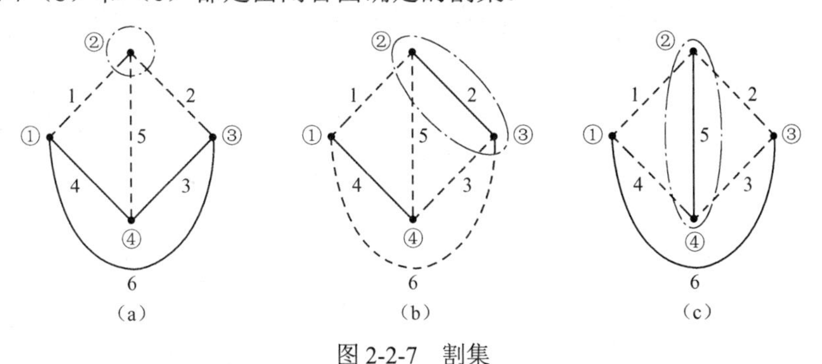

图 2-2-7　割集

2.2.10　单树支割集（基本割集）

对连通图 G，任选一个树，则每一条树支都可以与相应的一些连支构成一个割集，称为单树支割集（基本割集）。

由树和割集的概念可知，对于一个连通图，如选定一个树，则全部连支集合不能构成割集，而每一条树支与一些相应的连支可以构成一个割集。因为，如果把一个树对应的全部连支移去，剩下的图（即树）仍是连通的，所有连支集合不能构成一个割集；由于树是连接全部结点所需最少支路的集合，所以移去任何一条树支，将把树分离成两部分，连接这两部分的连支与这一个树支必构成一个割集，因为把它们移去后图 G 将被分离为两部分。因此，每一条树支都可以与相应的一些连支构成单树支割集。

对于一个具有 n 个结点和 b 条支路的连通图，其树支数为$(n-1)$，因此将有$(n-1)$个单树支割集，称为基本割集组。基本割集组是独立割集组，因为每个基本割集都含有其他基本割集所不包含的支路（即树支）。对于 n 个结点的连通图，独立割集数为$(n-1)$。

独立割集不一定是单树支割集，如同独立回路不一定是单连支回路一样。由于一个连通图 G 可以选择不同的树，所以可选出许多基本割集组，就像基本回路组可以有很多不同选择一样，基本割集和基本回路是对偶的。

对图 2-2-8 所示的连通图，若选支路（1，3，6）为树支，其中树支和连支分别用实线和虚线表示，则每一个树支都可以与连支构成一个割集，则基本割集组为 C_1（1，5，2），C_2（4，5，3），C_3（2，5，4，6），分别如图 2-2-8（a）、（b）、（c）所示，点画线是割集支路与相应闭合面相切割的情况。由于对于一个连通图可选不同的树，对应的基本割集组也有很多选择。

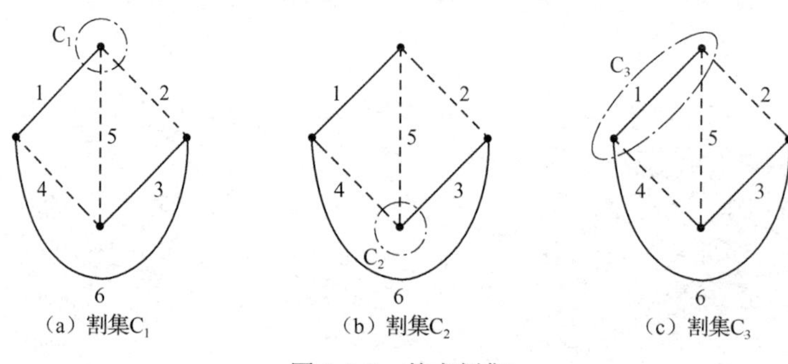

图 2-2-8　基本割集

由于 KCL 适用于任何一个闭合面，因此属于同一割集的所有支路的电流应满足 KCL。对于 n 个结点的连通图，独立割集数为$(n-1)$，总共可列出$(n-1)$个 KCL 方程，这些方程是线性独立的，这是电路分析的基础之一。

2.3　关联矩阵与基尔霍夫定律

电路的图是电路拓扑结构的抽象描述，若图中每一支路都规定了参考方向，就能提供有关结点与支路之间连接关系的全部信息，这些信息可用关联矩阵来描述。

2.3.1　关联矩阵

设一条支路连接在某两个结点上，则称该支路与这两个结点相关联，否则称为不关联。关联矩阵就是描述支路与结点关联关系的。对于一个具有 n 个结点、b 条支路的有向图，结点与支路均加以编号，可定义一个矩阵 $\boldsymbol{A}_a=[a_{jk}]_{n\times b}$，其中行对应结点，列对应支路，矩阵的任一元素 a_{jk} 定义如下：

$a_{jk}=1$，表示支路 k 与结点 j 关联且支路方向背离结点；

$a_{jk}=-1$，表示支路 k 与结点 j 关联且支路方向指向结点；

$a_{jk}=0$，表示支路 k 与结点 j 无关联。

则矩阵 $\boldsymbol{A}_a$ 称为关联矩阵。

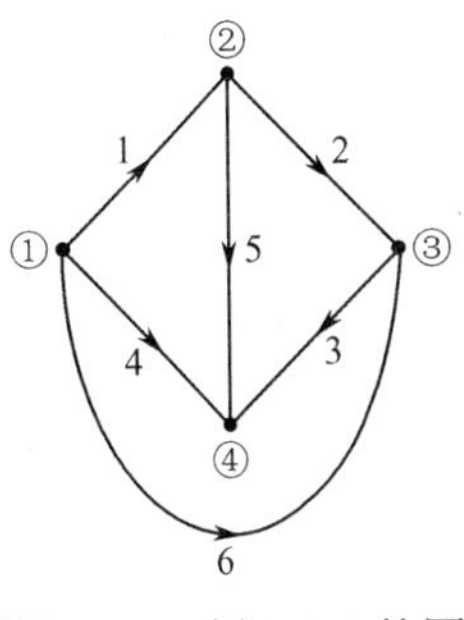

图 2-3-1　例 2-3-1 的图

【例 2-3-1】 写出图 2-3-1 所示有向图的关联矩阵。

解：这是一个具有 4 个结点 6 条支路的图，它的关联矩阵是

$$\boldsymbol{A}_a = \begin{matrix} & \begin{matrix} 1 & 2 & 3 & 4 & 5 & 6 \end{matrix} \\ \begin{matrix} 1 \\ 2 \\ 3 \\ 4 \end{matrix} & \begin{bmatrix} 1 & 0 & 0 & 1 & 0 & 1 \\ -1 & 1 & 0 & 0 & 1 & 0 \\ 0 & -1 & 1 & 0 & 0 & -1 \\ 0 & 0 & -1 & -1 & -1 & 0 \end{bmatrix} \end{matrix} \tag{2-3-1}$$

由式（2-3-1）可看出，$\boldsymbol{A}_a$ 的每一列对应于一条支路。由于一条支路连接于两个结点，若离开一个结点，则必指向另一个结点，因此每一列中只有两个非零元素，即 1 和−1。当把所有行的元素按列相加就得一行全为零的元素，所以 $\boldsymbol{A}_a$ 的行不是彼此独立的。按 $\boldsymbol{A}_a$ 的每一列只有 1 和−1 两个非零元素这一特点，$\boldsymbol{A}_a$ 中的任一行必能从其他 $(n-1)$ 行导出，即 $\boldsymbol{A}_a$ 不是满秩矩阵。

如果把 $\boldsymbol{A}_a$ 的任一行划去，剩下的 $(n-1)\times b$ 矩阵用 $\boldsymbol{A}$ 表示，$\boldsymbol{A}$ 称为降阶关联矩阵，在大规模电路分析中，常用降阶关联矩阵分析问题，为方便起见略去“降阶”二字，因此，关联矩阵特指降阶关联矩阵 $\boldsymbol{A}$。被划去的行对应的结点可以当作参考结点。

例如，若把式（2-3-1）中的第 4 行、第 3 行划去，分别得式（2-3-2）和式（2-3-3），均是降阶关联矩阵，结点 4 和结点 3 是参考结点。

$$\boldsymbol{A} = \begin{bmatrix} 1 & 0 & 0 & 1 & 0 & 1 \\ -1 & 1 & 0 & 0 & 1 & 0 \\ 0 & -1 & 1 & 0 & 0 & -1 \end{bmatrix} \tag{2-3-2}$$

$$\boldsymbol{A} = \begin{bmatrix} 1 & 0 & 0 & 1 & 0 & 1 \\ -1 & 1 & 0 & 0 & 1 & 0 \\ 0 & 0 & -1 & -1 & -1 & 0 \end{bmatrix} \tag{2-3-3}$$

另外，如果已知电路的关联矩阵 $\boldsymbol{A}$，可以画出电路的图。注意，矩阵 $\boldsymbol{A}$ 中只具有一个非零元素的列，对应于划去结点相关联的一条支路。

【例 2-3-2】 已知电路关联矩阵，试画出电路的图。

$$\boldsymbol{A} = \begin{bmatrix} 1 & 0 & 0 & 0 & 1 \\ -1 & 1 & 1 & 0 & 0 \\ 0 & 0 & -1 & 1 & 0 \end{bmatrix}$$

解：由于不是所有的列都具有两个非零元素，所以这是降阶的关联矩阵，电路的图具有 4 个结点，5 条支路，根据 $\boldsymbol{A}$ 中的非零元素，可确定支路和结点的连接关系，因此，由 $\boldsymbol{A}$ 确定的电路的图如图 2-3-2 所示。

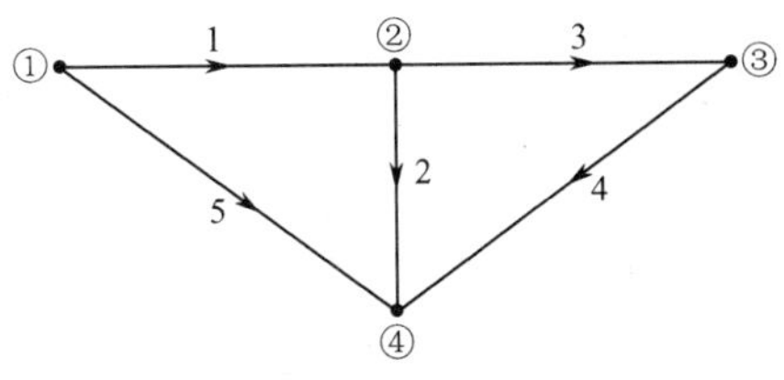

图 2-3-2　例 2-3-2 的图

以上分析可知，给定电路的有向图可以写出关联矩阵 $\boldsymbol{A}$，反之给定关联矩阵 $\boldsymbol{A}$，也能画出电路的有向图。关联矩阵 $\boldsymbol{A}$ 是电路图的数学表示形式，可直接参与运算，分析电路。

2.3.2 关联矩阵表示的基尔霍夫定律

1. 基尔霍夫电流定律

电路中的 b 条支路电流可以用一个 b 阶列向量表示，即 $\boldsymbol{i}=[i_1\quad i_2\quad\cdots\quad i_b]^{\mathrm{T}}$，若用矩阵 $\boldsymbol{A}$ 左乘电流列向量，则乘积是一个 $(n-1)$ 阶列向量，由矩阵相乘规则可知，它的每一元素即为关联到对应结点上各支路电流的代数和，即

$$\boldsymbol{A}\boldsymbol{i}=\boldsymbol{0} \tag{2-3-4}$$

这是矩阵 $\boldsymbol{A}$ 表示的 KCL 方程的矩阵形式。

例如对图 2-3-1，关联矩阵为式（2-3-2），则有

$$\boldsymbol{A}\boldsymbol{i}=\begin{bmatrix}1 & 0 & 0 & 1 & 0 & 1\\ -1 & 1 & 0 & 0 & 1 & 0\\ 0 & -1 & 1 & 0 & 0 & -1\end{bmatrix}\begin{bmatrix}i_1\\ i_2\\ i_3\\ i_4\\ i_5\\ i_6\end{bmatrix}=\begin{bmatrix}i_1+i_4+i_6\\ -i_1+i_2+i_5\\ -i_2+i_3-i_6\end{bmatrix}=\begin{bmatrix}0\\ 0\\ 0\end{bmatrix}$$

其中乘积的列向量中每一行元素为关联在相应结点上支路电流代数和。

2. 基尔霍夫电压定律

电路中的 b 个支路电压可以用一个 b 阶列向量表示，即 $\boldsymbol{u}=[u_1\quad u_2\quad\cdots\quad u_b]^{\mathrm{T}}$，$(n-1)$ 个独立结点电压可以用一个 $(n-1)$ 阶列向量表示，即 $\boldsymbol{u}_{\mathrm{n}}=[u_{\mathrm{n}1}\quad u_{\mathrm{n}2}\quad\cdots\quad u_{\mathrm{n}(n-1)}]^{\mathrm{T}}$，由于矩阵 $\boldsymbol{A}$ 的每一列，也就是矩阵 $\boldsymbol{A}^{\mathrm{T}}$ 的每一行，表示每一对应支路与结点的关联情况，所以由矩阵 $\boldsymbol{A}$ 表示的 KVL 方程的矩阵形式为

$$\boldsymbol{u}=\boldsymbol{A}^{\mathrm{T}}\boldsymbol{u}_{\mathrm{n}} \tag{2-3-5}$$

例如，对图 2-3-1 有

$$\begin{bmatrix}u_1\\ u_2\\ u_3\\ u_4\\ u_5\\ u_6\end{bmatrix}=\begin{bmatrix}1 & -1 & 0\\ 0 & 1 & -1\\ 0 & 0 & 1\\ 1 & 0 & 0\\ 0 & 1 & 0\\ 1 & 0 & -1\end{bmatrix}\begin{bmatrix}u_{\mathrm{n}1}\\ u_{\mathrm{n}2}\\ u_{\mathrm{n}3}\end{bmatrix}=\begin{bmatrix}u_{\mathrm{n}1}-u_{\mathrm{n}2}\\ u_{\mathrm{n}2}-u_{\mathrm{n}3}\\ u_{\mathrm{n}3}\\ u_{\mathrm{n}1}\\ u_{\mathrm{n}2}\\ u_{\mathrm{n}1}-u_{\mathrm{n}3}\end{bmatrix}$$

可见，式（2-3-5）表明电路中各支路电压可以用与该支路关联的两个结点的结点电压（参考结点④的电压为零）表示，该式就是用矩阵 $\boldsymbol{A}$ 表示的 KVL 方程的矩阵形式。

从以上分析可知，式（2-3-4）和式（2-3-5）都仅用一个表达式就表达了一个电路中全部结点的 KCL 方程和全部回路的 KVL 方程，简洁明了，便于大规模电路分析。

2.4 回路矩阵与基尔霍夫定律

回路和结点具有对偶关系，支路与回路的关联性质可以用回路矩阵描述。

2.4.1　回路矩阵

设一个回路由某些支路组成，则称这些支路与该回路关联，其他支路与该回路不关联，回路矩阵就是描述支路与回路关联关系的。若有向图的独立回路数为 l，支路数为 b，指定回路方向，所有独立回路与支路均加以编号，可定义一个矩阵 $\boldsymbol{B}=[b_{jk}]_{l\times b}$，其中行对应回路，列对应支路，矩阵的任一元素 b_{jk} 定义如下：

$b_{jk}=1$，表示支路 k 与回路 j 关联且方向一致；

$b_{jk}=-1$，表示支路 k 与回路 j 关联且方向相反；

$b_{jk}=0$，表示支路 k 与回路 j 无关联。

【例 2-4-1】 对于图 2-4-1（a）所示的有向图，选三个网孔作为独立回路，试写出回路矩阵 $\boldsymbol{B}$。

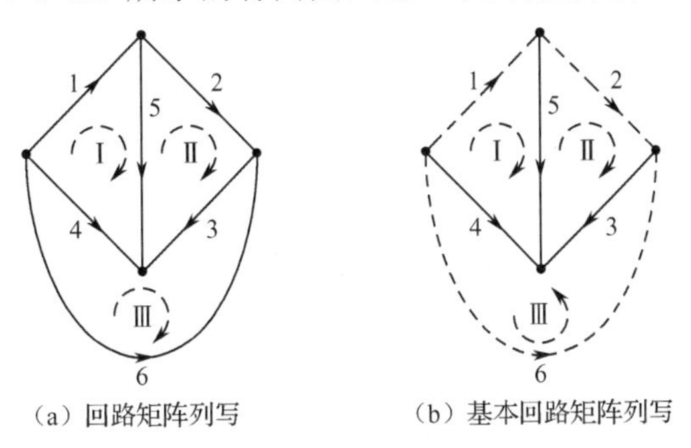

图 2-4-1　回路矩阵与基本回路矩阵

解：从图 2-4-1（a）中可看出，这是一个具有 4 个独立回路、6 条支路的电路，图中标注了回路的方向，回路矩阵为

$$\boldsymbol{B}=\begin{matrix} & \begin{matrix}1 & 2 & 3 & 4 & 5 & 6\end{matrix} \\ \begin{matrix}1\\2\\3\end{matrix} & \begin{bmatrix}1 & 0 & 0 & -1 & 1 & 0\\ 0 & 1 & 1 & 0 & -1 & 0\\ 0 & 0 & -1 & 1 & 0 & -1\end{bmatrix}\end{matrix}$$

如果所选独立回路组是对应一个树的单连支回路组，这种回路矩阵就称为基本回路矩阵，用 $\boldsymbol{B}_\mathrm{f}$ 表示。

写 $\boldsymbol{B}_\mathrm{f}$ 时，可按如下规则安排行列次序：先排连支，把 l 条连支依次排在对应于 $\boldsymbol{B}_\mathrm{f}$ 的第 1 列至第 l 列，然后再排列树支；取每一单连支回路的序号为对应连支所在列的序号，且以该连支的方向为对应的回路的绕行方向，$\boldsymbol{B}_\mathrm{f}$ 中将出现一个 l 阶的单位子矩阵，即有

$$\boldsymbol{B}_\mathrm{f}=[\,\mathbf{1}_\mathrm{l}\ \vdots\ \boldsymbol{B}_\mathrm{t}] \tag{2-4-1}$$

式中，下标 l 和 t 分别表示与连支和树支对应的部分。

对图 2-4-1（b），取（3，4，5）为树支，（1，2，6）为连支，回路方向为连支方向，则基本回路矩阵为

$$\boldsymbol{B}_\mathrm{f}=\begin{matrix} & \begin{matrix}1 & 2 & 6 & 3 & 4 & 5\end{matrix} \\ \begin{matrix}1\\2\\3\end{matrix} & \begin{bmatrix}1 & 0 & 0 & 0 & -1 & 1\\ 0 & 1 & 0 & 1 & 0 & -1\\ 0 & 0 & 1 & 1 & -1 & 0\end{bmatrix}\end{matrix}$$

这样，$\boldsymbol{B}_\mathrm{f}$ 中就有一个 3 阶的单位子矩阵。

通常在给支路编号时遵循先连支后树支的规则，且连支方向为相应基本回路方向，可以直接写出具有单位子矩阵的基本回路矩阵，便于之后电路的计算机求解。

2.4.2 回路矩阵表示的基尔霍夫定律

1. 基尔霍夫电压定律

回路矩阵 $\boldsymbol{B}$ 左乘电压列向量，所得乘积是一个 l 阶列向量。由于矩阵 $\boldsymbol{B}$ 的每一行表示每一对应回路与支路的关联情况，由矩阵相乘规则可知乘积列向量每一元素将等于每一对应回路中各支路电压的代数和，即

$$\boldsymbol{Bu} = \boldsymbol{0} \tag{2-4-2}$$

这是用矩阵 $\boldsymbol{B}$ 表示的 KVL 方程的矩阵形式。

例如对图 2-4-1（a）所示的一组独立回路，有

$$\boldsymbol{Bu} = \begin{bmatrix} 1 & 0 & 0 & -1 & 1 & 0 \\ 0 & 1 & 1 & 0 & -1 & 0 \\ 0 & 0 & -1 & 1 & 0 & -1 \end{bmatrix} \begin{bmatrix} u_1 \\ u_2 \\ u_3 \\ u_4 \\ u_5 \\ u_6 \end{bmatrix} = \begin{bmatrix} u_1 - u_4 + u_5 \\ u_2 + u_3 - u_5 \\ -u_3 + u_4 - u_6 \end{bmatrix} = \begin{bmatrix} 0 \\ 0 \\ 0 \end{bmatrix}$$

2. 基尔霍夫电流定律

l 个独立回路电流可以用一个 l 阶列向量表示，即 $\boldsymbol{i}_l = [i_{l1} \quad i_{l2} \quad \cdots \quad i_{ll}]^{\mathrm{T}}$，由于矩阵 $\boldsymbol{B}$ 的每一列，也就是矩阵 $\boldsymbol{B}^{\mathrm{T}}$ 的每一行，表示每一对应支路与回路的关联情况，所以有

$$\boldsymbol{i} = \boldsymbol{B}^{\mathrm{T}} \boldsymbol{i}_l \tag{2-4-3}$$

这是用矩阵 $\boldsymbol{B}$ 表示的 KCL 方程的矩阵形式。

例如，对图 2-4-1（a）有

$$\begin{bmatrix} i_1 \\ i_2 \\ i_3 \\ i_4 \\ i_5 \\ i_6 \end{bmatrix} = \begin{bmatrix} 1 & 0 & 0 \\ 0 & 1 & 0 \\ 0 & 1 & -1 \\ -1 & 0 & 1 \\ 1 & -1 & 0 \\ 0 & 0 & -1 \end{bmatrix} \begin{bmatrix} i_{l1} \\ i_{l2} \\ i_{l3} \end{bmatrix} = \begin{bmatrix} i_{l1} \\ i_{l2} \\ i_{l2} - i_{l3} \\ -i_{l1} + i_{l3} \\ i_{l1} - i_{l2} \\ -i_{l3} \end{bmatrix}$$

可见，式（2-4-3）表明电路中各支路电流可以用与该支路关联的所有回路中的回路电流表示，即支路电流为相关联回路电流的代数和。

2.5 割集矩阵与基尔霍夫定律

2.5.1 割集矩阵

与关联矩阵和回路矩阵类似，确定割集矩阵首先规定割集方向。通常按如下方法指定割集方向：移去割集的所有支路，图 G 被分离为两部分，从其中一部分指向另一部分的方向，即为割集的方向。这样每一个割集只有两个可能的方向，与支路参考方向和回路方向类似。

由 2.2.10 节中可知，对于具有结点数为 n、支路数为 b 的有向图，独立割集数为 $(n-1)$。对每个割集编号，指定割集方向，若一个割集由某些支路组成，则称这些支路与该割集关联，否则称

为不关联。支路与割集的关联性质可以用割集矩阵描述。通常定义一个矩阵 $\boldsymbol{Q}=[q_{jk}]_{(n-1)\times b}$，行对应割集，列对应支路，任一元素 q_{jk} 定义如下：

$q_{jk}=1$，表示支路 k 与割集 j 关联且方向相同；

$q_{jk}=-1$，表示支路 k 与割集 j 关联且方向相反；

$q_{jk}=0$，表示支路 k 与割集 j 无关联。

【例 2-5-1】 对图 2-5-1 所示有向图，标注出了 3 个独立割集 C_1、C_2、C_3，试写出割集矩阵。

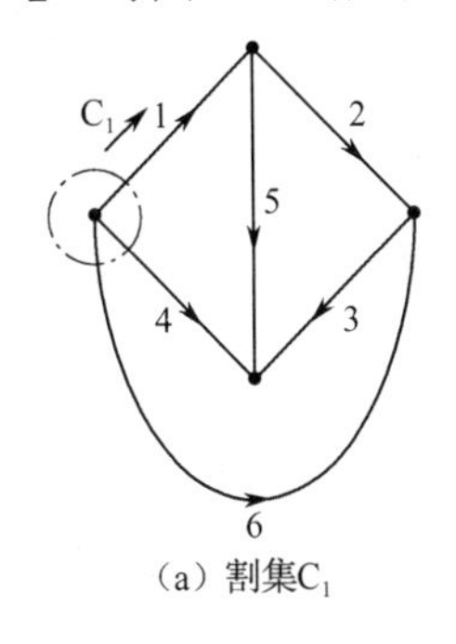

（a）割集C_1

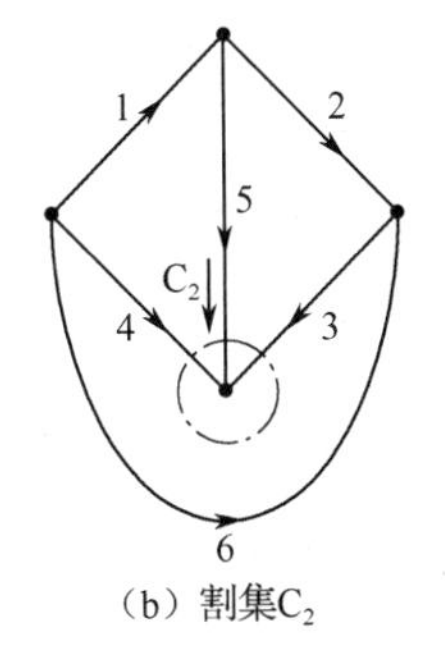

（b）割集C_2

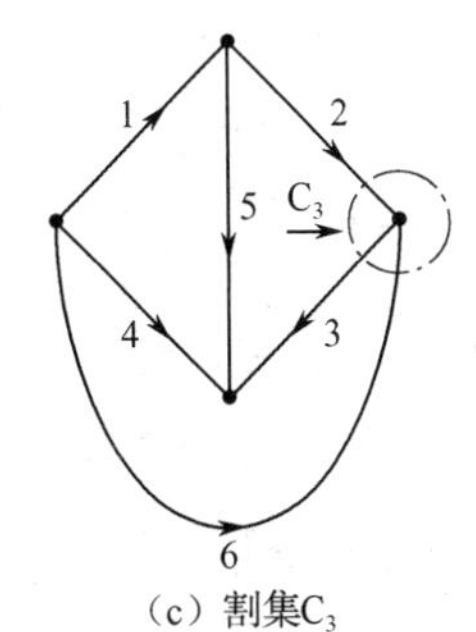

（c）割集C_3

图 2-5-1　例 2-5-1 的图

解： 图中共有 3 个独立割集，各割集及方向如图 2-5-1（a）、（b）、（c）所示，对应的割集矩阵为

$$\begin{array}{c} \\ \\ \boldsymbol{Q}= \end{array}\begin{array}{c} \\ 1\\2\\3 \end{array}\begin{array}{c} \begin{matrix}1&2&3&4&5&6\end{matrix}\\ \begin{bmatrix}1&0&0&1&0&1\\0&0&1&1&1&0\\0&1&-1&0&0&1\end{bmatrix}\end{array} \tag{2-5-1}$$

如果选一组单树支割集为一组独立割集，这种割集矩阵称为基本割集矩阵，用 $\boldsymbol{Q}_\mathrm{f}$ 表示。

在写 $\boldsymbol{Q}_\mathrm{f}$ 时，通常按如下规则安排行列次序：把 $(n-1)$ 条树支依次排列在对应于 $\boldsymbol{Q}_\mathrm{f}$ 的第 1 列至第 $(n-1)$ 列，然后排列连支，再取每一单树支割集的序号与相应树支所在列的序号相同，且选割集方向与相应树支方向一致，则 $\boldsymbol{Q}_\mathrm{f}$ 有如下形式

$$\boldsymbol{Q}_\mathrm{f}=[\mathbf{1}_\mathrm{t} \mid \boldsymbol{Q}_\mathrm{l}] \tag{2-5-2}$$

式（2-5-2）中，下标 t 和 l 分别表示对应于树支和连支部分。

例如，对于图 2-5-1 所示的有向图，选支路（1，2，5）为树支，对应 3 个割集为 C_1、C_2、C_3，将式（2-5-1）重新整理，可得基本割集矩阵为

$$\begin{array}{c} \\ \\ \mathbf{Q}_\mathrm{f}= \end{array}\begin{array}{c} \\ 1\\2\\3 \end{array}\begin{array}{c} \begin{matrix}1&5&2&3&4&6\end{matrix}\\ \begin{bmatrix}1&0&0&0&1&1\\0&1&0&1&1&0\\0&0&1&-1&0&1\end{bmatrix}\end{array}$$

$\boldsymbol{Q}_\mathrm{f}$ 中有一个 3 阶单位子矩阵，便于之后电路的计算机求解。在给支路编号时遵循先树支后连支的规则，可以直接得到具有单位子矩阵的基本割集矩阵。

2.5.2　割集矩阵表示的基尔霍夫定律

1．基尔霍夫电流定律

由割集概念可知，属于一个割集所有支路电流的代数和等于零，这是基尔霍夫电流定律的推广。根据割集矩阵的定义和矩阵的乘法规则不难得出

$$\boldsymbol{Qi}=\boldsymbol{0} \tag{2-5-3}$$

式（2-5-3）是用矩阵 $\boldsymbol{Q}$ 表示的 KCL 方程的矩阵形式。

例如，对图 2-5-1 所示的一组独立割集，有

$$\boldsymbol{Qi}=\begin{bmatrix}1&0&0&1&0&1\\0&0&1&1&1&0\\0&1&-1&0&0&1\end{bmatrix}\begin{bmatrix}i_1\\i_2\\i_3\\i_4\\i_5\\i_6\end{bmatrix}=\begin{bmatrix}i_1+i_4+i_6\\i_3+i_4+i_5\\i_2-i_3+i_6\end{bmatrix}=\begin{bmatrix}0\\0\\0\end{bmatrix}$$

2. 基尔霍夫电压定律

电路中 $(n-1)$ 个树支电压用一个 $(n-1)$ 阶列向量表示，即 $\boldsymbol{u}_\mathrm{t}=[u_{\mathrm{t}1}\quad u_{\mathrm{t}2}\quad \cdots\quad u_{\mathrm{t}(n-1)}]^\mathrm{T}$，由于通常选单树支割集为独立割集，此时树支电压又可视为对应的割集电压，所以 $\boldsymbol{u}_\mathrm{t}$ 又是基本割集组的割集电压列向量。由于矩阵 $\boldsymbol{Q}$ 的每一列，也就是矩阵 $\boldsymbol{Q}^\mathrm{T}$ 的每一行，表示一条支路与割集的关联情况，即电路的支路电压可以用树支电压（割集电压）表示，所以有

$$\boldsymbol{u}=\boldsymbol{Q}^\mathrm{T}\boldsymbol{u}_\mathrm{t} \tag{2-5-4}$$

式（2-5-4）就是用矩阵 $\boldsymbol{Q}$ 表示的 KVL 方程的矩阵形式。

例如，对图 2-5-1 所示有向图，对应的三个独立割集，有

$$\begin{bmatrix}u_1\\u_2\\u_3\\u_4\\u_5\\u_6\end{bmatrix}=\begin{bmatrix}1&0&0\\0&0&1\\0&1&-1\\1&1&0\\0&1&0\\1&0&1\end{bmatrix}\begin{bmatrix}u_{\mathrm{t}1}\\u_{\mathrm{t}2}\\u_{\mathrm{t}3}\end{bmatrix}=\begin{bmatrix}u_{\mathrm{t}1}\\u_{\mathrm{t}3}\\u_{\mathrm{t}2}-u_{\mathrm{t}3}\\u_{\mathrm{t}1}+u_{\mathrm{t}2}\\u_{\mathrm{t}2}\\u_{\mathrm{t}1}+u_{\mathrm{t}3}\end{bmatrix}$$

2.6 标准支路相量形式的 VCR 方程

集总电路的分析均基于电路中的两类约束关系。以上分析了由关联矩阵、回路矩阵及割集矩阵表示的基尔霍夫电压和电流方程，接下来分析支路的电压和电流关系，为列写矩阵形式的电路方程打基础。

在电路理论中常采用标准支路（复合支路），如图 2-6-1（a）所示，对应的图如图 2-6-1（b）所示，其中下标 k 表示第 k 条支路；$\dot{U}_k$ 和 $\dot{I}_k$ 表示支路电压和电流，取关联参考方向，$\dot{U}_{\mathrm{S}k}$ 和 $\dot{I}_{\mathrm{S}k}$ 分别表示独立电压源和独立电流源；Z_k（Y_k）表示阻抗，且规定只可能是单一无源元件，如电阻、电感或电容，而不能是它们的组合；$\dot{I}_{\mathrm{e}k}$ 是元件电流，$\dot{U}_{\mathrm{d}k}$ 和 $\dot{I}_{\mathrm{d}k}$ 是受控电压源和受控电流源。

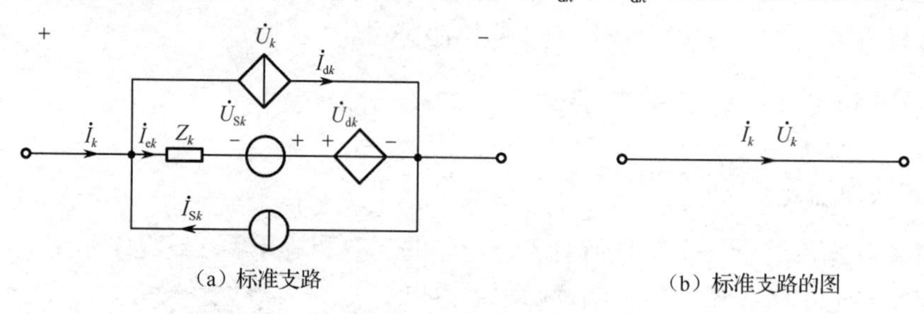

（a）标准支路　　（b）标准支路的图

图 2-6-1　标准支路

标准支路是构成电路的基本单元。标准支路可以不含有某些元件如电压源、电流源及受控源，也可能与其他支路有互感存在，但要有无源元件；不同特点的电路及不同的分析方法，支路方程的表达形式会有不同，以便电路方程的列写，下面分别分析。

2.6.1 基本形式的标准支路

图 2-6-2 中没有互感和受控源，是基本形式的标准支路。

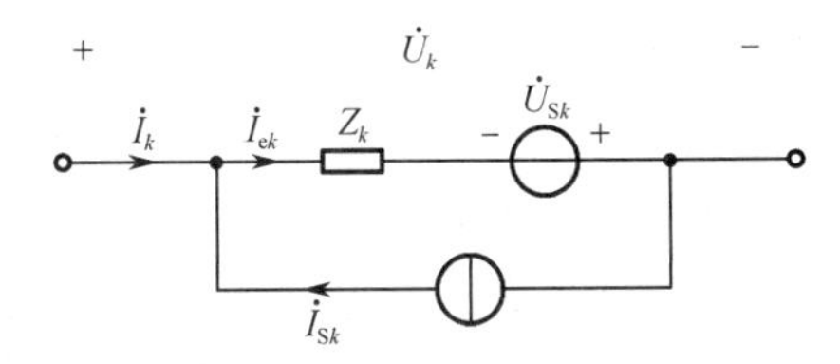

图 2-6-2 标准支路的基本形式

对于电路中第 k 条支路列写 KVL 方程：

$$\dot{U}_k = Z_k(\dot{I}_k + \dot{I}_{Sk}) - \dot{U}_{Sk} \tag{2-6-1}$$

若电路有 b 条支路，对整个电路有

$$\begin{bmatrix} \dot{U}_1 \\ \dot{U}_2 \\ \vdots \\ \dot{U}_b \end{bmatrix} = \begin{bmatrix} Z_1 & & & \\ & Z_2 & & \\ & & \ddots & \\ & & & Z_b \end{bmatrix} \begin{bmatrix} \dot{I}_1 + \dot{I}_{S1} \\ \dot{I}_2 + \dot{I}_{S2} \\ \vdots \\ \dot{I}_b + \dot{I}_{Sb} \end{bmatrix} - \begin{bmatrix} \dot{U}_{S1} \\ \dot{U}_{S2} \\ \vdots \\ \dot{U}_{Sb} \end{bmatrix}$$

即

$$\dot{\boldsymbol{U}} = \boldsymbol{Z}(\dot{\boldsymbol{I}} + \dot{\boldsymbol{I}}_S) - \dot{\boldsymbol{U}}_S \tag{2-6-2}$$

其中，$\dot{\boldsymbol{I}} = [\dot{I}_1 \quad \dot{I}_2 \quad \cdots \quad \dot{I}_b]^T$ 为支路电流列向量；$\dot{\boldsymbol{U}} = [\dot{U}_1 \quad \dot{U}_2 \quad \cdots \quad \dot{U}_b]^T$ 为支路电压列向量；$\dot{\boldsymbol{I}}_S = [\dot{I}_{S1} \quad \dot{I}_{S2} \quad \cdots \quad \dot{I}_{Sb}]^T$ 为支路电流源电流列向量；$\dot{\boldsymbol{U}}_S = [\dot{U}_{S1} \quad \dot{U}_{S2} \quad \cdots \quad \dot{U}_{Sb}]^T$ 为支路电压源电压列向量；$\boldsymbol{Z}$ 称为支路阻抗矩阵，是一个对角阵。

若定义 $\boldsymbol{Y} = \dfrac{1}{\boldsymbol{Z}}$，$\boldsymbol{Y}$ 称为支路导纳矩阵，也是对角阵，对角线元素是支路的导纳，则将式（2-6-2）两边都左乘 $\boldsymbol{Y}$ 可得

$$\boldsymbol{Y}\dot{\boldsymbol{U}} = \boldsymbol{YZ}(\dot{\boldsymbol{I}} + \dot{\boldsymbol{I}}_S) - \boldsymbol{Y}\dot{\boldsymbol{U}}_S$$

整理得

$$\dot{\boldsymbol{I}} = \boldsymbol{Y}(\dot{\boldsymbol{U}} + \dot{\boldsymbol{U}}_S) - \dot{\boldsymbol{I}}_S \tag{2-6-3}$$

式（2-6-2）和式（2-6-3）是电路中基本形式的标准支路方程的矩阵形式的 VCR 方程。

2.6.2 含耦合电感的标准支路

当电路中电感之间有耦合时，式（2-6-2）和式（2-6-3）中还应计及互感电压的作用。若设第 1 条支路至第 g 条支路之间相互均有耦合，则有：

$$\begin{aligned} \dot{U}_1 &= Z_1\dot{I}_{e1} \pm j\omega M_{12}\dot{I}_{e2} \pm j\omega M_{13}\dot{I}_{e3} \pm \cdots \pm j\omega M_{1g}\dot{I}_{eg} - \dot{U}_{S1} \\ \dot{U}_2 &= \pm j\omega M_{21}\dot{I}_{e1} + Z_2\dot{I}_{e2} \pm j\omega M_{23}\dot{I}_{e3} \pm \cdots \pm j\omega M_{2g}\dot{I}_{eg} - \dot{U}_{S2} \\ &\vdots \\ \dot{U}_g &= \pm j\omega M_{g1}\dot{I}_{e1} \pm j\omega M_{g2}\dot{I}_{e2} \pm j\omega M_{g3}\dot{I}_{e3} \pm \cdots + Z_g\dot{I}_{eg} - \dot{U}_{Sg} \end{aligned}$$

其中 $\dot{I}_{e1}=\dot{I}_1+\dot{I}_{S1}$，$\dot{I}_{e2}=\dot{I}_2+\dot{I}_{S2}$，…，$\dot{I}_{eg}=\dot{I}_g+\dot{I}_{Sg}$；所有互感电压前取“+”号或“−”号取决于各电感的同名端和电流、电压的参考方向；$M_{12}=M_{21}$；其余支路之间由于无耦合，故第 h 条到第 b 条支路的方程为

$$\dot{U}_h=Z_h\dot{I}_{eh}-\dot{U}_{Sh}$$
$$\vdots$$
$$\dot{U}_b=Z_b\dot{I}_{eb}-\dot{U}_{Sb}$$

这样，支路电压与支路电流之间的关系可用下列矩阵形式表示

$$\begin{bmatrix}\dot{U}_1\\ \dot{U}_2\\ \vdots\\ \dot{U}_g\\ \dot{U}_h\\ \vdots\\ \dot{U}_b\end{bmatrix}=\begin{bmatrix}Z_1 & \pm j\omega M_{12} & \cdots & \pm j\omega M_{1g} & 0 & \cdots & 0\\ \pm j\omega M_{21} & Z_2 & \cdots & \pm j\omega M_{2g} & 0 & \cdots & 0\\ \vdots & \vdots & \vdots & \vdots & \vdots & \vdots & \vdots\\ \pm j\omega M_{g1} & \pm j\omega M_{g2} & \cdots & Z_g & 0 & \cdots & 0\\ 0 & 0 & \cdots & 0 & Z_h & \cdots & 0\\ \vdots & \vdots & \vdots & \vdots & \vdots & \vdots & \vdots\\ 0 & 0 & \cdots & 0 & 0 & \cdots & Z_b\end{bmatrix}\begin{bmatrix}\dot{I}_1+\dot{I}_{S1}\\ \dot{I}_2+\dot{I}_{S2}\\ \vdots\\ \dot{I}_g+\dot{I}_{Sg}\\ \dot{I}_h+\dot{I}_{Sh}\\ \vdots\\ \dot{I}_b+\dot{I}_{Sb}\end{bmatrix}-\begin{bmatrix}\dot{U}_{S1}\\ \dot{U}_{S2}\\ \vdots\\ \dot{U}_{Sg}\\ \dot{U}_{Sh}\\ \vdots\\ \dot{U}_{Sb}\end{bmatrix}$$

写成

$$\dot{\boldsymbol{U}}=\boldsymbol{Z}(\dot{\boldsymbol{I}}+\dot{\boldsymbol{I}}_S)-\dot{\boldsymbol{U}}_S \tag{2-6-4}$$

当电感之间有耦合时，电路的支路阻抗矩阵 $\boldsymbol{Z}$ 不再是对角阵，其主对角线元素为各支路阻抗，而非对角线元素将是相应的支路之间的互感阻抗。如令 $\boldsymbol{Y}=\boldsymbol{Z}^{-1}$（$\boldsymbol{Y}$ 仍称为支路导纳矩阵），则将式（2-6-4）两边都左乘 $\boldsymbol{Y}$ 可得

$$\boldsymbol{Y}\dot{\boldsymbol{U}}=\dot{\boldsymbol{I}}+\dot{\boldsymbol{I}}_S-\boldsymbol{Y}\dot{\boldsymbol{U}}_S$$

整理得

$$\dot{\boldsymbol{I}}=\boldsymbol{Y}(\dot{\boldsymbol{U}}+\dot{\boldsymbol{U}}_S)-\dot{\boldsymbol{I}}_S \tag{2-6-5}$$

可以看出，式（2-6-4）和式（2-6-5）在形式上与式（2-6-2）和式（2-6-3）完全相同，唯一的差别是 $\boldsymbol{Y}$ 和 $\boldsymbol{Z}$ 不再是对角阵。

2.6.3 含受控电流源的标准支路

设第 k 条支路中有受控电流源并受第 j 条支路无源元件上的电压 $\dot{U}_{ej}$ 或电流 $\dot{I}_{ej}$ 控制，如图 2-6-3 所示，其中 $\dot{I}_{dk}=g_{kj}\dot{U}_{ej}$ 或 $\dot{I}_{dk}=\beta_{kj}\dot{I}_{ej}$。

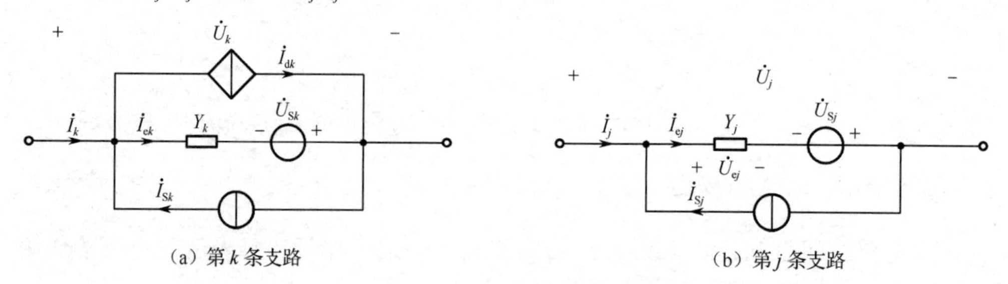

（a）第 k 条支路　（b）第 j 条支路

图 2-6-3　受控电流源的控制关系

此时，对第 k 条支路有

$$\dot{I}_k=Y_k(\dot{U}_k+\dot{U}_{Sk})+\dot{I}_{dk}-\dot{I}_{Sk}$$

其中，在 VCCS（电压控制电流源）情况下，$\dot{I}_{dk}=g_{kj}(\dot{U}_j+\dot{U}_{Sj})$；在（电流控制电流源）CCCS 情况下，$\dot{I}_{dk}=\beta_{kj}Y_j(\dot{U}_j+\dot{U}_{Sj})$。若电路有 b 条支路，则支路方程为

$$
\begin{bmatrix} \dot{I}_1 \\ \dot{I}_2 \\ \vdots \\ \dot{I}_j \\ \vdots \\ \dot{I}_k \\ \vdots \\ \dot{I}_b \end{bmatrix}
=
\begin{bmatrix}
Y_1 & & & & & & & \\
0 & Y_2 & & & & & & \\
\vdots & \vdots & \ddots & & & & & \\
0 & 0 & \cdots & Y_j & & & & \\
\vdots & \vdots & & & \ddots & & & \\
0 & 0 & \cdots & Y_{kj} & \cdots & Y_k & & \\
\vdots & \vdots & & \vdots & & & \ddots & \\
0 & 0 & \cdots & 0 & \cdots & 0 & \cdots & Y_b
\end{bmatrix}
\begin{bmatrix} \dot{U}_1+\dot{U}_{S1} \\ \dot{U}_2+\dot{U}_{S2} \\ \vdots \\ \dot{U}_j+\dot{U}_{Sj} \\ \vdots \\ \dot{U}_k+\dot{U}_{Sk} \\ \vdots \\ \dot{U}_b+\dot{U}_{Sb} \end{bmatrix}
-
\begin{bmatrix} \dot{I}_{S1} \\ \dot{I}_{S2} \\ \vdots \\ \dot{I}_{Sj} \\ \vdots \\ \dot{I}_{Sk} \\ \vdots \\ \dot{I}_{Sb} \end{bmatrix}
$$

可得

$$\dot{\boldsymbol{I}} = \boldsymbol{Y}(\dot{\boldsymbol{U}} + \dot{\boldsymbol{U}}_S) - \dot{\boldsymbol{I}}_S$$

其中，支路导纳矩阵 $\boldsymbol{Y}$ 中的非对角线元素

$$Y_{kj} = \begin{cases} g_{kj} & \text{（受控源为VCCS）} \\ \beta_{kj} Y_j & \text{（受控源为CCCS）} \end{cases}$$

可见此时支路方程在形式上与式（2-6-3）相同，只是支路导纳矩阵 $\boldsymbol{Y}$ 也不再是对角阵。

2.6.4 含受控电压源的标准支路

仍设第 k 条支路中有受控电压源并受第 j 条支路无源元件上的电压 $\dot{U}_{ej}$ 或电流 $\dot{I}_{ej}$ 控制，如图 2-6-4 所示，其中 $\dot{U}_{dk} = \alpha_{kj}\dot{U}_{ej}$ 或 $\dot{U}_{dk} = r_{kj}\dot{I}_{ej}$。

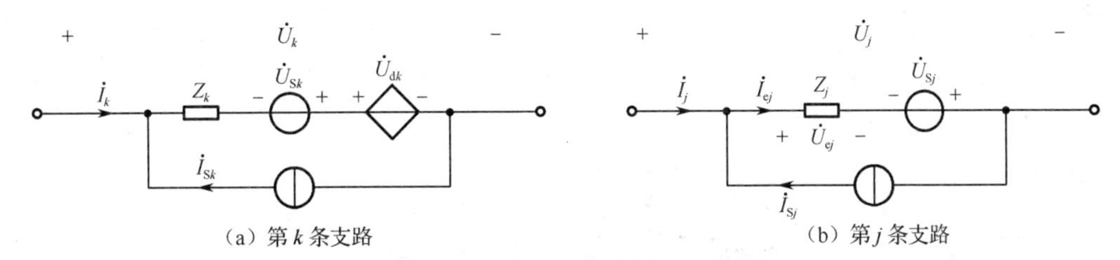

图 2-6-4 受控电压源的控制关系

对于电路中第 k 条支路列写 KVL 方程为

$$\dot{U}_k = Z_k(\dot{I}_k + \dot{I}_{Sk}) - \dot{U}_{Sk} + \dot{U}_{dk} \tag{2-6-6}$$

其中，在 VCVS（电压控制电压源）情况下，$\dot{U}_{dk} = \alpha_{kj} Z_j(\dot{I}_j + \dot{I}_{Sj})$；而在 CCVS（电流控制电压源）情况下，$\dot{U}_{dk} = r_{kj}(\dot{I}_j + \dot{I}_{Sj})$。若电路有 b 条支路，则支路方程为

$$
\begin{bmatrix} \dot{U}_1 \\ \dot{U}_2 \\ \vdots \\ \dot{U}_j \\ \vdots \\ \dot{U}_k \\ \vdots \\ \dot{U}_b \end{bmatrix}
=
\begin{bmatrix}
Z_1 & & & & & & & \\
0 & Z_2 & & & & & & \\
\vdots & \vdots & \ddots & & & & & \\
0 & 0 & \cdots & Z_j & & & & \\
\vdots & \vdots & & & \ddots & & & \\
0 & 0 & \cdots & Z_{kj} & \cdots & Z_k & & \\
\vdots & \vdots & & \vdots & & & \ddots & \\
0 & 0 & \cdots & 0 & \cdots & 0 & \cdots & Z_b
\end{bmatrix}
\begin{bmatrix} \dot{I}_1+\dot{I}_{S1} \\ \dot{I}_2+\dot{I}_{S2} \\ \vdots \\ \dot{I}_j+\dot{I}_{Sj} \\ \vdots \\ \dot{I}_k+\dot{I}_{Sk} \\ \vdots \\ \dot{I}_b+\dot{I}_{Sb} \end{bmatrix}
-
\begin{bmatrix} \dot{U}_{S1} \\ \dot{U}_{S2} \\ \vdots \\ \dot{U}_{Sj} \\ \vdots \\ \dot{U}_{Sk} \\ \vdots \\ \dot{U}_{Sb} \end{bmatrix}
$$

可得

$$\dot{\boldsymbol{U}} = \boldsymbol{Z}(\dot{\boldsymbol{I}} + \dot{\boldsymbol{I}}_S) - \dot{\boldsymbol{U}}_S$$

其中，支路阻抗矩阵 $\boldsymbol{Z}$ 中的非对角线元素

$$Z_{kj}=\begin{cases}\alpha_{kj}Z_j & （受控源为VCVS）\\ r_{kj} & （受控源为CCVS）\end{cases}$$

可见此时支路方程在形式上与式（2-6-2）相同，只是支路阻抗矩阵 $\boldsymbol{Z}$ 也不再是对角阵。

通过以上分析可知，标准支路的矩阵形式的 VCR 都可以归结为式（2-6-2）和式（2-6-3）的形式，只是其中的支路阻抗或支路导纳矩阵的形式不同而已，它们跟矩阵形式的基尔霍夫定律一起，称为矩阵形式的两类约束关系，这是进行大规模电路分析的基础。

2.7 无伴电源的转移

2.6 节中设定的标准支路都必须含有无源元件，而当电路中含有无伴电源支路时列写支路阻抗矩阵和支路导纳矩阵就会遇到困难。如当电路中存在无伴电压源支路，则该支路的支路阻抗为零，列写支路导纳矩阵时就会存在无穷大的元素，无法建立起支路导纳矩阵。同理，若电路存在无伴电流源支路，该支路的支路阻抗为无穷大，列写支路阻抗矩阵也会遇到问题，通常的做法是在不改变电路中其他支路中的电压和电流的条件下，设法把无伴电源支路中的电压源或电流源转移，称为移源法。

2.7.1 电压源转移

转移电压源的方法如图 2-7-1 所示。在图 2-7-1（a）中有一无伴电压源支路 U_S，它的两端分别连接有两条支路，根据电路等效的原则，可以通过结点②把无伴电压源支路 U_S 转移到支路 5、6 中去，如图 2-7-1（b）所示，由 KVL 方程可知，电压源转移后，并不改变结点①和⑤之间、结点①和⑥之间及结点⑤和⑥之间的电压，因而支路 5、6 的电流保持不变，支路 3、4 的电压和电流也不会改变，两个电路除无伴电压源支路外是完全等效的。变换过程中注意结点②的位置，也要注意电源的极性。

同理，也可以通过结点①把无伴电压源支路 U_S 转移到支路 3、4 中去，如图 2-7-1（c）所示。

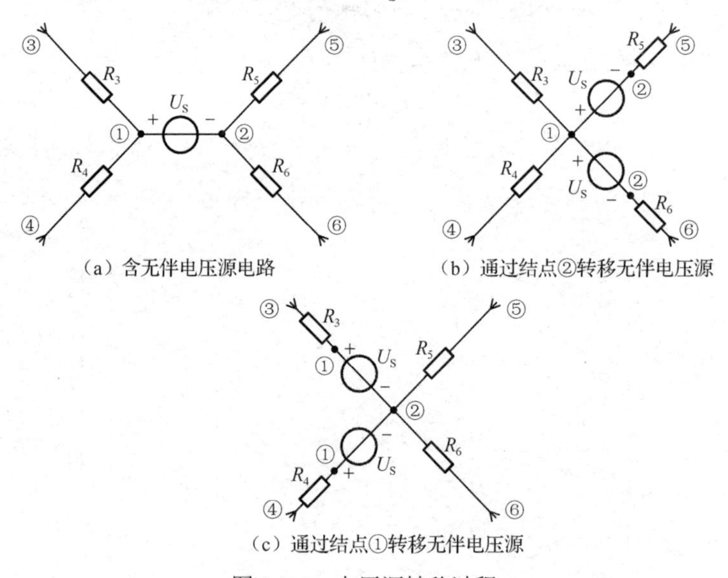

图 2-7-1　电压源转移过程

电压源转移的原则是电路中待求解各支路的电压和电流保持不变，电压源转移后，电路的拓扑结构发生了变化，无伴电压源的两个端点合并为一个，使支路数和结点数均减少了一个。

2.7.2 电流源转移

转移电流源的方法如图 2-7-2 所示。在图 2-7-2（a）中有一无伴电流源支路 $\dot{I}_S$，支路阻抗为无穷大，可以通过图 2-7-2（b）的方式转移到另外三条支路，原则是保持结点①、②、③、④上的 KCL 方程不变，流过三个无源元件的电流不变，从而使电路的 KVL 方程也保持不变，两个电路除无伴电流源支路外是等效的。

转移电流源时要注意电流源的方向，而且转移的方法可能并不唯一。如图 2-7-2（a）也可将电流源按图 2-7-2（c）的形式转移，两个电路是等效的。

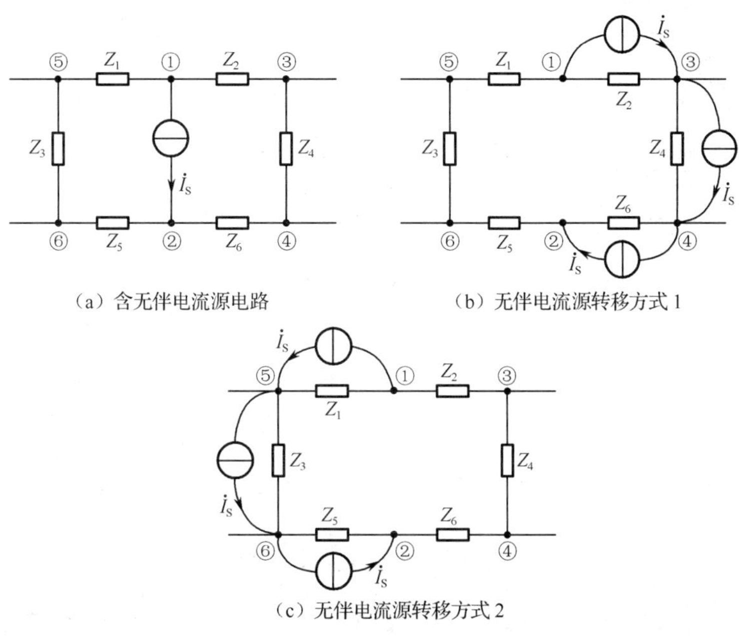

（a）含无伴电流源电路

（b）无伴电流源转移方式 1

（c）无伴电流源转移方式 2

图 2-7-2　电流源转移过程

通过以上分析可知，通过无伴电源的转移使电路中不再含有无伴电压源和无伴电流源支路，可以采用 2.6 节的方法列写支路的 VCR 方程。

习　　题

2-1　一个网络的 $\boldsymbol{A}$ 矩阵为

$$\boldsymbol{A}=\begin{bmatrix} 1 & -1 & 1 & 0 & 0 & 0 & 0 & 1 & 0 \\ -1 & 0 & 0 & 0 & 1 & 1 & 0 & 0 & 1 \\ 0 & 1 & 0 & 1 & -1 & 0 & -1 & 0 & 0 \\ 0 & 0 & -1 & 0 & 0 & -1 & 1 & 0 & 0 \end{bmatrix}$$

1）画出该网络的有向图；

2）选 1、2、3、4 为树，写出基本回路矩阵和基本割集矩阵。

2-2　题 2-2 图所示电路中有 16 个不同的树，试一一列出。

2-3　一网络的有向图如题 2-3 图所示，选取 1、2、4、5 为树，试写出 $\boldsymbol{A}$，$\boldsymbol{B}_f$，$\boldsymbol{Q}_f$ 。

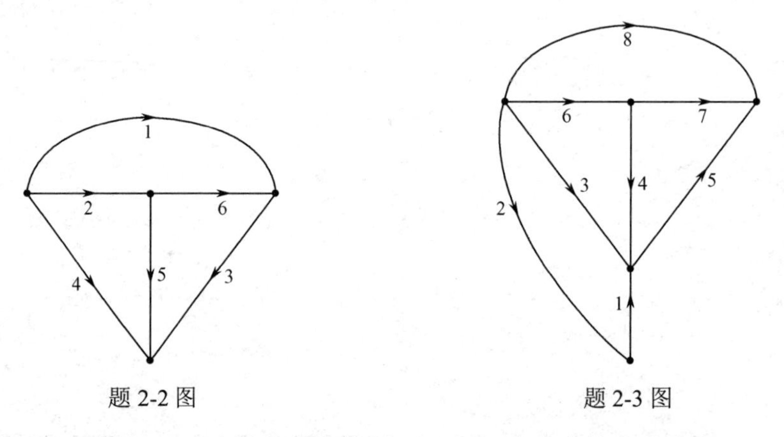

题 2-2 图　　　　　　　　　　题 2-3 图

2-4　电路如题 2-4 图所示，试画出电路的图，写出矩阵形式的支路方程。

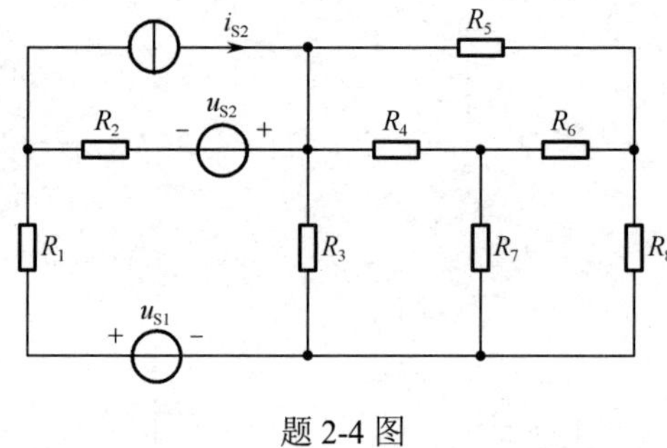

题 2-4 图

2-5　电路如题 2-5 图所示，受控源参数 $\dot{I}_{d2}=g\dot{U}_1$，$\dot{I}_{d4}=\beta\dot{I}_4$，试画出电路的图，写出支路方程的矩阵形式。

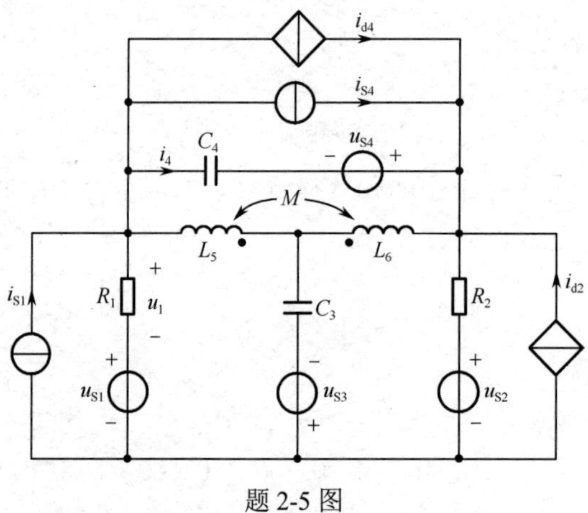

题 2-5 图

2-6　用移源法移去题 2-6 图中的电压源 u_{S7}。

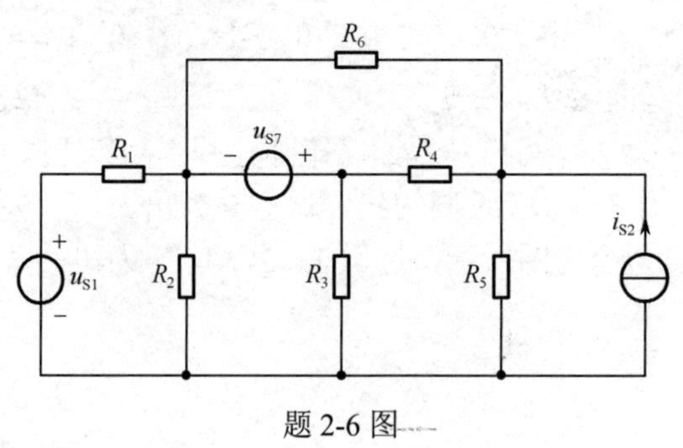

题 2-6 图

2-7　用移源法移去题 2-7 图中的电流源 $\dot{I}_{S6}$ 。

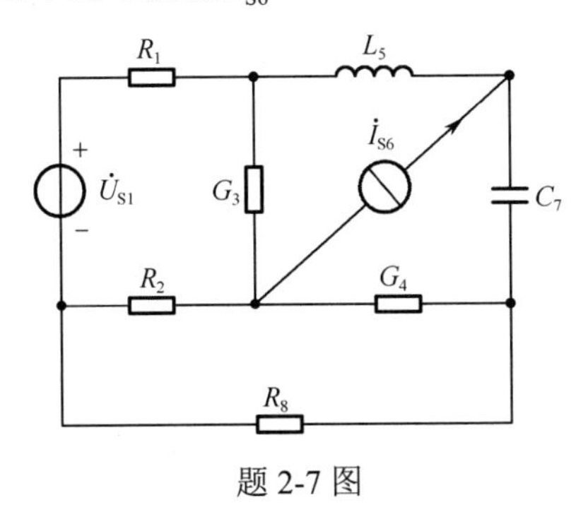

题 2-7 图

第3章　电路计算机辅助分析方法

对于大规模电路的计算，必须借助计算机自动建立方程，方程的形式用矩阵来描述，由电路理论可知，集总电路的分析方法均基于电路的两类约束关系，在第2章中给出了由电路矩阵描述的基尔霍夫定律方程和支路方程，以此为基础，本章介绍系统化列写线性电路方程的方法，主要有结点电压分析法、回路电流分析法、割集电压分析法和状态变量法。

3.1　结点电压分析法

3.1.1　拓扑法列写结点电压方程

1．建立结点电压方程的理论依据

结点电压法以结点电压为电路的独立变量，应用KCL方程列出独立方程。由于描述支路与结点关联性质的是矩阵$\boldsymbol{A}$，因此，用$\boldsymbol{A}$表示KCL方程和KVL方程推导结点电压方程的矩阵形式，这里重写2.3节和2.6节中给出的方程。

KCL方程：　$\boldsymbol{A\dot{I}}=\boldsymbol{0}$

KVL方程：　$\boldsymbol{\dot{U}}=\boldsymbol{A}^{\mathrm{T}}\boldsymbol{\dot{U}}_{\mathrm{n}}$

支路方程：　$\boldsymbol{\dot{I}}=\boldsymbol{Y}(\boldsymbol{\dot{U}}+\boldsymbol{\dot{U}}_{\mathrm{S}})-\boldsymbol{\dot{I}}_{\mathrm{S}}$

把支路方程代入KCL方程可得

$$\boldsymbol{AY\dot{U}}+\boldsymbol{AY\dot{U}}_{\mathrm{S}}-\boldsymbol{A\dot{I}}_{\mathrm{S}}=\boldsymbol{0}$$

把KVL方程代入上式得

$$\boldsymbol{AYA}^{\mathrm{T}}\boldsymbol{\dot{U}}_{\mathrm{n}}=\boldsymbol{A\dot{I}}_{\mathrm{S}}-\boldsymbol{AY\dot{U}}_{\mathrm{S}} \tag{3-1-1}$$

式（3-1-1）是结点电压方程的矩阵形式。

设$\boldsymbol{Y}_{\mathrm{n}}=\boldsymbol{AYA}^{\mathrm{T}}$，$\boldsymbol{\dot{J}}_{\mathrm{n}}=\boldsymbol{A\dot{I}}_{\mathrm{S}}-\boldsymbol{AY\dot{U}}_{\mathrm{S}}$，则式（3-1-1）可写为

$$\boldsymbol{Y}_{\mathrm{n}}\boldsymbol{\dot{U}}_{\mathrm{n}}=\boldsymbol{\dot{J}}_{\mathrm{n}} \tag{3-1-2}$$

$\boldsymbol{Y}_{\mathrm{n}}$称为结点导纳矩阵，$\boldsymbol{\dot{J}}_{\mathrm{n}}$称为注入结点的电流源列向量，式（3-1-2）也是结点电压方程的矩阵形式。

由矩阵理论可知，对具有n个结点，b条支路的电路，$\boldsymbol{AY}$为$(n-1)\times b$阶矩阵，结点导纳矩阵$\boldsymbol{AYA}^{\mathrm{T}}$是$n-1$阶方阵；$\boldsymbol{A\dot{I}}_{\mathrm{S}}$和$\boldsymbol{AY\dot{U}}_{\mathrm{S}}$都是$n-1$阶的列向量，$\boldsymbol{\dot{J}}_{\mathrm{n}}$是$n-1$阶列向量。

2．拓扑法建立结点电压方程求解电路的一般步骤

拓扑法建立结点电压方程求解电路一般遵循以下7个步骤：

（1）以标准支路为依据，作出电路的有向图，并选定参考结点；

（2）根据有向图写出关联矩阵$\boldsymbol{A}$；

（3）写出电压源列向量$\boldsymbol{\dot{U}}_{\mathrm{S}}$、电流源列向量$\boldsymbol{\dot{I}}_{\mathrm{S}}$及支路导纳矩阵$\boldsymbol{Y}$。其中电压源列向量、电流源列向量中各元素的正负号要参照标准支路，而支路导纳矩阵要注意互感和受控源的作用；

（4）计算结点导纳矩阵$\boldsymbol{Y}_{\mathrm{n}}=\boldsymbol{AYA}^{\mathrm{T}}$；

（5）计算结点电流源列向量$\boldsymbol{\dot{J}}_{\mathrm{n}}=\boldsymbol{A\dot{I}}_{\mathrm{S}}-\boldsymbol{AY\dot{U}}_{\mathrm{S}}$；

（6）计算结点电压 $\dot{\boldsymbol{U}}_{\mathrm{n}}=\boldsymbol{Y}_{\mathrm{n}}^{-1}\dot{\boldsymbol{J}}_{\mathrm{n}}$；

（7）计算支路电压与电流 $\dot{\boldsymbol{U}}=\boldsymbol{A}^{\mathrm{T}}\dot{\boldsymbol{U}}_{\mathrm{n}}$，$\dot{\boldsymbol{I}}=\boldsymbol{Y}(\dot{\boldsymbol{U}}+\dot{\boldsymbol{U}}_{\mathrm{S}})-\dot{\boldsymbol{I}}_{\mathrm{S}}$。

在建立结点电压方程的过程中，尤其要注意结点导纳矩阵的列写，电路中是否含有互感和受控源，以及受控源的类型和控制量都会对结点导纳矩阵产生影响，矩阵的运算及求解一般利用计算机来进行。下面通过例题加以说明。

【例 3-1-1】 电路如图 3-1-1（a）所示，图中元件的数字下标代表支路编号。已知 $\dot{I}_{\mathrm{S3}}=2\angle0^{\circ}\ \mathrm{A}, \dot{I}_{\mathrm{S4}}=6\angle0^{\circ}\ \mathrm{A}$，$R_3=R_4=2\Omega$，$R_5=5\Omega$，$L_1=1\mathrm{H}$，$L_2=2\mathrm{H}$，$C_6=4\mathrm{F}$，$\omega=1\mathrm{rad/s}$，列出矩阵形式的结点电压方程，并求结点电压。

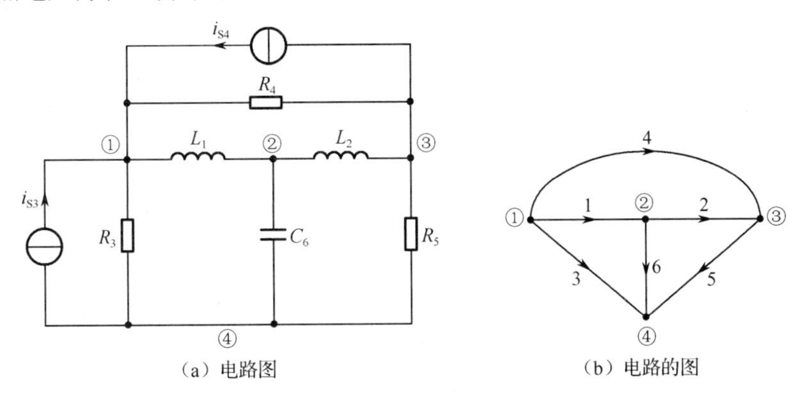

图 3-1-1 例 3-1-1 图

解： 电路中不含有耦合电感和受控源，可按如下步骤求解。

（1）作出图示电路的有向图，如图 3-1-1（b）所示，选结点④为参考结点。

（2）根据有向图写出关联矩阵。

$$\boldsymbol{A}=\begin{bmatrix} 1 & 0 & 1 & 1 & 0 & 0 \\ -1 & 1 & 0 & 0 & 0 & 1 \\ 0 & -1 & 0 & -1 & 1 & 0 \end{bmatrix}$$

（3）写出电压源列向量、电流源列向量及支路导纳矩阵。

电压源列向量为

$$\dot{\boldsymbol{U}}_{\mathrm{S}}=\mathbf{0}$$

电流源列向量为

$$\dot{\boldsymbol{I}}_{\mathrm{S}}=[0\quad 0\quad \dot{I}_{\mathrm{S3}}\quad \dot{I}_{\mathrm{S4}}\quad 0\quad 0]^{\mathrm{T}}$$

支路导纳矩阵为

$$\boldsymbol{Y}=\mathrm{diag}\begin{bmatrix} \dfrac{1}{\mathrm{j}\omega L_1} & \dfrac{1}{\mathrm{j}\omega L_2} & \dfrac{1}{R_3} & \dfrac{1}{R_4} & \dfrac{1}{R_5} & \mathrm{j}\omega C_6 \end{bmatrix}$$

（4）计算结点导纳矩阵。

$$\boldsymbol{Y}_{\mathrm{n}}=\boldsymbol{AYA}^{\mathrm{T}}$$

$$=\begin{bmatrix} \dfrac{1}{R_3}+\dfrac{1}{R_4}+\dfrac{1}{\mathrm{j}\omega L_1} & -\dfrac{1}{\mathrm{j}\omega L_1} & -\dfrac{1}{R_4} \\ -\dfrac{1}{\mathrm{j}\omega L_1} & \dfrac{1}{\mathrm{j}\omega L_1}+\dfrac{1}{\mathrm{j}\omega L_2}+\mathrm{j}\omega C_6 & -\dfrac{1}{\mathrm{j}\omega L_2} \\ -\dfrac{1}{R_4} & -\dfrac{1}{\mathrm{j}\omega L_2} & \dfrac{1}{R_4}+\dfrac{1}{R_5}+\dfrac{1}{\mathrm{j}\omega L_2} \end{bmatrix}$$

（5）计算结点电流源列向量。

$$\dot{\boldsymbol{J}}_{\mathrm{n}} = \boldsymbol{A}\dot{\boldsymbol{I}}_{\mathrm{S}} - \boldsymbol{A}\boldsymbol{Y}\dot{\boldsymbol{U}}_{\mathrm{S}} = \begin{bmatrix} \dot{I}_{\mathrm{S3}} + \dot{I}_{\mathrm{S4}} \\ 0 \\ -\dot{I}_{\mathrm{S4}} \end{bmatrix}$$

（6）计算结点电压。

$$\dot{\boldsymbol{U}}_{\mathrm{n}} = \boldsymbol{Y}_{\mathrm{n}}^{-1}\dot{\boldsymbol{J}}_{\mathrm{n}}$$

则有

$$\begin{bmatrix} \dot{U}_{\mathrm{n1}} \\ \dot{U}_{\mathrm{n2}} \\ \dot{U}_{\mathrm{n3}} \end{bmatrix} = \begin{bmatrix} \dfrac{1}{R_3}+\dfrac{1}{R_4}+\dfrac{1}{\mathrm{j}\omega L_1} & -\dfrac{1}{\mathrm{j}\omega L_1} & -\dfrac{1}{R_4} \\ -\dfrac{1}{\mathrm{j}\omega L_1} & \dfrac{1}{\mathrm{j}\omega L_1}+\dfrac{1}{\mathrm{j}\omega L_2}+\mathrm{j}\omega C_6 & -\dfrac{1}{\mathrm{j}\omega L_2} \\ -\dfrac{1}{R_4} & -\dfrac{1}{\mathrm{j}\omega L_2} & \dfrac{1}{R_4}+\dfrac{1}{R_5}+\dfrac{1}{\mathrm{j}\omega L_2} \end{bmatrix}^{-1} \begin{bmatrix} \dot{I}_{\mathrm{S3}} + \dot{I}_{\mathrm{S4}} \\ 0 \\ -\dot{I}_{\mathrm{S4}} \end{bmatrix}$$

代入参数得

$$\begin{bmatrix} \dot{U}_{\mathrm{n1}} \\ \dot{U}_{\mathrm{n2}} \\ \dot{U}_{\mathrm{n3}} \end{bmatrix} = \begin{bmatrix} 1-\mathrm{j} & \mathrm{j} & -0.5 \\ \mathrm{j} & \mathrm{j}2.5 & \mathrm{j}0.5 \\ -0.5 & \mathrm{j}0.5 & 0.7-\mathrm{j}0.5 \end{bmatrix}^{-1} \begin{bmatrix} 8 \\ 0 \\ -6 \end{bmatrix}$$

（7）方程组求解。

对于大规模电路的求解，步骤（4）～步骤（6）通常通过计算机完成，下面给出 MATLAB 求解过程。

```
clc;
clear;
Is3=2;Is4=6;L1=1;L2=2;R3=2;R4=2;R5=5;C6=4;
w=1;
A=[1 0 1 1 0 0;-1 1 0 0 0 1;0 -1 0 -1 1 0];
Y=[1/(j*w*L1) 0 0 0 0 0;0 1/(j*w*L2) 0 0 0 0;0 0 1/R3 0 0 0;0 0 0 1/R4 0 0;
   0 0 0 0 1/R5 0;0 0 0 0 0 j*w*C6];
Is=[0 0 Is3 Is4 0 0]';
V=A*Y*A';
I=A*Is;
U=V\I;
Un1=U(1);Un2=U(2);Un3=U(3);
disp(' Un1  Un2  Un3 ');
disp('幅值'),disp(abs([Un1,Un2,Un3]));
disp('相角'),disp(angle([Un1,Un2,Un3])*180/pi);
```

程序运行结果：

```
      Un1       Un2         Un3
幅值   3.6046    0.4160      5.6216
相角   34.5528   -110.8813   -157.5660
```

答案为

$\dot{U}_{n1} = 3.6046\angle 34.5528^\circ$ V

$\dot{U}_{n2} = 0.4160\angle -110.8813^\circ$ V

$\dot{U}_{n3} = 5.6216\angle -157.5660^\circ$ V

由以上分析可以看出，当电路中不含有互感和受控源时，支路导纳矩阵是对角阵，对角线上的元素是支路的导纳；结点导纳矩阵对角线上的元素是电路的自导纳，取正值，非对角线上的元素是互导纳，取负值。应用 MATLAB 强大的矩阵运算功能可以很方便地求解电路方程。对于复杂电路的求解，通常步骤（4）～步骤（7）均通过计算机求解。

【例 3-1-2】 电路如图 3-1-2（a）所示，受控源参数 $\dot{I}_{d2} = g_{21}\dot{U}_1$，$\dot{I}_{d4} = \beta_{46}\dot{I}_6$。已知 $R_1 = 1\Omega$，$R_2 = 0.5\Omega$，$C_3 = 3\text{F}$，$C_4 = 2\text{F}$，$L_5 = 0.25\text{H}$，$L_6 = 0.5\text{H}$，$\dot{U}_{S1} = 3\angle 0^\circ$ V，$\dot{U}_{S2} = 5\angle 30^\circ$ V，$\dot{U}_{S4} = 20\angle 45^\circ$ V，$\dot{I}_{S1} = 10\angle 30^\circ$ A，$\dot{I}_{S4} = 10\angle 0^\circ$ A，$\omega = 2\text{rad/s}$，$g_{21} = 3\text{s}$，$\beta_{46} = 5$。求结点电压和支路电流。

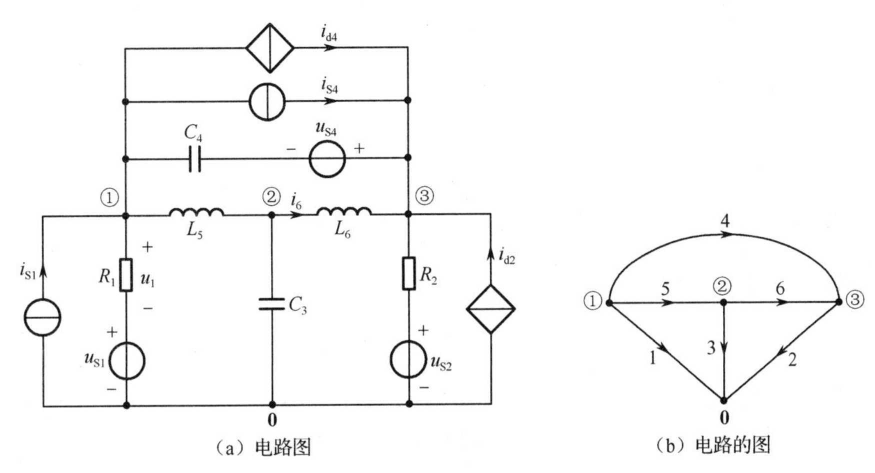

图 3-1-2　例 3-1-2 图

解： 例题中含有两种受控电流源，注意支路导纳矩阵的列写。

（1）作出电路的有向图，如图 3-1-2（b）所示，选结点 0 为参考结点。

（2）根据有向图写出关联矩阵。

$$\boldsymbol{A} = \begin{bmatrix} 1 & 0 & 0 & 1 & 1 & 0 \\ 0 & 0 & 1 & 0 & -1 & 1 \\ 0 & 1 & 0 & -1 & 0 & -1 \end{bmatrix}$$

（3）写出电压源列向量、电流源列向量及支路导纳矩阵。

电压源列向量

$$\begin{aligned} \dot{\boldsymbol{U}}_S &= [-\dot{U}_{S1} \quad -\dot{U}_{S2} \quad 0 \quad \dot{U}_{S4} \quad 0 \quad 0]^T \\ &= [-3 \quad 5\angle -150^\circ \quad 0 \quad 20\angle 45^\circ \quad 0 \quad 0]^T \end{aligned}$$

电流源列向量

$$\begin{aligned} \dot{\boldsymbol{I}}_S &= [\dot{I}_{S1} \quad 0 \quad 0 \quad -\dot{I}_{S4} \quad 0 \quad 0]^T \\ &= [10\angle 30^\circ \quad 0 \quad 0 \quad -10 \quad 0 \quad 0]^T \end{aligned}$$

支路导纳矩阵中注意 g_{21} 和 β_{46} 出现的位置，参考 2.6 节的处理方法。

$$
\boldsymbol{Y}=\begin{bmatrix}
\frac{1}{R_1} & 0 & 0 & 0 & 0 & 0 \\
-g_{21} & \frac{1}{R_2} & 0 & 0 & 0 & 0 \\
0 & 0 & \mathrm{j}\omega C_3 & 0 & 0 & 0 \\
0 & 0 & 0 & \mathrm{j}\omega C_4 & 0 & \frac{\beta_{46}}{\mathrm{j}\omega L_6} \\
0 & 0 & 0 & 0 & \frac{1}{\mathrm{j}\omega L_5} & 0 \\
0 & 0 & 0 & 0 & 0 & \frac{1}{\mathrm{j}\omega L_6}
\end{bmatrix}
=\begin{bmatrix}
1 & 0 & 0 & 0 & 0 & 0 \\
-3 & 2 & 0 & 0 & 0 & 0 \\
0 & 0 & \mathrm{j}6 & 0 & 0 & 0 \\
0 & 0 & 0 & \mathrm{j}4 & 0 & -\mathrm{j}5 \\
0 & 0 & 0 & 0 & -\mathrm{j}2 & 0 \\
0 & 0 & 0 & 0 & 0 & -\mathrm{j}
\end{bmatrix}
$$

（4）编写 MATLAB 程序计算$\boldsymbol{Y}_{\mathrm{n}}$、$\dot{\boldsymbol{J}}_{\mathrm{n}}$并求解，参考第 4 章相关内容，这里从略。

3.1.2 直接法列写结点电压方程

由以上分析可知，建立结点电压方程的关键是形成结点导纳矩阵$\boldsymbol{Y}_{\mathrm{n}}$和等效电流源列向量$\dot{\boldsymbol{J}}_{\mathrm{n}}$，这一过程中要建立关联矩阵$\boldsymbol{A}$和支路导纳矩阵$\boldsymbol{Y}$，并经过一系列矩阵运算求得。一般$\boldsymbol{A}$和$\boldsymbol{Y}$中的非零元素很少，用满秩矩阵计算会占用更多存储容量且耗费更多计算时间，很不经济，通常可直接形成$\boldsymbol{Y}_{\mathrm{n}}$和$\dot{\boldsymbol{J}}_{\mathrm{n}}$，建立结点电压方程。具体解决方法是通过分析各种电路元件对$\boldsymbol{Y}_{\mathrm{n}}$和$\dot{\boldsymbol{J}}_{\mathrm{n}}$的贡献，得出各种电路元件在$\boldsymbol{Y}_{\mathrm{n}}$和$\dot{\boldsymbol{J}}_{\mathrm{n}}$中的送值规律，以便逐一将各电路元件的作用写入$\boldsymbol{Y}_{\mathrm{n}}$和$\dot{\boldsymbol{J}}_{\mathrm{n}}$的相应位置，形成$\boldsymbol{Y}_{\mathrm{n}}$和$\dot{\boldsymbol{J}}_{\mathrm{n}}$，且便于计算机编程实现，下面分别加以分析。

1. 无源二端元件对结点电压方程的贡献

无源二端元件对结点电压方程的贡献体现在$\boldsymbol{Y}_{\mathrm{n}}$中。设无源二端元件如图 3-1-3 所示，起始结点为i，终止结点为j，电导值为Y，则其对$\boldsymbol{Y}_{\mathrm{n}}$的贡献如式（3-1-3）所示。

$$
\boldsymbol{Y}_{\mathrm{n}}=\begin{array}{c} \\ \\ i \\ \\ j \\ \\ \end{array}\!\!\begin{bmatrix}
 & \vdots & & \vdots & \\
\cdots & Y & \cdots & -Y & \cdots \\
 & \vdots & & \vdots & \\
\cdots & -Y & \cdots & Y & \cdots \\
 & \vdots & & \vdots &
\end{bmatrix} \quad (\text{列标：} i \quad j) \tag{3-1-3}
$$

可见无源二端元件对$\boldsymbol{Y}_{\mathrm{n}}$的贡献相对于$\boldsymbol{Y}_{\mathrm{n}}$主对角线对称。这里的无源二端元件只可以是单一的元件，如电阻元件、电感元件或电容元件，不能是它们的组合。电阻元件$Y=\frac{1}{R}$；电感元件$Y=-\mathrm{j}\frac{1}{\omega L}$；电容元件$Y=\mathrm{j}\omega C$。$\boldsymbol{Y}_{\mathrm{n}}$中主对角线上的元素为自阻抗，取正值，非主对角线上的元素为互阻抗，取负值；若j为参考结点，则j对应的行和列的元素为零，只有$\boldsymbol{Y}_{\mathrm{n}}$（$i$，$i$）为$Y$。

2．理想电流源对结点电压方程的贡献

理想电流源对结点电压方程的贡献体现在 $\dot{\boldsymbol{J}}_{\mathrm{n}}$ 中。设理想电流源如图 3-1-4 所示，起始结点为 i，终止结点为 j，电流源电流为 $\dot{I}_{\mathrm{S}}$，则其对 $\dot{\boldsymbol{J}}_{\mathrm{n}}$ 的贡献如式（3-1-4）所示，流入结点电流源的电流为正。

$$\dot{\boldsymbol{J}}_{\mathrm{n}} = \begin{matrix} \\ i \\ \\ j \\ \\ \end{matrix}\begin{bmatrix} \vdots \\ -I_{\mathrm{s}} \\ \vdots \\ I_{\mathrm{s}} \\ \vdots \end{bmatrix} \tag{3-1-4}$$

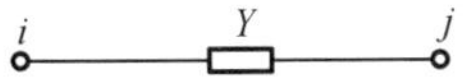

图 3-1-3　无源二端元件

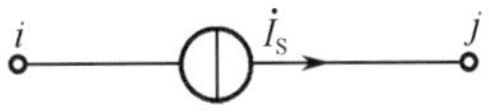

图 3-1-4　理想电流源

3．电压源对结点电压方程的贡献

电压源对结点电压方程的贡献在 $\boldsymbol{Y}_{\mathrm{n}}$ 和 $\dot{\boldsymbol{J}}_{\mathrm{n}}$ 中都有体现。设电压源如图 3-1-5 所示，起始结点为 i，终止结点为 j，电源电压为 $\dot{U}_{\mathrm{S}}$。电压源支路可等效成电流源与阻抗并联的形式，阻抗的贡献体现在 $\boldsymbol{Y}_{\mathrm{n}}$ 中，电流源的贡献体现在 $\dot{\boldsymbol{J}}_{\mathrm{n}}$ 中，因此，电压源对 $\boldsymbol{Y}_{\mathrm{n}}$ 和 $\dot{\boldsymbol{J}}_{\mathrm{n}}$ 的贡献如式（3-1-5）和式（3-1-6）所示。

$$\boldsymbol{Y}_{\mathrm{n}} = \begin{matrix} \\ i \\ \\ j \\ \\ \end{matrix}\begin{bmatrix} & \vdots & & \vdots & \\ \cdots & \dfrac{1}{Z_{\mathrm{S}}} & \cdots & -\dfrac{1}{Z_{\mathrm{S}}} & \cdots \\ & \vdots & & \vdots & \\ \cdots & -\dfrac{1}{Z_{\mathrm{S}}} & \cdots & \dfrac{1}{Z_{\mathrm{S}}} & \cdots \\ & \vdots & & \vdots & \end{bmatrix} \tag{3-1-5}$$

（列标：i　j）

$$\dot{\boldsymbol{J}}_{\mathrm{n}} = \begin{matrix} \\ i \\ \\ j \\ \\ \end{matrix}\begin{bmatrix} \vdots \\ \dfrac{\dot{U}_{\mathrm{S}}}{Z_{\mathrm{S}}} \\ \vdots \\ -\dfrac{\dot{U}_{\mathrm{S}}}{Z_{\mathrm{S}}} \\ \vdots \end{bmatrix} \tag{3-1-6}$$

4．电压控制电流源对结点电压方程的贡献

VCCS 支路如图 3-1-6 所示，控制支路的起始结点为 k，终止结点为 l，受控源支路的起始结点为 i，终止结点为 j，$\dot{I}_{ij} = g\dot{U}_{kl}$，$g$ 为控制系数。VCCS 支路电流为

$$\dot{I}_{ij} = g\dot{U}_{kl} = g(\dot{U}_k - \dot{U}_l) \tag{3-1-7}$$

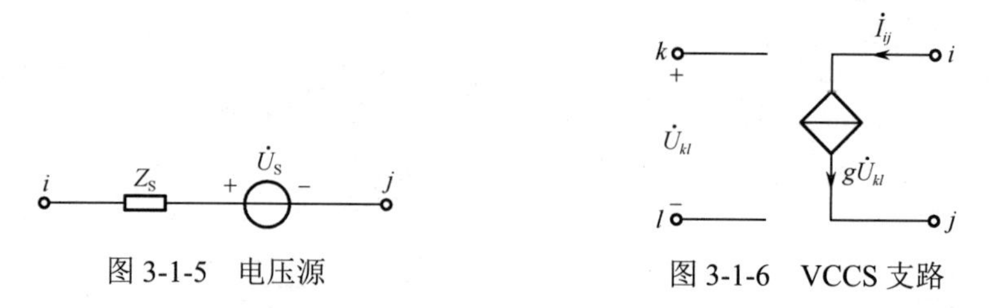

图 3-1-5　电压源　　　　图 3-1-6　VCCS 支路

其中$\dot{U}_k$和$\dot{U}_l$是结点 k 和 l 的电压，因此在结点电压方程中，VCCS 支路电流应移到方程的左边，体现在 $\boldsymbol{Y}_\text{n}$ 中，如式（3-1-8）所示。

$$\boldsymbol{Y}_\text{n}=\begin{array}{c} \\ \\ i \\ \\ j \\ \\ \end{array}\begin{array}{c}\begin{array}{ccccc} & k & & l & \end{array}\\ \begin{bmatrix} & \vdots & & \vdots & \\ \cdots & g & \cdots & -g & \cdots \\ & \vdots & \ddots & \vdots & \\ \cdots & -g & \cdots & g & \cdots \\ & \vdots & & \vdots & \end{bmatrix}\end{array} \tag{3-1-8}$$

若结点 i、l、j 和 k 中有一个为参考结点，则要划去该结点对应的一行和一列。

5．电流控制电流源对结点电压方程的贡献

CCCS 支路如图 3-1-7 所示，控制支路的起始结点为 k，终止结点为 l，受控源支路的起始结点为 i，终止结点为 j，$\dot{I}_{ij}=\beta\dot{I}_{kl}$，$\beta$ 为控制系数。由于控制支路的导纳为 Y，可将 CCCS 转换为 VCCS，即

$$\dot{I}_{ij}=\beta\dot{I}_{kl}=\beta Y\dot{U}_{kl}=\beta Y(\dot{U}_k-\dot{U}_l)$$

其中，$\dot{U}_k$和$\dot{U}_l$是结点 k 和 l 的电压，因此在结点电压方程中，CCCS 支路电流应移到方程的左边，体现在 $\boldsymbol{Y}_\text{n}$ 中，如式（3-1-9）所示。

$$\boldsymbol{Y}_\text{n}=\begin{array}{c} \\ \\ i \\ \\ j \\ \\ \end{array}\begin{array}{c}\begin{array}{ccccc} & k & & l & \end{array}\\ \begin{bmatrix} & \vdots & & \vdots & \\ \cdots & \beta Y & \cdots & -\beta Y & \cdots \\ & \vdots & \ddots & \vdots & \\ \cdots & -\beta Y & \cdots & \beta Y & \cdots \\ & \vdots & & \vdots & \end{bmatrix}\end{array} \tag{3-1-9}$$

若结点 i、l、j 和 k 中有一个为参考点，也要划去该结点对应的一行和一列。

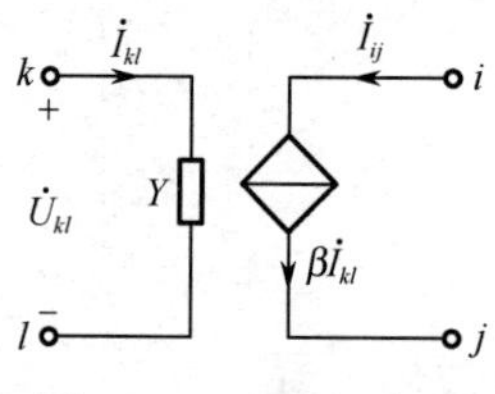

图 3-1-7　CCCS 支路

以上分析了各种电路元件对结点电压方程的贡献，值得注意的是 $\boldsymbol{Y}_\text{n}$和$\dot{\boldsymbol{J}}_\text{n}$ 中各元素的位置及正负号的确定均是基于上述电路及电压和电流的参考方向。

【例 3-1-3】 电路如图 3-1-8（a）所示，图中元件的下标代表支路编号，图 3-1-8（b）是它的有向图，用直接法写出结点电压方程的矩阵形式。

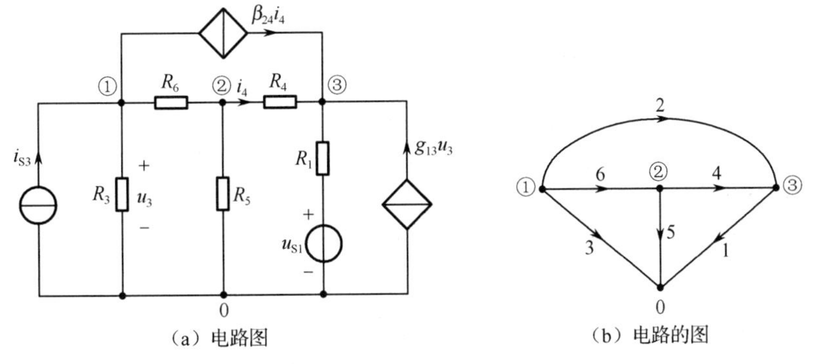

图 3-1-8　例 3-1-3 的图

解： 结点电压方程的矩阵形式为$\boldsymbol{Y}_\text{n}\dot{\boldsymbol{U}}_\text{n}=\dot{\boldsymbol{J}}_\text{n}$，用直接法确定$\boldsymbol{Y}_\text{n}$和$\dot{\boldsymbol{J}}_\text{n}$。

（1）写出电阻元件对 $\boldsymbol{Y}_\text{n}$ 的贡献。

$$\boldsymbol{Y}_\text{n}=\begin{bmatrix}\dfrac{1}{R_3}+\dfrac{1}{R_6} & -\dfrac{1}{R_6} & 0\\ -\dfrac{1}{R_6} & \dfrac{1}{R_4}+\dfrac{1}{R_5}+\dfrac{1}{R_6} & -\dfrac{1}{R_4}\\ 0 & -\dfrac{1}{R_4} & \dfrac{1}{R_1}+\dfrac{1}{R_4}\end{bmatrix}$$

（2）写出受控源电流源对 $\boldsymbol{Y}_\text{n}$ 的贡献。

$$\boldsymbol{Y}_\text{n}=\begin{bmatrix}\dfrac{1}{R_3}+\dfrac{1}{R_6} & -\dfrac{1}{R_6}+\dfrac{\beta_{24}}{R_4} & -\dfrac{\beta_{24}}{R_4}\\ -\dfrac{1}{R_6} & \dfrac{1}{R_4}+\dfrac{1}{R_5}+\dfrac{1}{R_6} & -\dfrac{1}{R_4}\\ -g_{13} & -\dfrac{1}{R_4}-\dfrac{\beta_{24}}{R_4} & \dfrac{1}{R_1}+\dfrac{1}{R_4}+\dfrac{\beta_{24}}{R_4}\end{bmatrix}$$

（3）写出独立电源对 $\dot{\boldsymbol{J}}_\text{n}$ 的贡献。

$$\dot{\boldsymbol{J}}_\text{n}=\begin{bmatrix}i_{S3} & 0 & \dfrac{u_{S1}}{R_1}\end{bmatrix}^\text{T}$$

（4）写出矩阵形式的结点电压方程。

$$\begin{bmatrix}\dfrac{1}{R_3}+\dfrac{1}{R_6} & -\dfrac{1}{R_6}+\dfrac{\beta_{24}}{R_4} & -\dfrac{\beta_{24}}{R_4}\\ -\dfrac{1}{R_6} & \dfrac{1}{R_4}+\dfrac{1}{R_5}+\dfrac{1}{R_6} & -\dfrac{1}{R_4}\\ -g_{13} & -\dfrac{1}{R_4}-\dfrac{\beta_{24}}{R_4} & \dfrac{1}{R_1}+\dfrac{1}{R_4}+\dfrac{\beta_{24}}{R_4}\end{bmatrix}\begin{bmatrix}u_{n1}\\ u_{n2}\\ u_{n3}\end{bmatrix}=\begin{bmatrix}i_{S3}\\ 0\\ \dfrac{u_{S1}}{R_1}\end{bmatrix}$$

用直接法列写结点电压方程可以简化矩阵运算，便于计算机求解，第 5 章将利用该方法给出计算求解电路的应用实例。

直接法列写结点电压方程无法直接处理无伴电压源、无伴受控电压源等支路导纳为无穷大的元件，以及互感元件等电流控制元件，因为支路电流不能直接作为未知变量出现在结点电压方程组中，限制了其应用范围，而改进的结点电压法可有效解决这一问题，从而得到了广泛应用。

3.1.3 改进的结点电压法

改进的结点电压法是以结点电压、无伴电压源支路电流及无伴受控电压源支路电流等作为电路变量，列写电路的混合变量方程，求解电路的方法。

改进的结点电压法通过分析各类电路元件对 $\boldsymbol{Y}_{\mathrm{n}}$、$\dot{\boldsymbol{J}}_{\mathrm{n}}$ 的贡献，直接列写结点电压方程。由于增加无伴电压源及流控电路元件的电流为未知量，使 $\boldsymbol{Y}_{\mathrm{n}}$、$\dot{\boldsymbol{J}}_{\mathrm{n}}$ 规模相应扩大，因此对应元素的列写是本节的主要内容。

根据电路元件对 $\boldsymbol{Y}_{\mathrm{n}}$、$\dot{\boldsymbol{J}}_{\mathrm{n}}$ 的贡献，可将元件分为 3 类：

① 电压源和理想电流源元件，直接用结点电压作为变量；

② 可以用导纳描述的元件，如无源二端元件、受控电流源等，直接用结点电压作为变量；

③ 不能用导纳描述的元件，如无伴电压源、无伴 VCVS、无伴 CCVS 及互感等，应增设支路电流作为变量。

其中第①和第②类元件对结点电压方程的贡献已经在 3.1.2 节中进行了分析，这里主要给出第③类元件对结点电压方程的贡献。

1. 无伴电压源对结点电压方程的贡献

无伴电压源支路如图 3-1-9 所示，由于无伴电压源电流与电压没有直接联系，无法直接写出对结点 i、j 的贡献，需增设电流变量 $\dot{I}_l$ 为电路变量，则电路变量可写为

$$\dot{\boldsymbol{U}}_{\mathrm{n}}' = \begin{bmatrix} \dot{\boldsymbol{U}}_{\mathrm{n}} \\ \cdots \\ \dot{I}_l \end{bmatrix} \tag{3-1-10}$$

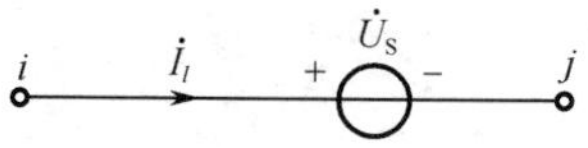

图 3-1-9 无伴电压源支路

由于电路变量新增一行，则 $\boldsymbol{Y}_{\mathrm{n}}$ 要增加一行和一列，记为$\boldsymbol{Y}_{\mathrm{n}}'$，$\dot{\boldsymbol{J}}_{\mathrm{n}}$ 需要增加一行，记为$\dot{\boldsymbol{J}}_{\mathrm{n}}'$，结点电压方程为

$$\boldsymbol{Y}_{\mathrm{n}}'\dot{\boldsymbol{U}}_{\mathrm{n}}' = \dot{\boldsymbol{J}}_{\mathrm{n}}' \tag{3-1-11}$$

由支路 VCR 方程可知

$$\begin{cases} \dot{I}_{\mathrm{n}i} = \dot{I}_l \\ \dot{I}_{\mathrm{n}j} = -\dot{I}_l \end{cases} \tag{3-1-12}$$

$$\dot{U}_i - \dot{U}_j = \dot{U}_{\mathrm{s}} \tag{3-1-13}$$

由式（3-1-12）可知第 i 个结点流出电流 $\dot{I}_l$，第 j 个结点流入电流 $\dot{I}_l$，则第 i 个结点方程左边加 $\dot{I}_l$，第 j 个结点方程左边减 $\dot{I}_l$，所以 $\boldsymbol{Y}_{\mathrm{n}}$ 中新增列第 i 行为 1，第 j 行为−1，其余元素为 0，对 $\dot{\boldsymbol{J}}_{\mathrm{n}}$ 无影响；而式（3-1-13）构成 $\boldsymbol{Y}_{\mathrm{n}}$ 中的新增行，新增行第 i 列为 1，第 j 列为−1，其余元素为 0，$\dot{\boldsymbol{J}}_{\mathrm{n}}$ 新增行元素为 $\dot{U}_{\mathrm{S}}$。结点电压方程如式（3-1-14）所示。

$$
\begin{array}{c}
i \\ \\ j \\ \\ l_1
\end{array}
\left[\begin{array}{ccccc|c}
 & & & & & \vdots \\
 & & & & & 1 \\
 & & \boldsymbol{Y}_{\mathrm{n}} & & & \vdots \\
 & & & & & -1 \\
 & & & & & \vdots \\
\hline
\cdots & 1 & \cdots & -1 & \cdots &
\end{array}\right]
\left[\begin{array}{c}\dot{\boldsymbol{U}}_{\mathrm{n}} \\ \hline \dot{I}_l\end{array}\right]
=
\left[\begin{array}{c}\dot{\boldsymbol{J}}_{\mathrm{n}} \\ \hline \dot{U}_{\mathrm{S}}\end{array}\right]
\tag{3-1-14}
$$

$$\quad i \qquad j \qquad\qquad l_1$$

2．无伴电流控制电压源对结点电压方程的贡献

无伴电流控制电压源（CCVS）的电路如图 3-1-10 所示，由于受控电压源电流与结点电压没有直接联系，无法直接写出对结点 i、j 的贡献，也需增设电流变量 $\dot{I}_l$ 为电路变量，则电路变量仍为式（3-1-10）的形式。

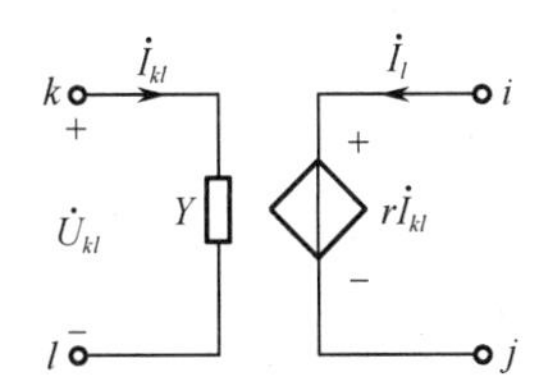

图 3-1-10　无伴电流控制电压源

由于电路变量新增一行，则 $\boldsymbol{Y}_{\mathrm{n}}$ 要增加一行和一列，$\dot{\boldsymbol{J}}_{\mathrm{n}}$ 需要增加一行。由支路 VCR 方程可知

$$
\begin{cases}
\dot{I}_{\mathrm{n}i} = \dot{I}_l \\
\dot{I}_{\mathrm{n}j} = -\dot{I}_l
\end{cases}
\tag{3-1-15}
$$

$$
\dot{U}_{ij} = \dot{U}_i - \dot{U}_j = r\dot{I}_{kl} = rY(\dot{U}_k - \dot{U}_l)
$$

整理电压方程得

$$
\dot{U}_i - \dot{U}_j - rY\dot{U}_k + rY\dot{U}_l = 0
\tag{3-1-16}
$$

与无伴电压源分析类似，由式（3-1-15）可知对第 i 个结点流出电流 $\dot{I}_l$，对第 j 个结点流入电流 $\dot{I}_l$，则第 i 个结点方程左边加 $\dot{I}_l$，第 j 个结点方程左边减 $\dot{I}_l$，所以 $\boldsymbol{Y}_{\mathrm{n}}$ 中新增列第 i 行为 1，第 j 行为−1，其余元素为 0，对 $\dot{\boldsymbol{J}}_{\mathrm{n}}$ 无影响，可见 $\dot{I}_l$ 的贡献与无伴电压源相同；而式（3-1-16）构成 $\boldsymbol{Y}_{\mathrm{n}}$ 中的新增行，新增行第 i 列为 1，第 j 列为−1，第 k 列为 $-rY$，第 l 列为 rY，其余元素为 0，$\dot{\boldsymbol{J}}_{\mathrm{n}}$ 新增行元素为 0。结点电压方程如式（3-1-17）所示。

$$
\begin{array}{c}
i \\ \\ j \\ \\ l_1
\end{array}
\left[\begin{array}{ccccccccc|c}
 & & & & & & & & & \vdots \\
 & & & & & & & & & 1 \\
 & & & & \boldsymbol{Y}_{\mathrm{n}} & & & & & \vdots \\
 & & & & & & & & & -1 \\
 & & & & & & & & & \vdots \\
\hline
\cdots & 1 & \cdots & -1 & \cdots & -rY & \cdots & rY & \cdots & \vdots
\end{array}\right]
\left[\begin{array}{c}\dot{\boldsymbol{U}}_{\mathrm{n}} \\ \hline \dot{I}_l\end{array}\right]
=
\left[\begin{array}{c}\dot{\boldsymbol{J}}_{\mathrm{n}} \\ \hline 0\end{array}\right]
\tag{3-1-17}
$$

$$\quad i \qquad j \qquad k \qquad l \qquad\qquad l_1$$

3．无伴电压控制电压源对结点电压方程的贡献

无伴电压控制电压源（VCVS）的电路如图 3-1-11 所示，也需增设电流变量 $\dot{I}_l$ 为电路变量，电路变量为式（3-1-10）的形式，$\dot{I}_l$ 的贡献与无伴电压源完全相同；这里主要分析受控源电压对结点电压方程的贡献。

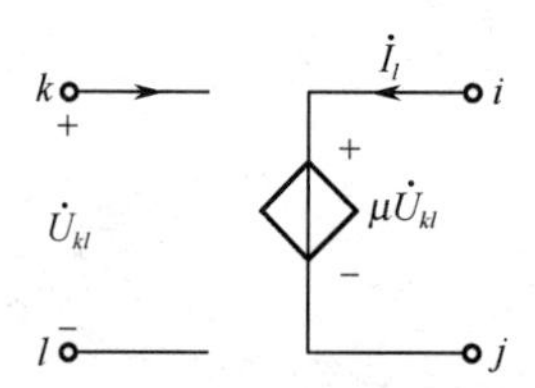

图 3-1-11　无伴电压控制电压源

受控源支路的 VCR 方程为

$$\dot{U}_{ij} = \dot{U}_i - \dot{U}_j = \mu\dot{U}_{kl} = \mu(\dot{U}_k - \dot{U}_l)$$

整理得

$$\dot{U}_i - \dot{U}_j - \mu\dot{U}_k + \mu\dot{U}_l = 0 \tag{3-1-18}$$

式（3-1-18）构成 $\boldsymbol{Y}_\mathrm{n}$ 中的新增行，新增行第 i 列为 1，第 j 列为−1，第 k 列为$-\mu$，第 l 列为 μ，其余元素为 0，$\dot{\boldsymbol{J}}_\mathrm{n}$ 新增行元素为 0。结点电压方程如式（3-1-19）所示。

$$\begin{array}{c} \\ i \\ \\ j \\ \\ l_1 \\ \\ \end{array}\left[\begin{array}{ccccccccc|c} & & & & & & & & & \vdots \\ & & & & & & & & & 1 \\ & & & & \boldsymbol{Y}_\mathrm{n} & & & & & \vdots \\ & & & & & & & & & -1 \\ & & & & & & & & & \vdots \\ \hline \cdots & 1 & \cdots & -1 & \cdots & -\mu & \cdots & \mu & \cdots & \vdots \end{array}\right]\begin{bmatrix} \dot{\boldsymbol{U}}_\mathrm{n} \\ \hdashline \dot{I}_l \end{bmatrix} = \begin{bmatrix} \dot{\boldsymbol{J}}_\mathrm{n} \\ \hdashline 0 \end{bmatrix} \tag{3-1-19}$$

$$\quad\quad\quad i \quad\quad j \quad\quad k \quad\quad l \quad\quad\quad l_1$$

4．互感元件对结点电压方程的贡献

互感元件如图 3-1-12 所示，由于两条支路相互作用，需增设两个电流变量 $\dot{I}_{l1}$和$\dot{I}_{l2}$ 为电路变量，由于电路变量新增 2 行，则 $\boldsymbol{Y}_\mathrm{n}$ 要增加 2 行和 2 列，$\dot{\boldsymbol{J}}_\mathrm{n}$ 需要增加 2 行。

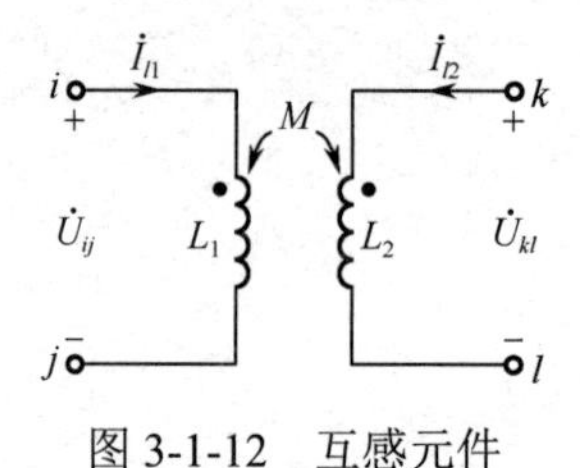

图 3-1-12　互感元件

由支路 VCR 方程可知

$$\begin{cases} \dot{I}_{\mathrm{n}i} = \dot{I}_{l1} \\ \dot{I}_{\mathrm{n}j} = -\dot{I}_{l1} \end{cases} \tag{3-1-20}$$

$$\begin{cases} \dot{I}_{\mathrm{n}k} = \dot{I}_{l2} \\ \dot{I}_{\mathrm{n}l} = -\dot{I}_{l2} \end{cases} \tag{3-1-21}$$

$$\dot{U}_{ij} = \dot{U}_i - \dot{U}_j = \mathrm{j}\omega L_1 \dot{I}_{l1} + \mathrm{j}\omega M \dot{I}_{l2}$$

$$\dot{U}_{kl} = \dot{U}_k - \dot{U}_l = \mathrm{j}\omega L_2 \dot{I}_{l2} + \mathrm{j}\omega M \dot{I}_{l1}$$

整理电压方程得

$$\dot{U}_i - \dot{U}_j - \mathrm{j}\omega L_1 \dot{I}_{l1} - \mathrm{j}\omega M \dot{I}_{l2} = 0 \tag{3-1-22}$$

$$\dot{U}_k - \dot{U}_l - \mathrm{j}\omega L_2 \dot{I}_{l2} - \mathrm{j}\omega M \dot{I}_{l1} = 0 \tag{3-1-23}$$

由式（3-1-20）和式（3-1-21）可知对第 i 个结点流出电流 $\dot{I}_{l1}$，对第 j 个结点流入电流 $\dot{I}_{l1}$，则第 i 个方程左边加 $\dot{I}_{l1}$，第 j 个方程左边减 $\dot{I}_{l1}$，所以 $\boldsymbol{Y}_\mathrm{n}$ 中新增第 1 列第 i 行为 1，第 j 行为−1，同理新增第 2 列，第 k 行为 1，第 l 行为−1。式（3-1-22）构成 $\boldsymbol{Y}_\mathrm{n}$ 中的新增第 1 行，新增第 1 行的第 i 列为 1，第 j 列为−1，第 l_1 列为 $-\mathrm{j}\omega L_1$，第 l_2 列为 $-\mathrm{j}\omega M$；式（3-1-23）构成 $\boldsymbol{Y}_\mathrm{n}$ 中的新增第 2 行，新增第 2 行的第 k 列为 1，第 l 列为−1，第 l_1 列为 $-\mathrm{j}\omega M$，第 l_2 列为 $-\mathrm{j}\omega L_2$；$\dot{\boldsymbol{J}}_\mathrm{n}$ 新增 2 行元素均为 0。因此，结点电压方程如式（3-1-24）所示。

$$\begin{array}{c} \\ i \\ j \\ k \\ l \\ \\ l_1 \\ l_2 \end{array}
\begin{array}{c} \begin{array}{cccccc} i & j & k & l & l_1 & l_2 \end{array} \\
\left[\begin{array}{cccc:cc}
 & & & & 1 & \\
 & \boldsymbol{Y}_\mathrm{n} & & & -1 & \\
 & & & & & 1 \\
 & & & & & -1 \\ \hdashline
1 & -1 & & & -\mathrm{j}\omega L_1 & -\mathrm{j}\omega M \\
 & & 1 & -1 & -\mathrm{j}\omega M & -\mathrm{j}\omega L_2
\end{array}\right] \end{array}
\left[\begin{array}{c} \dot{\boldsymbol{U}}_\mathrm{n} \\ \hdashline \dot{I}_{l1} \\ \dot{I}_{l2} \end{array}\right]
=
\left[\begin{array}{c} \dot{\boldsymbol{J}}_\mathrm{n} \\ \hdashline 0 \\ 0 \end{array}\right] \tag{3-1-24}$$

以上分析了改进的结点电压法求解电路时对各种电路元件的处理方法，在列写方程时，一般首先写入无源元件、理想电流源、电压源及受控电流源对 $\boldsymbol{Y}_\mathrm{n}$ 和 $\dot{\boldsymbol{J}}$ 的贡献，再依次考虑接入无伴电压源、无伴受控电压源和互感元件等对 $\boldsymbol{Y}_\mathrm{n}$ 和 $\dot{\boldsymbol{J}}$ 的贡献，各元素的位置及正负号严格按照图示电路的参考方向确定，下面通过例题说明改进的结点电压法列写混合结点电压方程的步骤。

【例 3-1-4】 采用改进的结点电压法，列写混合结点电压方程。

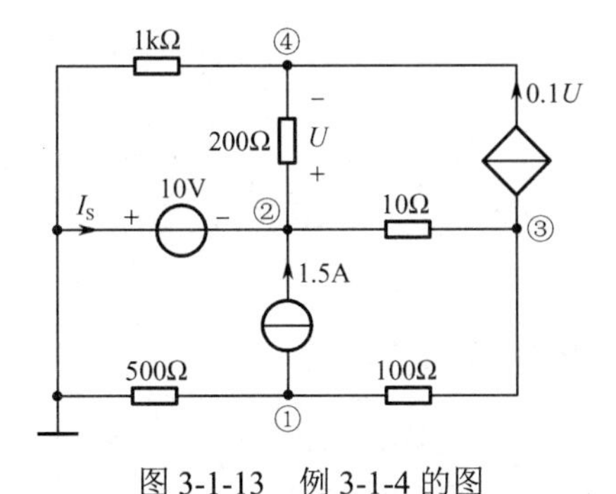

图 3-1-13 例 3-1-4 的图

解： 本例中除 4 个结点电压为电路变量外，需增设无伴电压源电流 I_S 也为电路变量。

（1）列写电阻元件和电流源形成的结点电压方程。

$$
\begin{bmatrix}
\frac{1}{500}+\frac{1}{100} & 0 & -\frac{1}{100} & 0 \\
0 & \frac{1}{200}+\frac{1}{10} & -\frac{1}{10} & -\frac{1}{200} \\
-\frac{1}{100} & -\frac{1}{10} & \frac{1}{10}+\frac{1}{100} & 0 \\
0 & -\frac{1}{200} & 0 & \frac{1}{200}+\frac{1}{1000}
\end{bmatrix}
\begin{bmatrix} U_{n1} \\ U_{n2} \\ U_{n3} \\ U_{n4} \end{bmatrix}
=
\begin{bmatrix} -1.5 \\ 1.5 \\ 0 \\ 0 \end{bmatrix}
$$

（2）列写接入受控电流源后的结点方程。

$$
\begin{bmatrix}
\frac{1}{500}+\frac{1}{100} & 0 & -\frac{1}{100} & 0 \\
0 & \frac{1}{200}+\frac{1}{10} & -\frac{1}{10} & -\frac{1}{200} \\
-\frac{1}{100} & -\frac{1}{10}+0.1 & \frac{1}{10}+\frac{1}{100} & -0.1 \\
0 & -\frac{1}{200}-0.1 & 0 & \frac{1}{200}+\frac{1}{1000}+0.1
\end{bmatrix}
\begin{bmatrix} U_{n1} \\ U_{n2} \\ U_{n3} \\ U_{n4} \end{bmatrix}
=
\begin{bmatrix} -1.5 \\ 1.5 \\ 0 \\ 0 \end{bmatrix}
$$

（3）列写接入无伴电压源后的结点方程。

$$
\begin{bmatrix}
\frac{1}{500}+\frac{1}{100} & 0 & -\frac{1}{100} & 0 & 0 \\
0 & \frac{1}{200}+\frac{1}{10} & -\frac{1}{10} & -\frac{1}{200} & -1 \\
-\frac{1}{100} & -\frac{1}{10}+0.1 & \frac{1}{10}+\frac{1}{100} & -0.1 & 0 \\
0 & -\frac{1}{200}-0.1 & 0 & \frac{1}{200}+\frac{1}{1000}+0.1 & 0 \\
0 & 1 & 0 & 0 & 0
\end{bmatrix}
\begin{bmatrix} U_{n1} \\ U_{n2} \\ U_{n3} \\ U_{n4} \\ I_{S1} \end{bmatrix}
=
\begin{bmatrix} -1.5 \\ 1.5 \\ 0 \\ 0 \\ -10 \end{bmatrix}
$$

改进的结点电压法建立电路方程需要把握两点：一是对于电流源，无论是独立电流源，还是受控电流源，不需要增加未知量；对于无伴电压源，无论是独立电压源，还是受控电压源，以及互感元件都需要增加支路电流为未知量；二是严格遵循各种电路元件对电路方程贡献的规律，包括元素的位置、正负号的选取等。

3.2 回路电流分析法

3.2.1 建立回路电流方程的理论依据

以一组独立回路电流为独立变量，求解电路的方法称为回路电流分析法。

由于描述支路与回路关联性质的是回路矩阵 $\boldsymbol{B}$，所以用 $\boldsymbol{B}$ 表示的 KCL 方程、KVL 方程和支路方程推导出回路电流方程的矩阵形式，这里的支路仍采用标准支路，重写 2.4 节和 2.6 节中给出的方程。

KCL 方程： $\dot{\boldsymbol{I}}=\boldsymbol{B}^{\mathrm{T}}\dot{\boldsymbol{I}}_{1}$

KVL 方程： $\boldsymbol{B}\dot{\boldsymbol{U}}=\boldsymbol{0}$

支路方程： $\dot{\boldsymbol{U}}=\boldsymbol{Z}(\dot{\boldsymbol{I}}+\dot{\boldsymbol{I}}_{\mathrm{S}})-\dot{\boldsymbol{U}}_{\mathrm{S}}$

把支路方程代入 KVL 方程得

$$\boldsymbol{BZ\dot{I}} + \boldsymbol{BZ\dot{I}}_\mathrm{S} - \boldsymbol{B\dot{U}}_\mathrm{S} = \boldsymbol{0}$$

再把 KCL 方程代入上式得

$$\boldsymbol{BZB}^\mathrm{T}\dot{\boldsymbol{I}}_l = \boldsymbol{B\dot{U}}_\mathrm{S} - \boldsymbol{BZ\dot{I}}_\mathrm{S} \tag{3-2-1}$$

式（3-2-1）即回路电流方程的矩阵形式。

设 $\boldsymbol{Z}_l = \boldsymbol{BZB}^\mathrm{T}$，$\dot{\boldsymbol{U}}_l = \boldsymbol{B\dot{U}}_\mathrm{S} - \boldsymbol{BZ\dot{I}}_\mathrm{S}$，则式（3-2-1）可写为

$$\boldsymbol{Z}_l\dot{\boldsymbol{I}}_l = \dot{\boldsymbol{U}}_l \tag{3-2-2}$$

式（3-2-2）也是回路电流方程的矩阵形式。

对具有 b 条支路、l 个独立回路的电路，$\boldsymbol{Z}_l$ 是一个 l 阶方阵，称为回路阻抗矩阵；$\dot{\boldsymbol{U}}_l$ 是 l 阶列向量，称为回路电压源电压列向量。

3.2.2 建立回路电流方程的一般步骤

回路电流方程与结点电压方程是对偶的，因此系统化建立回路电流方程并求解也遵循以下 7 个步骤：

（1）以标准支路为依据，作出电路的有向图，并选定独立回路，规定回路的方向；

（2）根据有向图写出回路矩阵 $\boldsymbol{B}$；

（3）写出电压源列向量 $\dot{\boldsymbol{U}}_\mathrm{S}$、电流源列向量 $\dot{\boldsymbol{I}}_\mathrm{S}$ 及支路阻抗矩阵 $\boldsymbol{Z}$，其中电压源列向量、电流源列向量中各元素的正负号要参照标准支路，而支路阻抗矩阵要注意互感和受控源的作用；

（4）计算回路阻抗矩阵 $\boldsymbol{Z}_l = \boldsymbol{BZB}^\mathrm{T}$；

（5）计算回路电压源列向量 $\dot{\boldsymbol{U}}_l = \boldsymbol{B\dot{U}}_\mathrm{S} - \boldsymbol{BZ\dot{I}}_\mathrm{S}$；

（6）计算回路电流方程 $\dot{\boldsymbol{I}}_l = \boldsymbol{Z}_l^{-1}\dot{\boldsymbol{U}}_l$；

（7）计算各支路电压与电流 $\dot{\boldsymbol{U}} = \boldsymbol{Z}(\dot{\boldsymbol{I}} + \dot{\boldsymbol{I}}_\mathrm{S}) - \dot{\boldsymbol{U}}_\mathrm{S}$，$\dot{\boldsymbol{I}} = \boldsymbol{B}^\mathrm{T}\dot{\boldsymbol{I}}_l$。

通常步骤（4）～步骤（7）由计算机来完成。

【例 3-2-1】 电路如图 3-2-1（a）所示，$\dot{I}_{\mathrm{S1}} = 2\angle 0^\circ\ \mathrm{A}$，$\dot{U}_{\mathrm{S2}} = 6\angle 0^\circ\ \mathrm{V}$，$R_1 = 2\Omega$，$R_2 = 3\Omega$，$L_3 = 4\mathrm{H}$，$L_4 = 2\mathrm{H}$，$C_5 = 3\mathrm{F}$，$\omega = 1\mathrm{rad/s}$，写出矩阵形式的回路电流方程并求 $\dot{I}_3$和$\dot{I}_4$。

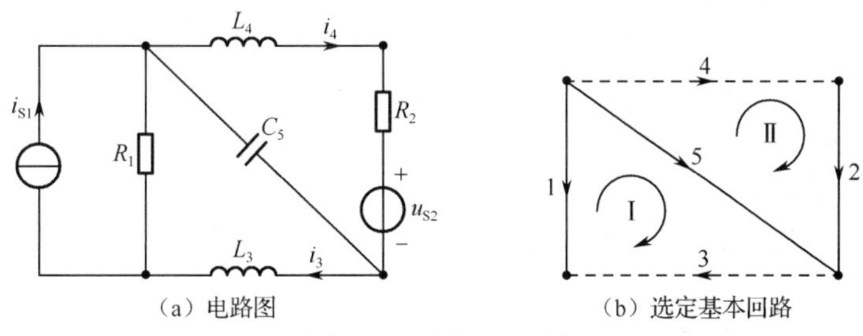

图 3-2-1 例 3-2-1 图

解： 按下列步骤求解。

（1）作出有向图，并选支路 1、2、5 为树支，如图 3-2-1（b）实线所示，两个基本回路取顺时针方向。

（2）写出基本回路矩阵 $\boldsymbol{B}$。

$$\boldsymbol{B} = \begin{matrix} & \begin{matrix} 1 & 2 & 3 & 4 & 5 \end{matrix} \\ \begin{matrix} 1 \\ 2 \end{matrix} & \begin{bmatrix} -1 & 0 & 1 & 0 & 1 \\ 0 & 1 & 0 & 1 & -1 \end{bmatrix} \end{matrix}$$

（3）写出支路阻抗矩阵 $\boldsymbol{Z}$、电压源列向量 $\dot{\boldsymbol{U}}_\mathrm{S}$ 和电流源列向量 $\dot{\boldsymbol{I}}_\mathrm{S}$。

$$\boldsymbol{Z}=\operatorname{diag}\left[R_1,R_2,\mathrm{j}\omega L_3,\mathrm{j}\omega L_4,\frac{1}{\mathrm{j}\omega C_5}\right]$$

$$\dot{\boldsymbol{U}}_\mathrm{S}=[0\quad -\dot{U}_\mathrm{S2}\quad 0\quad 0\quad 0]^\mathrm{T}$$

$$\dot{\boldsymbol{I}}_\mathrm{S}=[\dot{I}_\mathrm{S1}\quad 0\quad 0\quad 0\quad 0]^\mathrm{T}$$

（4）计算回路阻抗矩阵 $\boldsymbol{Z}_l=\boldsymbol{BZB}^\mathrm{T}$。

$$\boldsymbol{Z}_l=\boldsymbol{BZB}^\mathrm{T}=\begin{bmatrix} R_1+\mathrm{j}\omega L_3+\dfrac{1}{\mathrm{j}\omega C_5} & -\dfrac{1}{\mathrm{j}\omega C_5} \\ -\dfrac{1}{\mathrm{j}\omega C_5} & R_2+\mathrm{j}\omega L_4+\dfrac{1}{\mathrm{j}\omega C_5} \end{bmatrix}$$

（5）计算回路电流源列向量 $\dot{\boldsymbol{U}}_l=\boldsymbol{B}\dot{\boldsymbol{U}}_\mathrm{S}-\boldsymbol{BZ}\dot{\boldsymbol{I}}_\mathrm{S}$。

$$\dot{\boldsymbol{U}}_l=\begin{bmatrix} R_1\dot{I}_\mathrm{S1} \\ -\dot{U}_\mathrm{S2} \end{bmatrix}$$

（6）计算回路电流 $\dot{\boldsymbol{I}}_l=\boldsymbol{Z}_l^{-1}\dot{\boldsymbol{U}}_l$。

把上列各矩阵代入式（3-2-2）便得回路电流方程的矩阵形式，因此可得

$$\begin{bmatrix} \dot{I}_{l1} \\ \dot{I}_{l2} \end{bmatrix}=\begin{bmatrix} R_1+\mathrm{j}\omega L_3+\dfrac{1}{\mathrm{j}\omega C_5} & -\dfrac{1}{\mathrm{j}\omega C_5} \\ -\dfrac{1}{\mathrm{j}\omega C_5} & R_2+\mathrm{j}\omega L_4+\dfrac{1}{\mathrm{j}\omega C_5} \end{bmatrix}^{-1}\begin{bmatrix} R_1\dot{I}_\mathrm{S1} \\ -\dot{U}_\mathrm{S2} \end{bmatrix}$$

（7）用 MATLAB 求解过程。

```
Clc;
clear;
Is1=2;Us2=6;R1=2;R2=3;L3=4;L4=2;C5=3;
w=1;
B=[-1 0 1 0 1;0 1 0 1 -1];
Z=[R1 0 0 0 0;0 R2 0 0 0;0 0 j*w*L3 0 0;0 0 0 j*w*L4 0;0 0 0 0 1/(j*w*C5)];
Y=B*Z*B';
Us=[0 -Us2 0 0 0]';
Is=[Is1 0 0 0 0]';
U=B*Us-B*Z*Is;
I=Y\U;
I11=I(1);I12=I(2);
disp(' I11  I12 ');
disp('幅值'),disp(abs([I11,I12]));
disp('相角'),disp(angle([I11,I12])*180/pi);
```

程序运行结果：

```
          I11        I12
幅值    1.0327      1.8306
相角   -54.1623    152.7839
```

答案为

$\dot{I}_3=1.0327\angle-54.1623^\circ\ \mathrm{A}$

$\dot{I}_4=1.8306\angle152.7839^\circ\ \mathrm{A}$

【例 3-2-2】 电路如图 3-2-2（a）所示，图 3-2-2（b）是它的有向图，已知 $R_1=1\Omega$，$R_2=0.5\Omega$，$C_3=3\text{F}$，$C_4=2\text{F}$，$L_5=0.25\text{H}$，$L_6=0.5\text{H}$，$M=1\text{H}$，$\dot{U}_{S2}=5\angle 30^\circ\ \text{V}$，$\dot{U}_{S4}=20\angle 45^\circ\ \text{V}$，$\dot{I}_{S1}=10\angle 30^\circ\ \text{A}$，$\dot{I}_{S2}=10\angle 0^\circ\ \text{A}$，$\omega=2\text{rad/s}$，受控源参数 $r_{21}=2\Omega$，$\mu_{46}=3$。求解各支路电流。

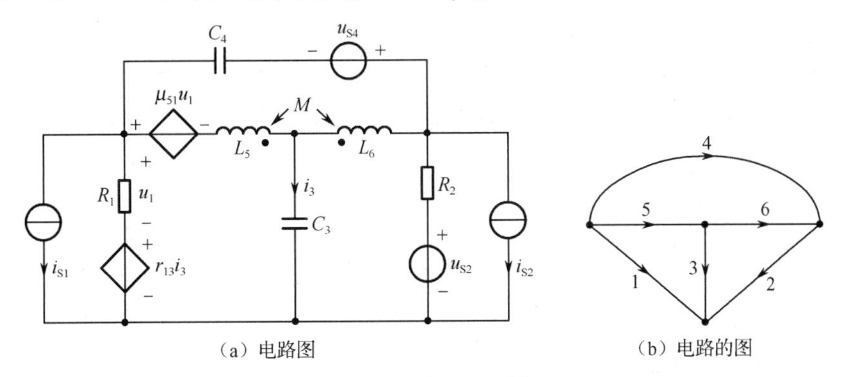

图 3-2-2　例 3-2-2 图

解： 按下列步骤求解。

（1）在有向图中，选三个网孔作为独立回路，回路方向均为顺时针。

（2）写出基本回路矩阵 $\boldsymbol{B}$。

$$\boldsymbol{B}=\begin{bmatrix} -1 & 0 & 1 & 0 & 1 & 0 \\ 0 & 1 & -1 & 0 & 0 & 1 \\ 0 & 0 & 0 & 1 & -1 & -1 \end{bmatrix}$$

（3）写出支路阻抗矩阵 $\boldsymbol{Z}$、电压源列向量 $\dot{\boldsymbol{U}}_S$ 和电流源列向量 $\dot{\boldsymbol{I}}_S$。

支路阻抗矩阵

$$\boldsymbol{Z}=\begin{bmatrix} R_1 & 0 & r_{13} & 0 & 0 & 0 \\ 0 & R_2 & 0 & 0 & 0 & 0 \\ 0 & 0 & -\text{j}\dfrac{1}{\omega C_3} & 0 & 0 & 0 \\ 0 & 0 & 0 & -\text{j}\dfrac{1}{\omega C_4} & 0 & 0 \\ \mu_{51}R_1 & 0 & 0 & 0 & \text{j}\omega L_5 & -\text{j}\omega M \\ 0 & 0 & 0 & 0 & -\text{j}\omega M & \text{j}\omega L_6 \end{bmatrix}$$

$$=\begin{bmatrix} 1 & 0 & 2 & 0 & 0 & 0 \\ 0 & 0.5 & 0 & 0 & 0 & 0 \\ 0 & 0 & -\text{j}\dfrac{1}{6} & 0 & 0 & 0 \\ 0 & 0 & 0 & -\text{j}\dfrac{1}{4} & 0 & 0 \\ 3 & 0 & 0 & 0 & \text{j}0.5 & -\text{j}2 \\ 0 & 0 & 0 & 0 & -\text{j}2 & \text{j} \end{bmatrix}$$

电压源列向量

$$\begin{aligned}\dot{\boldsymbol{U}}_S&=[0\quad -\dot{U}_{S2}\quad 0\quad \dot{U}_{S4}\quad 0\quad 0]^{\text{T}}\\ &=[0\quad 5\angle -150^\circ\quad 0\quad 20\angle 45^\circ\quad 0\quad 0]^{\text{T}}\end{aligned}$$

电流源列向量

$$\dot{\boldsymbol{I}}_S=[-\dot{I}_{S1}\quad -\dot{I}_{S2}\quad 0\quad 0\quad 0\quad 0]^T$$
$$=[-10\angle 30^\circ\quad -10\quad 0\quad 0\quad 0\quad 0]^T$$

（4）编程求解回路电流和支路电流，编程求解方法参见第 4 章。

编写回路电流方程必须选择一组独立回路，一般用基本回路组，可以通过选择一个合适的树处理，通常理想电流源支路选为连支，理想电压源支路选为树支，树的选择固然可以在计算机上按编好的程序自动进行，但比之结点电压法，这就显得烦琐些。另外，由于实际的复杂电路中，独立结点数往往少于独立回路数，因此，目前在计算机辅助分析的程序中，采用回路电流法较少。

3.3 割集电压分析法

割集电压分析法与回路电流分析法一样，是建立在“树”的基础上的一种分析方法。割集电压分析法是将树支电压作为一组独立的求解变量，根据基本割集建立 KCL 方程以求解电路的方法。

3.3.1 割集电压

根据割集的定义，移去割集支路，电路可分为两个部分，割集电压是指这两部分之间的假想电压。当所选独立割集组是基本割集时，割集电压就是树支电压，电路中所有支路电压可以用树支电压表示；当所选独立割集组不是基本割集组时，割集电压可表示支路电压，这与回路电流是沿着回路流动的假想电流、支路电流可以用回路电流来表示是相同的道理，因此割集电压是独立的完备的电路变量。

3.3.2 建立割集电压方程的理论依据

描述割集与支路关系的矩阵是割集矩阵，由 $\boldsymbol{Q}_f$ 表示的 KCL 方程、KVL 方程以及支路方程可以导出割集电压（树支电压）方程的矩阵形式，现重写 2.5 节和 2.6 节的结论。

KCL 方程： $\boldsymbol{Q}_f\dot{\boldsymbol{I}}=\boldsymbol{0}$

KVL 方程： $\dot{\boldsymbol{U}}=\boldsymbol{Q}_f^T\dot{\boldsymbol{U}}_t$

支路方程： $\dot{\boldsymbol{I}}=\boldsymbol{Y}(\dot{\boldsymbol{U}}+\dot{\boldsymbol{U}}_S)-\dot{\boldsymbol{I}}_S$

把支路方程代入 KCL 方程，可得

$$\boldsymbol{Q}_f\boldsymbol{Y}\dot{\boldsymbol{U}}+\boldsymbol{Q}_f\boldsymbol{Y}\dot{\boldsymbol{U}}_S-\boldsymbol{Q}_f\dot{\boldsymbol{I}}_S=\boldsymbol{0}$$

把 KVL 方程代入上式，得割集电压方程

$$\boldsymbol{Q}_f\boldsymbol{Y}\boldsymbol{Q}_f^T\dot{\boldsymbol{U}}_t=\boldsymbol{Q}_f\dot{\boldsymbol{I}}_S-\boldsymbol{Q}_f\boldsymbol{Y}\dot{\boldsymbol{U}}_S \tag{3-3-1}$$

式（3-3-1）称为割集电压方程的矩阵形式，其中 $\boldsymbol{Y}_t=\boldsymbol{Q}_f\boldsymbol{Y}\boldsymbol{Q}_f^T$ 称为割集导纳矩阵；$\dot{\boldsymbol{J}}_t=\boldsymbol{Q}_f\dot{\boldsymbol{I}}_S-\boldsymbol{Q}_f\boldsymbol{Y}\dot{\boldsymbol{U}}_S$ 称为注入割集的电流源电流列向量，对于具有 n 个基本割集的电路，$\boldsymbol{Y}_t$ 是一个 n 阶方阵，$\dot{\boldsymbol{J}}_t$ 是 n 阶列向量。由此可得

$$\boldsymbol{Y}_t\dot{\boldsymbol{U}}_t=\dot{\boldsymbol{J}}_t \tag{3-3-2}$$

式（3-3-2）也是矩阵形式的割集电压方程。

3.3.3 建立割集电压方程的一般步骤

建立割集电压方程也遵循以下 7 个步骤。

（1）以标准支路为依据，作出电路的有向图，并选定割集，规定割集电压方向；

（2）根据有向图写出割集矩阵 $\boldsymbol{Q}_{\mathrm{f}}$;

（3）写出电压源列向量 $\dot{\boldsymbol{U}}_{\mathrm{S}}$、电流源列向量 $\dot{\boldsymbol{I}}_{\mathrm{S}}$ 及割集导纳矩阵 $\boldsymbol{Y}$。其中电压源列向量、电流源列向量中各元素的正负号要参照标准支路，而割集导纳矩阵要注意互感和受控源的作用；

（4）计算割集导纳矩阵 $\boldsymbol{Y}_{\mathrm{t}}=\boldsymbol{Q}_{\mathrm{f}}\boldsymbol{Y}\boldsymbol{Q}_{\mathrm{f}}^{\mathrm{T}}$；

（5）计算电流源电流列向量 $\dot{\boldsymbol{J}}_{\mathrm{t}}=\boldsymbol{Q}_{\mathrm{f}}\dot{\boldsymbol{I}}_{\mathrm{S}}-\boldsymbol{Q}_{\mathrm{f}}\boldsymbol{Y}\dot{\boldsymbol{U}}_{\mathrm{S}}$；

（6）计算割集电压 $\dot{\boldsymbol{U}}_{\mathrm{t}}=\boldsymbol{Y}_{\mathrm{t}}^{-1}\dot{\boldsymbol{J}}_{\mathrm{t}}$；

（7）计算支路电压与支路电流 $\dot{\boldsymbol{U}}=\boldsymbol{Q}_{\mathrm{f}}^{\mathrm{T}}\dot{\boldsymbol{U}}_{\mathrm{t}}$， $\dot{\boldsymbol{I}}=\boldsymbol{Y}(\dot{\boldsymbol{U}}+\dot{\boldsymbol{U}}_{\mathrm{S}})-\dot{\boldsymbol{I}}_{\mathrm{S}}$。

【例 3-3-1】 电路图如图 3-3-1（a）所示，图 3-3-1（b）是所选割集，选 1、2、6、7 为树，列出矩阵形式的割集电压方程。

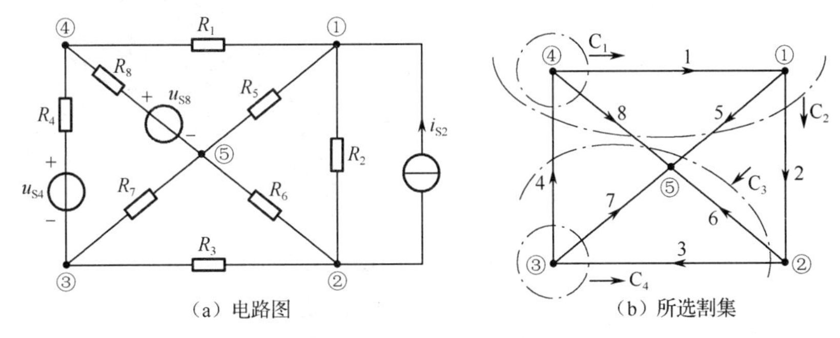

图 3-3-1　例题 3-3-1 的图

解：

（1）电路的有向图中，对应支路 1、2、6、7 为树的基本割集，如图 3-3-1（b）中点画线所示，割集电压即树支电压 U_{t1}、U_{t2}、U_{t3} 和 U_{t4}，方向与树支电压相同。

（2）写出基本割集矩阵。

$$\boldsymbol{Q}_{\mathrm{f}}=\begin{bmatrix}1&0&0&-1&0&0&0&1\\0&1&0&-1&1&0&0&1\\0&0&0&-1&1&1&0&1\\0&0&-1&1&0&0&1&0\end{bmatrix}$$

（3）写出支路导纳矩阵、电压源和电流源列向量。

$$\boldsymbol{Y}=\mathrm{diag}\left[\frac{1}{R_1},\frac{1}{R_2},\frac{1}{R_3},\frac{1}{R_4},\frac{1}{R_5},\frac{1}{R_6},\frac{1}{R_7},\frac{1}{R_8}\right]$$

$$\boldsymbol{U}_{\mathrm{S}}=[0\quad 0\quad 0\quad \dot{u}_{\mathrm{S4}}\quad 0\quad 0\quad 0\quad -\dot{u}_{\mathrm{S8}}]^{\mathrm{T}}$$

$$\boldsymbol{I}_{\mathrm{S}}=[0\quad \dot{i}_{\mathrm{S2}}\quad 0\quad 0\quad 0\quad 0\quad 0\quad 0]^{\mathrm{T}}$$

（4）把上述矩阵代入式（3-3-1），可得所求割集电压方程的矩阵形式，步骤（4）～步骤（7）步由 MATLAB 编程实现。

若选择一组独立割集，使每一割集都由汇集在一个结点上的支路构成时，割集电压法便成为结点电压法，由图 3-1-1（b）可以看出，若选择（5，6，7，8）作为树，则 4 个割集电压即以结点⑤为参考点的结点电压，因此割集电压法是结点电压法的推广应用。

3.4　状态变量法

在电路理论中，经典时域分析法、复频域分析法及状态变量法都可以用于动态电路过渡过程的分析，随着计算机辅助电路分析与设计的广泛应用，在分析和计算复杂网络的过渡过程中，状态变量法具有极其重要的意义。

状态变量法是借助一组状态变量，先建立基于状态变量的一阶微分方程组，以求得状态变量，再建立输出量与状态变量的关系方程，以求解输出量。状态变量法对于含有多个独立储能元件的电路，只需建立、求解一组联立的一阶微分方程，与高阶微分方程相比，方程建立简单，而且具有标准矩阵形式，便于用计算机编程求解。

状态变量法通常用来求解二阶以上的动态电路，以及多输入、多输出电路。

3.4.1 基本概念

1．状态

状态是系统理论中的一个专门术语。一个动态系统的状态是系统的一组最少变量（信息），只要知道这组变量和系统的输入，就能确定系统在任何时刻的响应。电路的状态实质是指电路的储能状态。

2．状态变量

描述动态系统状态的最少的一组变量称为状态变量。如果已知状态变量在 t_0 时的值，而且已知自 t_0 开始的外施激励，就能唯一地确定 $t > t_0$ 后系统的全部响应。

状态变量通常写成列向量的形式，即

$$\boldsymbol{x} = [x_1 \ \ x_2 \ \ \cdots \ \ x_n]^{\mathrm{T}}$$

其中，$\boldsymbol{x}$ 为状态向量，它的各分量 $x_1,x_2,\cdots,x_n$ 为状态变量。

状态的概念用于电路分析中，简单地说，就是选取确定该电路特性的最少的一组独立变量，如果知道这些变量在 $t = t_0$ 时的值（即初始状态，可用换路定则确定），以及在 $t \geqslant t_0$ 时的输入函数，就可以完全确定在任何时刻电路的响应。由电路理论可知，电容电压和电感电流能满足状态变量的要求，通常作为状态变量求解电路。把电路中所有的电容电压和电感电流均选为状态变量，其状态变量的维数等于独立电容数目和独立电感数目的总和，也就是电路的阶数。

电路中状态变量的选择并不唯一，电容电荷和电感磁链，以及其他相互独立的电路变量都可以作为状态变量，但状态方程列写较为复杂。

3．状态方程

状态方程是关于状态变量的且满足一定形式的一阶微分方程组，其标准形式为

$$\dot{\boldsymbol{x}} = \boldsymbol{A}\boldsymbol{x} + \boldsymbol{B}\boldsymbol{v} \tag{3-4-1}$$

其中，$\boldsymbol{x}$ 为状态向量，$\dot{\boldsymbol{x}}$ 为状态变量一阶导数列向量，$\boldsymbol{v}$ 为输入向量，$\boldsymbol{A}$ 和 $\boldsymbol{B}$ 为电路结构和参数决定的常数矩阵。

若电路具有 n 个状态变量，m 个独立电源，式（3-4-1）中的 $\dot{\boldsymbol{x}}$ 和 $\boldsymbol{x}$ 为 n 阶列向量，$\boldsymbol{A}$ 为 $n \times n$ 方阵，$\boldsymbol{v}$ 为 m 阶列向量，$\boldsymbol{B}$ 为 $n \times m$ 阶矩阵，具体如式（3-4-2）所示。

$$\begin{bmatrix} \dfrac{\mathrm{d}x_1}{\mathrm{d}t} \\ \dfrac{\mathrm{d}x_2}{\mathrm{d}t} \\ \vdots \\ \dfrac{\mathrm{d}x_n}{\mathrm{d}t} \end{bmatrix} = \begin{bmatrix} a_{11} & a_{12} & \cdots & a_{1n} \\ a_{21} & a_{22} & \cdots & a_{2n} \\ \vdots & \vdots & \cdots & \vdots \\ a_{n1} & a_{n2} & \cdots & a_{nn} \end{bmatrix} \begin{bmatrix} x_1 \\ x_2 \\ \vdots \\ x_n \end{bmatrix} + \begin{bmatrix} b_{11} & b_{12} & \cdots & b_{1m} \\ b_{21} & b_{22} & \cdots & b_{2m} \\ \vdots & \vdots & \cdots & \vdots \\ b_{n1} & b_{n2} & \cdots & b_{nm} \end{bmatrix} \begin{bmatrix} v_1 \\ v_2 \\ \vdots \\ v_m \end{bmatrix} \tag{3-4-2}$$

4．输出方程

电路的待求变量称为输出量，并不一定是状态变量，所以在状态变量已知的情况下，可将输出量用状态变量和输入量线性表示。这种输出量用状态变量和输入量表示的方程（组），称为输出方程，输出方程的标准形式为

$$\boldsymbol{y}=\boldsymbol{C}\boldsymbol{x}+\boldsymbol{D}\boldsymbol{v} \tag{3-4-3}$$

其中，$\boldsymbol{y}$ 为输出向量，$\boldsymbol{x}$ 为状态向量，$\boldsymbol{v}$ 为输入向量，$\boldsymbol{C}$ 和 $\boldsymbol{D}$ 为仅与电路结构和参数有关的常数矩阵。

若电路具有 n 个状态变量，m 个独立电源，h 个输出量，式（3-4-3）中的 $\boldsymbol{y}$ 为 h 阶列向量，$\boldsymbol{x}$ 为 n 阶列向量，$\boldsymbol{v}$ 为 m 阶列向量，$\boldsymbol{C}$ 为 $h\times n$ 阶矩阵，$\boldsymbol{D}$ 为 $h\times m$ 阶矩阵，具体如式（3-4-4）所示。

$$\begin{bmatrix} y_1 \\ y_2 \\ \vdots \\ y_h \end{bmatrix}=\begin{bmatrix} c_{11} & c_{12} & \cdots & c_{1n} \\ c_{21} & c_{22} & \cdots & c_{2n} \\ \vdots & \vdots & \cdots & \vdots \\ c_{h1} & c_{h2} & \cdots & c_{hn} \end{bmatrix}\begin{bmatrix} x_1 \\ x_2 \\ \vdots \\ x_n \end{bmatrix}+\begin{bmatrix} d_{11} & d_{12} & \cdots & d_{1m} \\ d_{21} & d_{22} & \cdots & d_{2m} \\ \vdots & \vdots & \cdots & \vdots \\ d_{h1} & d_{h2} & \cdots & d_{hm} \end{bmatrix}\begin{bmatrix} v_1 \\ v_2 \\ \vdots \\ v_m \end{bmatrix} \tag{3-4-4}$$

列写电路状态方程的方法很多，如直观法、拓扑法、叠加法等，下面依次讨论。

3.4.2 直观法列写状态方程

下面通过具体电路说明直观法列写状态方程的步骤。

（1）选取状态变量。

图 3-4-1 所示电路，选电容电压 u_C 和电感电流 i_L 作为状态变量。

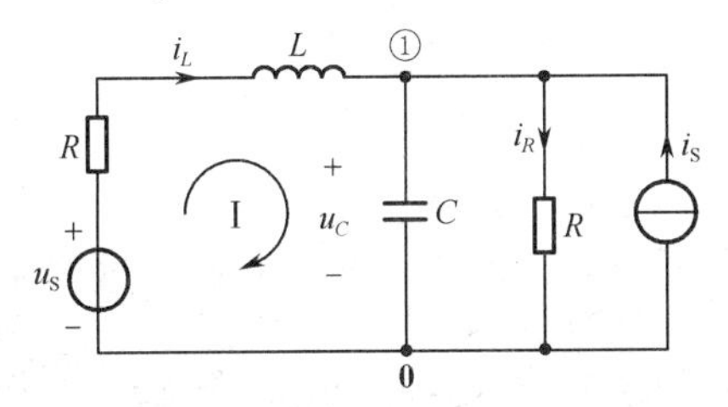

图 3-4-1 直观法列写状态方程

（2）列写电路方程。

列写电路方程的原则是：对仅接有一个电容的结点写出 KCL 方程；对仅接有一个电感的回路列写 KVL 方程。

对图 3-4-1 所示电路中结点①列写 KCL 方程

$$-i_L+C\frac{\mathrm{d}u_C}{\mathrm{d}t}+i_R-i_S=0$$

整理得

$$C\frac{\mathrm{d}u_C}{\mathrm{d}t}=-i_R+i_L+i_S \tag{3-4-5}$$

对回路 I 列写 KVL 方程

$$Ri_L+L\frac{\mathrm{d}i_L}{\mathrm{d}t}+u_C-u_S=0$$

整理得

$$L\frac{\mathrm{d}i_L}{\mathrm{d}t}=-u_C-Ri_L+u_S \tag{3-4-6}$$

（3）消去非状态变量，整理成标准形式。

式（3-4-5）中 i_R 是非状态变量，需要用状态变量替换掉。

$$i_R=\frac{u_C}{R}$$

因此

$$C\frac{\mathrm{d}u_C}{\mathrm{d}t}=-\frac{u_C}{R}+i_L+i_{\mathrm{S}} \tag{3-4-7}$$

将式（3-4-6）和式（3-4-7）整理成标准形式

$$\begin{cases}\dfrac{\mathrm{d}u_C}{\mathrm{d}t}=-\dfrac{1}{RC}u_C+\dfrac{1}{C}i_L+\dfrac{1}{C}i_{\mathrm{S}}\\[2mm]\dfrac{\mathrm{d}i_L}{\mathrm{d}t}=-\dfrac{1}{L}u_C-\dfrac{R}{L}i_L+\dfrac{1}{L}u_{\mathrm{S}}\end{cases}$$

写成矩阵形式，则有

$$\begin{bmatrix}\dfrac{\mathrm{d}u_C}{\mathrm{d}t}\\[2mm]\dfrac{\mathrm{d}i_L}{\mathrm{d}t}\end{bmatrix}=\begin{bmatrix}-\dfrac{1}{RC}&\dfrac{1}{C}\\[2mm]-\dfrac{1}{L}&-\dfrac{R}{L}\end{bmatrix}\begin{bmatrix}u_C\\i_L\end{bmatrix}+\begin{bmatrix}\dfrac{1}{C}&0\\[2mm]0&\dfrac{1}{L}\end{bmatrix}\begin{bmatrix}i_{\mathrm{S}}\\u_{\mathrm{S}}\end{bmatrix} \tag{3-4-8}$$

将式（3-4-8）与式（3-4-1）比较，有 $x_1=u_C$，$x_2=i_L$，$\dot{x}_1=\dfrac{\mathrm{d}u_C}{\mathrm{d}t}$，$\dot{x}_2=\dfrac{\mathrm{d}i_L}{\mathrm{d}t}$，相应地，

$$\boldsymbol{x}=\begin{bmatrix}u_C\\i_L\end{bmatrix},\quad \dot{\boldsymbol{x}}=\begin{bmatrix}\dfrac{\mathrm{d}u_C}{\mathrm{d}t}\\[2mm]\dfrac{\mathrm{d}i_L}{\mathrm{d}t}\end{bmatrix},\quad \boldsymbol{v}=\begin{bmatrix}i_{\mathrm{S}}\\u_{\mathrm{S}}\end{bmatrix},\quad \boldsymbol{A}=\begin{bmatrix}-\dfrac{1}{RC}&\dfrac{1}{C}\\[2mm]-\dfrac{1}{L}&-\dfrac{R}{L}\end{bmatrix},\quad \boldsymbol{B}=\begin{bmatrix}\dfrac{1}{C}&0\\[2mm]0&\dfrac{1}{L}\end{bmatrix}$$

则式（3-4-8）为状态方程的标准形式。

标准形式状态方程的特征有两个：一是每个方程式的左边只有一个状态变量对时间的一阶导数；二是每个方程式右边只是激励函数与状态变量的某种函数关系，一定不要出现对时间的导数项和非状态变量。

上述列写状态方程的方法，直接对仅接有一个电容元件的结点列写 KCL 方程，对仅接有一个电感元件的回路列写 KVL 方程，称为直观法，适用于阶数较低的暂态电路求解。

【例 3-4-1】 电路如图 3-4-2 所示，列写电路的状态方程；以 i_{C1}、u_L 和 i_{S} 为输出变量，写出输出方程。

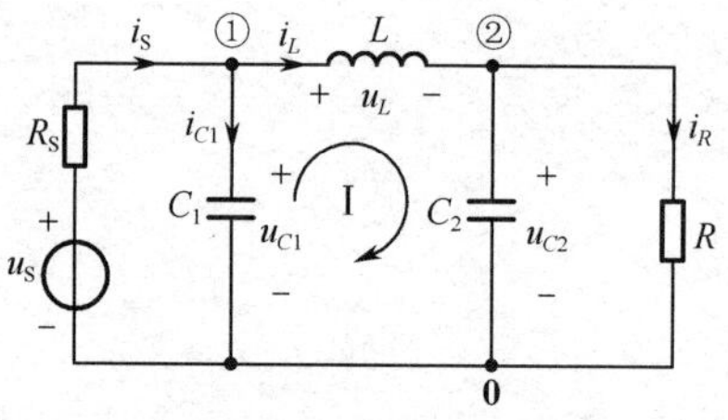

图 3-4-2　例 3-4-1 图

解： 用直观法列写状态方程。

（1）选择 u_{C1}、u_{C2} 和 i_L 作为状态变量，这是一个三维的状态向量，参考方向如图 3-4-2 所示。

（2）对电容 C_1、C_2 所连接的结点列写 KCL 方程，对电感 L 所在回路列写 KVL 方程。

对结点①列写 KCL 方程

$$C_1\frac{\mathrm{d}u_{C1}}{\mathrm{d}t}=i_{\mathrm{S}}-i_L$$

对结点②列写 KCL 方程

$$C_2\frac{\mathrm{d}u_{C2}}{\mathrm{d}t}=i_L-i_R$$

对回路 I 列写 KVL 方程

$$L\frac{\mathrm{d}i_L}{\mathrm{d}t}=u_{C1}-u_{C2}$$

（3）消去非状态变量，整理成标准形式。

上述方程中，i_S 和 i_R 是非状态变量，需要用状态变量替换掉。

由元件的 VCR 方程可得

$$i_S=\frac{u_S-u_{C1}}{R_S}$$

$$i_R=\frac{u_{C2}}{R}$$

将 i_S 和 i_R 代入 KCL 方程并整理得

$$C_1\frac{\mathrm{d}u_{C1}}{\mathrm{d}t}=-\frac{u_{C1}}{R_S}-i_L+\frac{u_S}{R_S}$$

$$C_2\frac{\mathrm{d}u_{C1}}{\mathrm{d}t}=-\frac{u_{C2}}{R}+i_L$$

因此，状态方程的标准形式为

$$\begin{bmatrix}\dfrac{\mathrm{d}u_{C1}}{\mathrm{d}t}\\ \dfrac{\mathrm{d}u_{C2}}{\mathrm{d}t}\\ \dfrac{\mathrm{d}i_L}{\mathrm{d}t}\end{bmatrix}=\begin{bmatrix}-\dfrac{1}{R_SC_1} & 0 & -\dfrac{1}{C_1}\\ 0 & -\dfrac{1}{RC_2} & \dfrac{1}{C_2}\\ \dfrac{1}{L} & -\dfrac{1}{L} & 0\end{bmatrix}\begin{bmatrix}u_{C1}\\ u_{C2}\\ i_L\end{bmatrix}+\begin{bmatrix}\dfrac{1}{R_SC_1}\\ 0\\ 0\end{bmatrix}u_S$$

（4）写出输出方程。

列写输出量与状态变量和输入量的关系方程。

$$i_{C1}=i_S-i_L=-\frac{1}{R_S}u_{C1}-i_L+\frac{1}{R_S}u_S$$

$$u_L=u_{C1}-u_{C2}$$

$$i_S=\frac{u_S-u_{C1}}{R_S}=-\frac{1}{R_S}u_{C1}+\frac{1}{R_S}u_S$$

将输出方程写成标准形式：

$$\begin{bmatrix}i_{C1}\\ u_L\\ i_S\end{bmatrix}=\begin{bmatrix}-\dfrac{1}{R_S} & 0 & -1\\ 1 & -1 & 0\\ -\dfrac{1}{R_S} & 0 & 0\end{bmatrix}\begin{bmatrix}u_{C1}\\ u_{C2}\\ i_L\end{bmatrix}+\begin{bmatrix}\dfrac{1}{R_S}\\ 0\\ \dfrac{1}{R_S}\end{bmatrix}u_S$$

3.4.3 拓扑法列写状态方程

1. 拓扑法列写状态方程的思路

在观察法列写状态方程的过程中，如果一个电容的两端结点上都连接有其他电容，则无论取其中哪一个结点建立 KCL 方程，方程中都含有两个电容电压的一阶微分，要消去其中一个将十分麻烦；如果一个电感所在的回路无论怎样选取总包含有其他电感，则建立的方程中都含有两个电感电流的一阶微分，要消去其中一个也将十分麻烦。为避免出现这类问题，可以对单电容割集建立 KCL 方程，对单电感回路建立 KVL 方程，从而使方程中只含有一个电容电压或电感电流的一阶微分，得到状态方程的标准形式。拓扑法列写状态方程更适合复杂动态电路的分析。

2．拓扑法列写状态方程步骤

（1）画出与电路图对应的电路的有向图，注意一个元件一条支路，确定状态变量。

（2）选择树。

单树支割集和单连支回路要借助于树来确定，因此，树的选取尤为重要，原则是：树支选择顺序为单一电容支路、电压源支路、阻抗支路；连支选择顺序为单一电感支路、电流源支路、阻抗支路，这种树称为特有树。当电路中不存在仅由电容与电压源支路构成的回路和仅由电流源与电感支路构成的割集时，总是存在特有树。

（3）对单电容树支割集列写 KCL 方程，对单电感连支回路列写 KVL 方程。

（4）消去非状态变量，整理成标准矩阵形式。

【例 3-4-2】 写出图 3-4-3（a）所示电路的状态方程，以及以 4 个结点电压为输出量的输出方程。

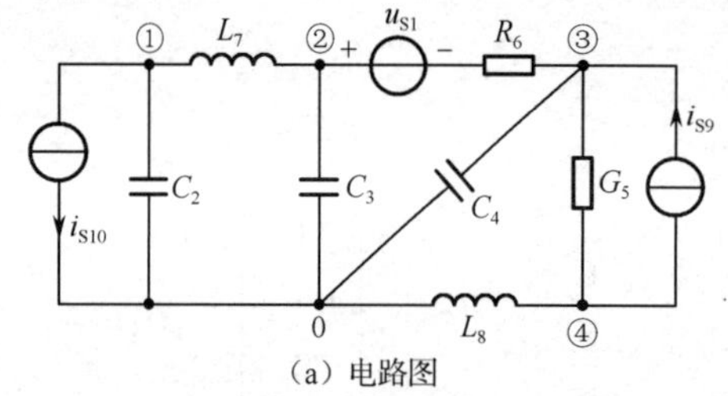

图 3-4-3　例 3-4-2 图

解：用拓扑法列写电路的状态方程。

（1）电路的有向图如图 3-4-3（b）所示，注意一个元件一条支路。以 u_2、u_3、u_4、i_7 和 i_8 作为状态变量。

（2）选择图 3-4-3（b）中，支路 1、2、3、4、5 为树。

（3）对由树支 2、3、4 确定的基本割集列出 KCL 方程。

$$C_2\frac{\mathrm{d}u_2}{\mathrm{d}t}=i_7+i_{S10}$$

$$C_3\frac{\mathrm{d}u_3}{\mathrm{d}t}=i_6+i_7$$

$$C_4\frac{\mathrm{d}u_4}{\mathrm{d}t}=i_6+i_8$$

对由连支 7、8 确定的基本回路列出 KVL 方程。

$$L_7\frac{\mathrm{d}i_7}{\mathrm{d}t}=-u_2-u_3$$

$$L_8\frac{\mathrm{d}i_8}{\mathrm{d}t}=-u_4-u_5$$

（4）消去非状态变量 u_5、i_6，写出状态方程标准形式。

$$u_5=\frac{1}{G_5}i_5=\frac{1}{G_5}(i_8-i_{S9})$$

$$i_6=\frac{1}{R_6}u_6=\frac{1}{R_6}(u_{S1}-u_3-u_4)$$

经整理后得

$$\frac{du_2}{dt} = \frac{1}{C_2}i_7 + \frac{1}{C_2}i_{S10}$$

$$\frac{du_3}{dt} = -\frac{1}{C_3R_6}u_3 - \frac{1}{C_3R_6}u_4 + \frac{1}{C_3}i_7 + \frac{1}{C_3R_6}u_{S1}$$

$$\frac{du_4}{dt} = -\frac{1}{C_4R_6}u_3 - \frac{1}{C_4R_6}u_4 + \frac{1}{C_4}i_8 + \frac{1}{C_4R_6}u_{S1}$$

$$\frac{di_7}{dt} = -\frac{1}{L_7}u_2 - \frac{1}{L_7}u_3$$

$$\frac{di_8}{dt} = -\frac{1}{L_8}u_4 - \frac{1}{G_5L_8}i_8 + \frac{1}{G_5L_8}i_{S9}$$

写成标准形式：

$$\begin{bmatrix} \frac{du_2}{dt} \\ \frac{du_3}{dt} \\ \frac{du_4}{dt} \\ \frac{di_7}{dt} \\ \frac{di_8}{dt} \end{bmatrix} = \begin{bmatrix} 0 & 0 & 0 & \frac{1}{C_2} & 0 \\ 0 & -\frac{1}{C_3R_6} & -\frac{1}{C_3R_6} & \frac{1}{C_3} & 0 \\ 0 & -\frac{1}{C_4R_6} & -\frac{1}{C_4R_6} & 0 & \frac{1}{C_4} \\ -\frac{1}{L_7} & -\frac{1}{L_7} & 0 & 0 & 0 \\ 0 & 0 & -\frac{1}{L_8} & 0 & -\frac{1}{G_5L_8} \end{bmatrix} \begin{bmatrix} u_2 \\ u_3 \\ u_4 \\ i_7 \\ i_8 \end{bmatrix} + \begin{bmatrix} 0 & 0 & \frac{1}{C_2} \\ \frac{1}{C_3R_6} & 0 & 0 \\ \frac{1}{C_4R_6} & 0 & 0 \\ 0 & 0 & 0 \\ 0 & \frac{1}{G_5L_8} & 0 \end{bmatrix} \begin{bmatrix} u_{S1} \\ i_{S9} \\ i_{S10} \end{bmatrix}$$

（5）输出方程。

首先写出结点①、②、③、④的电压与状态变量和输入激励关系方程：

$$u_{n1} = -u_2$$

$$u_{n2} = u_3$$

$$u_{n3} = -u_4$$

$$u_{n4} = -u_5 - u_4$$

消去非状态变量 u_5，

$$u_5 = \frac{1}{G_5}(i_8 - i_{S9})$$

则

$$u_{n4} = -u_4 - \frac{1}{G_5}i_8 + \frac{1}{G_5}i_{S9}$$

写成矩阵形式有

$$\begin{bmatrix} u_{n1} \\ u_{n2} \\ u_{n3} \\ u_{n4} \end{bmatrix} = \begin{bmatrix} -1 & 0 & 0 & 0 & 0 \\ 0 & 1 & 0 & 0 & 0 \\ 0 & 0 & -1 & 0 & 0 \\ 0 & 0 & -1 & 0 & -\frac{1}{G_5} \end{bmatrix} \begin{bmatrix} u_2 \\ u_3 \\ u_4 \\ i_7 \\ i_8 \end{bmatrix} + \begin{bmatrix} 0 & 0 \\ 0 & 0 \\ 0 & 0 \\ 0 & \frac{1}{G_5} \end{bmatrix} \begin{bmatrix} u_{S1} \\ i_{S9} \end{bmatrix}$$

3.4.4 叠加法列写状态方程

1. 叠加法列写状态方程基本原理

叠加法列写状态方程是基于替代定理和线性叠加定理实现的。首先重写线性电路状态方程和输出方程为

$$\dot{\boldsymbol{x}} = \boldsymbol{A}\boldsymbol{x} + \boldsymbol{B}\boldsymbol{v} \tag{3-4-9}$$

$$\boldsymbol{y} = \boldsymbol{C}\boldsymbol{x} + \boldsymbol{D}\boldsymbol{v} \tag{3-4-10}$$

对于非时变电路，$\boldsymbol{A}$、$\boldsymbol{B}$、$\boldsymbol{C}$、$\boldsymbol{D}$为常数矩阵。利用分块矩阵原理，可将式（3-4-9）和式（3-4-10）化为如下矩阵方程：

$$\begin{bmatrix} \dot{\boldsymbol{x}} \\ -- \\ \boldsymbol{y} \end{bmatrix} = \begin{bmatrix} \boldsymbol{A} & \vdots & \boldsymbol{B} \\ -- & -- & -- \\ \boldsymbol{C} & \vdots & \boldsymbol{D} \end{bmatrix} \begin{bmatrix} \boldsymbol{x} \\ -- \\ \boldsymbol{v} \end{bmatrix} \tag{3-4-11}$$

令
$$\boldsymbol{P} = \begin{bmatrix} \dot{\boldsymbol{x}} \\ -- \\ \boldsymbol{y} \end{bmatrix},\quad \boldsymbol{Z} = \begin{bmatrix} \boldsymbol{x} \\ -- \\ \boldsymbol{v} \end{bmatrix},\quad \boldsymbol{Q} = \begin{bmatrix} \boldsymbol{A} & \vdots & \boldsymbol{B} \\ -- & -- & -- \\ \boldsymbol{C} & \vdots & \boldsymbol{D} \end{bmatrix}$$

则式（3-4-11）可简化为

$$\boldsymbol{P} = \boldsymbol{Q}\boldsymbol{Z} \tag{3-4-12}$$

在矩阵$\boldsymbol{Q}$中包括$\boldsymbol{A}$、$\boldsymbol{B}$、$\boldsymbol{C}$、$\boldsymbol{D}$四个分块矩阵。因此，只要能求出矩阵$\boldsymbol{Q}$，就可得到状态方程和输出方程。

如果选取电容电压$\boldsymbol{u}_C$和电感电流$\boldsymbol{i}_L$作为状态变量，则

$$\boldsymbol{P} = [\dot{\boldsymbol{u}}_C \quad \dot{\boldsymbol{i}}_L \quad \vdots \quad \boldsymbol{y}]^{\mathrm{T}}$$

$$\boldsymbol{Z} = [\boldsymbol{u}_C \quad \boldsymbol{i}_L \quad \vdots \quad \boldsymbol{v}]^{\mathrm{T}}$$

将式（3-4-12）改写为

$$\begin{bmatrix} \dot{\boldsymbol{u}}_C \\ \dot{\boldsymbol{i}}_L \\ -- \\ \boldsymbol{y} \end{bmatrix} = \boldsymbol{Q} \begin{bmatrix} \boldsymbol{u}_C \\ \boldsymbol{i}_L \\ -- \\ \boldsymbol{v} \end{bmatrix} \tag{3-4-13}$$

再写成如下形式

$$\begin{bmatrix} \dot{\boldsymbol{u}}_C \\ \dot{\boldsymbol{i}}_L \\ -- \\ \boldsymbol{y} \end{bmatrix} = \begin{bmatrix} \boldsymbol{P}_1 & \boldsymbol{P}_2 & \cdots & \boldsymbol{P}_n \end{bmatrix} \begin{bmatrix} \boldsymbol{u}_C \\ \boldsymbol{i}_L \\ -- \\ \boldsymbol{v} \end{bmatrix}$$

如果第一次令$\boldsymbol{Z}$中的第一个元素$u_{C1} = 1$，而其他各元素都置零，则有

$$\begin{bmatrix} \dot{\boldsymbol{u}}_C \\ \dot{\boldsymbol{i}}_L \\ -- \\ \boldsymbol{y} \end{bmatrix} = \begin{bmatrix} \boldsymbol{P}_1 & \boldsymbol{P}_2 & \cdots & \boldsymbol{P}_n \end{bmatrix} \begin{bmatrix} 1 \\ 0 \\ \vdots \\ 0 \end{bmatrix} = \begin{bmatrix} \boldsymbol{P}_1 \end{bmatrix} \tag{3-4-14}$$

此时相当于把电路中的第一个电容用单位电压源来替代（即$u_{C1} = 1\text{V}$）。与此同时，其他各个电容和各个独立电压源都短路，各个电感和各个独立电流源都开路，此时在第一个单位电源作用下的$[\dot{\boldsymbol{x}} \quad \vdots \quad \boldsymbol{y}]^{\mathrm{T}}$就是$\boldsymbol{Q}$的第一列。

以此类推，第 k 次令 $\boldsymbol{Z}$ 中第 k 个元素为 1，其他元素都置零，则

$$\begin{bmatrix} \dot{\boldsymbol{u}}_C \\ \dot{\boldsymbol{i}}_L \\ -- \\ \boldsymbol{y} \end{bmatrix} = \begin{bmatrix} \boldsymbol{P}_1 & \boldsymbol{P}_2 & \cdots & \boldsymbol{P}_n \end{bmatrix} \begin{bmatrix} 0 \\ \vdots \\ 1 \\ 0 \end{bmatrix} = \boldsymbol{P}_k$$

即在第 k 个单位电源作用下的 $[\dot{\boldsymbol{x}} \ \vdots \ \boldsymbol{y}]^{\mathrm{T}}$ 就是 $\boldsymbol{Q}$ 的第 k 列。

综上所述，如果把各个电容和各个输入电压源逐个用单位电压源来代替，各个电感和各个输入电流源逐个用单位电流源来代替，就可以逐个得到各列的元素，进而得到 $\boldsymbol{A}$、$\boldsymbol{B}$、$\boldsymbol{C}$、$\boldsymbol{D}$，故称此法为单位电源法。

2. 状态方程的列写过程

叠加法建立状态方程核心就是在各个单位电源作用下求解 $\dot{\boldsymbol{x}}$ 和 $\boldsymbol{y}$ 的问题。

由电容元件的 VCR 得

$$C\frac{\mathrm{d}u_C}{\mathrm{d}t} = i_C$$

因此，对于含有 M 个电容的电路

$$\frac{\mathrm{d}\boldsymbol{u}_C}{\mathrm{d}t} = \begin{bmatrix} C_1 & & & 0 \\ & C_2 & & \\ & & \ddots & \\ 0 & & & C_M \end{bmatrix}^{-1} \begin{bmatrix} i_{C1} \\ i_{C2} \\ \vdots \\ i_{CM} \end{bmatrix} = \boldsymbol{C}^{-1}\boldsymbol{i}_C$$

从而有

$$\frac{\mathrm{d}u_{Ci}}{\mathrm{d}t} = \frac{i_{Ci}}{C_i}, \quad (i = 1, \cdots, M)$$

如能依次求出单位电源作用下的电容电流 i_{Ci}，就可得到 $\frac{\mathrm{d}u_{C_i}}{\mathrm{d}t}$。

由电感元件的 VCR 得

$$L\frac{\mathrm{d}i_L}{\mathrm{d}t} = u_L$$

对于含有 N 个电感的电路，若考虑相互之间的互感，则有

$$\frac{\mathrm{d}\boldsymbol{i}_L}{\mathrm{d}t} = \begin{bmatrix} L_1 & M_{12} & & M_{1N} \\ M_{21} & L_2 & & \vdots \\ \vdots & & \ddots & \vdots \\ M_{N1} & \cdots & \cdots & L_N \end{bmatrix}^{-1} \begin{bmatrix} u_{L1} \\ u_{L2} \\ \vdots \\ u_{LN} \end{bmatrix} = \boldsymbol{L}^{-1}\boldsymbol{u}_L$$

依次求出单位电源作用下的电感电压 u_L 后，即可求得 $\frac{\mathrm{d}\boldsymbol{i}_L}{\mathrm{d}t}$。

因此，只要求得在单位电源作用下的电容电流、电感电压和输出值，就不难得出 $\dot{\boldsymbol{x}}$ 和 $\boldsymbol{y}$。叠加法列写状态方程可以通过人工计算，也可以应用计算机求解，本书将在第 5 章中给出计算机辅助列写状态方程的方法和步骤。

习　题

3-1　电路如题 3-1（a）图所示，题 3-1（b）图是有向图，图中电源角频率为 ω，试以结点④

为参考点，列写结点电压方程的矩阵形式。

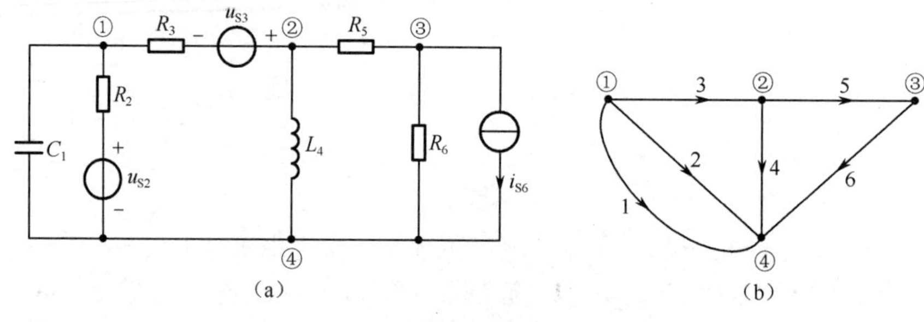

题 3-1 图

3-2　电路如题 3-2 图所示，用直接法写出结点电压方程的矩阵形式。

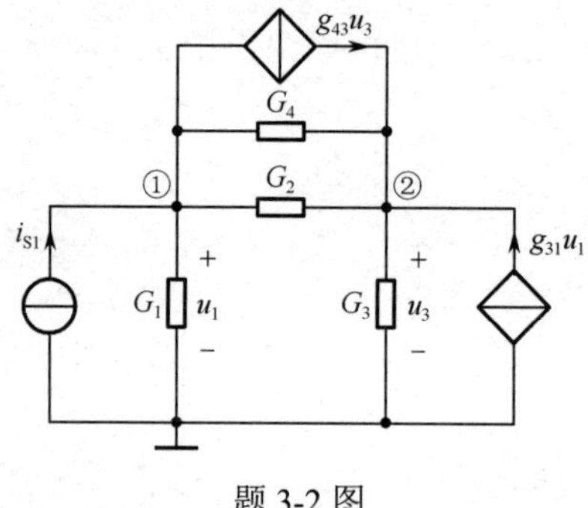

题 3-2 图

3-3　用改进的结点电压法写出题 3-3 图中所示各结点电压方程的矩阵形式。已知电路参数如下：$I_{S1}=1\text{A}$，$\alpha=0.5$，$U_S=2\text{V}$，$R_1=20\Omega$，$R_2=20\Omega$，$R_3=10\Omega$，$R_4=40\Omega$。

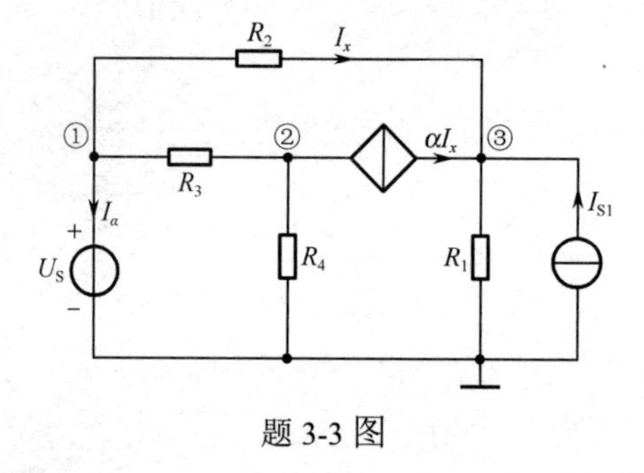

题 3-3 图

3-4　如题 3-4 图所示电路，选 4、5、6 为树，写出矩阵形式的回路电流方程。1）L_5、L_6 间无互感；2）L_5、L_6 间有互感。

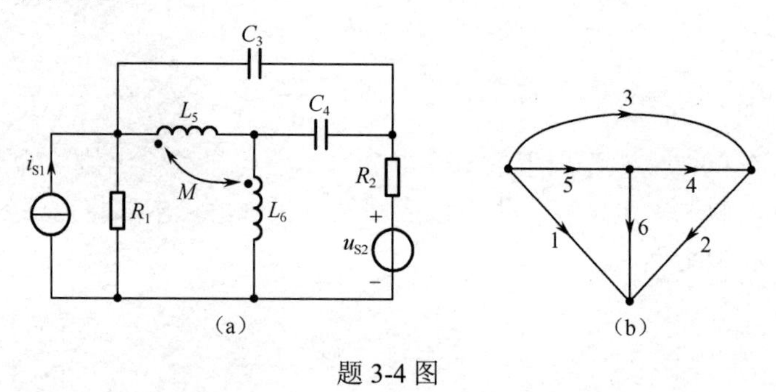

题 3-4 图

3-5　如题 3-5 图所示电路中，选 1、2、3 支路为树，写出矩阵形式的割集电压方程。

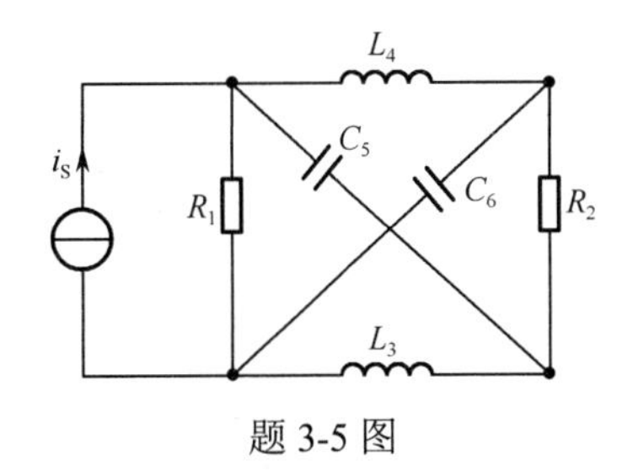

题 3-5 图

3-6　列写如题 3-6 图所示电路的状态方程，若选结点①、②的结点电压为输出量，写出输出方程。

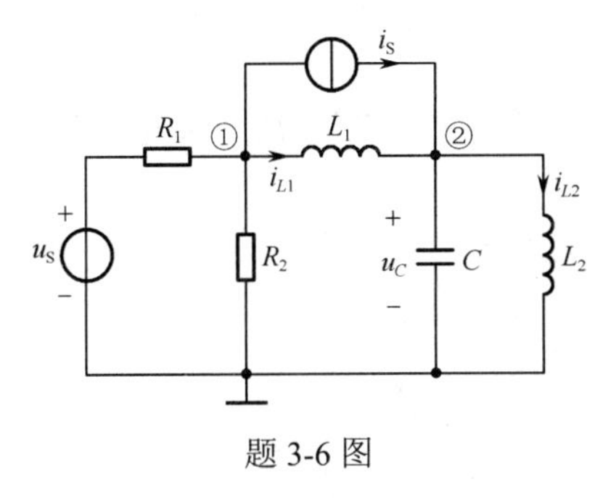

题 3-6 图

3-7　写出如题 3-7 图所示电路的状态方程，以电阻电压 u_3 和 u_4 为输出量的输出方程。

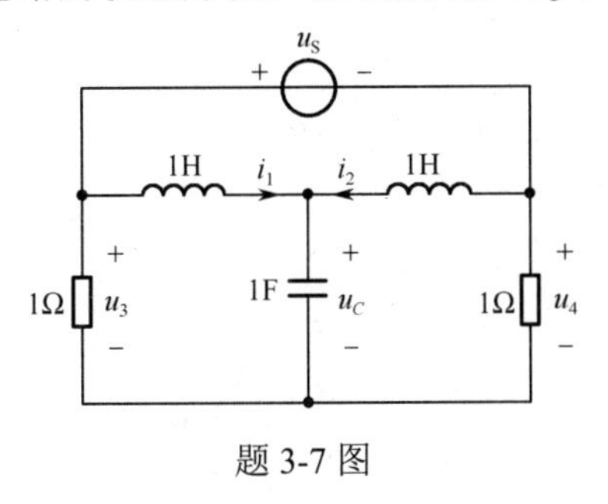

题 3-7 图

第 4 章　电路方程的数值计算方法

第 3 章介绍了电路方程建立的方法，线性直流电阻电路的方程是线性代数方程组，正弦稳态相量分析的电路方程是复代数方程组，而线性动态电路的瞬态分析方程是一阶常微分方程组，这些方程组的求解通常利用计算机完成，求解方法要全面考虑效率高低、存储量的大小及计算的速度和精度等，本章的主要内容是线性方程组和一阶常微分方程组的求解方法。

4.1　线性方程组的求解

线性电路稳态分析时，由结点分析法等列写的电路方程组都是线性方程组，如果是非线性电路，电路方程是非线性方程组，非线性方程组可以在工作点附近进行线性化处理。所以，线性方程组的求解方法是所有问题的基础。

本节讨论的 n 阶线性方程组，一般形式为

$$\begin{cases} a_{11}x_1 + a_{12}x_2 + \cdots a_{1n}x_n = b_1 \\ a_{21}x_1 + a_{22}x_2 + \cdots a_{2n}x_n = b_2 \\ \vdots \\ a_{n1}x_1 + a_{n2}x_2 + \cdots a_{nn}x_n = b_n \end{cases} \tag{4-1-1}$$

其矩阵表示形式为

$$\boldsymbol{Ax} = \boldsymbol{b}$$

式中，系数矩阵 $\boldsymbol{A}$ 、常数向量 $\boldsymbol{b}$ 和未知向量 $\boldsymbol{x}$ 分别为

$$\boldsymbol{A} = \begin{bmatrix} a_{11} & a_{12} & \cdots & a_{1n} \\ a_{21} & a_{22} & \cdots & a_{2n} \\ \vdots & \vdots & \vdots & \vdots \\ a_{n1} & a_{n2} & \cdots & a_{nn} \end{bmatrix} \quad \boldsymbol{b} = \begin{bmatrix} b_1 \\ b_2 \\ \vdots \\ b_n \end{bmatrix} \quad \boldsymbol{x} = \begin{bmatrix} x_1 \\ x_2 \\ \vdots \\ x_n \end{bmatrix}$$

线性方程组可以用克莱姆法则求解，然而当未知变量很多时，用克莱姆法则求解方程组需要处理阶数很高的行列式，即便用计算机处理也是一种效率极低的方法，所以需要使用数值解法。线性方程组的数值解法包含直接法和迭代法。

4.1.1　线性方程组的直接法

直接法经过有限步算术运算可以得到精确解，但实际计算中因舍入误差的存在和影响，得到的仍然是近似解。直接法中最基本的是高斯消去法，其他直接法为其变形或改进。

1. 高斯消去法（Gauss Elimination）

高斯消去法求解线性代数方程组的基本思路是：通过逐次消元计算，把线性方程组的求解转化为等价的上三角形方程组的求解。

方程组（4-1-1）的系数矩阵 $\boldsymbol{A}$ 和常数向量 $\boldsymbol{b}$ 构成的 $n\times(n+1)$ 矩阵 $\boldsymbol{A}_a$ 称为该方程组的增广矩阵，即

$$
\boldsymbol{A}_a = \begin{bmatrix} a_{11} & a_{12} & \cdots & a_{1n} & \vdots & b_1 \\ a_{21} & a_{22} & \cdots & a_{2n} & \vdots & b_2 \\ \vdots & \vdots & \vdots & \vdots & & \vdots \\ a_{n1} & a_{n2} & \cdots & a_{nn} & \vdots & b_n \end{bmatrix}
$$

高斯消去法具体步骤如下：

（1）第一次消元。假设 $a_{11} \neq 0$，将增广矩阵 $\boldsymbol{A}_a^{(0)} = \boldsymbol{A}_a$ 的第一行各元素除以 a_{11}，即

$$
a_{1j}^{(1)} = \frac{a_{1j}}{a_{11}}, b_1^{(1)} = \frac{b_1}{a_{11}}, \qquad j = 1,2,\cdots,n
$$

为了消去方程组（4-1-1）第 2 个方程到第 n 个方程中的未知数 x_1，也就是要让第 1 列中 a_{11} 以下的各元素变为零，对第 i（$i = 2,3,\cdots,n$）行进行如下变换：

$$
a_{ij}^{(1)} = a_{ij} - a_{i1}a_{1j}^{(1)}, \quad b_i^{(1)} = b_i - a_{i1}b_1^{(1)}, \quad i = 2,3,\cdots n, \quad j = 1,2,\cdots,n
$$

这样经过第一次消元后，增广矩阵 $\boldsymbol{A}_a^{(1)}$ 为

$$
\boldsymbol{A}_a^{(1)} = \begin{bmatrix} 1 & a_{12}^{(1)} & \cdots & a_{1n}^{(1)} & \vdots & b_1^{(1)} \\ 0 & a_{22}^{(1)} & \cdots & a_{2n}^{(1)} & \vdots & b_2^{(1)} \\ \vdots & \vdots & & \vdots & & \vdots \\ 0 & a_{n2}^{(1)} & \cdots & a_{nn}^{(1)} & \vdots & b_n^{(1)} \end{bmatrix}
$$

（2）第 k（$2 \leqslant k \leqslant n$）次消元。设第 $k-1$ 次消元已经完成，此时增广矩阵 $\boldsymbol{A}_a^{(k-1)}$ 为

$$
\boldsymbol{A}_a{}^{(k-1)} = \begin{bmatrix} 1 & a_{12}^{(1)} & a_{13}^{(1)} & a_{14}^{(1)} & a_{15}^{(1)} & \cdots & a_{1n}^{(1)} & \vdots & b_1{}^{(1)} \\ 0 & 1 & a_{23}^{(2)} & a_{24}^{(2)} & a_{25}^{(2)} & \cdots & a_{2n}^{(2)} & \vdots & b_2{}^{(2)} \\ 0 & 0 & 1 & a_{34}^{(3)} & a_{35}^{(3)} & \cdots & a_{3n}^{(3)} & \vdots & b_3{}^{(3)} \\ & & \ddots & & & & \vdots & & \vdots \\ & & & 1 & a_{k-1,k}^{(k-1)} & \cdots & a_{k-1,n}^{(k-1)} & \vdots & b_{k-1}{}^{(k-1)} \\ & & & & a_{kk}^{(k-1)} & \cdots & a_{kn}^{(k-1)} & \vdots & b_k{}^{(k-1)} \\ & & & & \vdots & & \vdots & & \vdots \\ & & & & a_{nk}^{(k-1)} & \cdots & a_{nn}^{(k-1)} & \vdots & b_n{}^{(k-1)} \end{bmatrix}
$$

如果 $a_{kk}^{(k-1)} \neq 0$，将 $\boldsymbol{A}_a^{(k-1)}$ 第 k 行各元素除以 $a_{kk}^{(k-1)}$，然后第 i（$i = k+1, k+2, \cdots, n$）行各元素减去第 k 行对应元素的 $a_{ik}^{(k)}$ 倍，以消去第 $k+1$ 个方程到第 n 个方程中的未知数 x_k，即

$$
a_{kj}^{(k)} = \frac{a_{kj}^{(k-1)}}{a_{kk}^{(k-1)}}, \quad b_k^{(k)} = \frac{b_k^{(k-1)}}{a_{kk}^{(k-1)}}, \quad j = k, k+1, \cdots, n
$$

$$
a_{ij}^{(k)} = a_{ij}^{(k-1)} - a_{ik}^{(k-1)}a_{kj}^{(k)}, \quad b_i^{(k)} = b_i^{(k-1)} - a_{ik}^{(k-1)}b_k^{(k)}, \quad i = k+1, \cdots, n, \quad j = k, \cdots, n
$$

于是得增广矩阵 $\boldsymbol{A}_a^{(k)}$

$$
\boldsymbol{A}_a{}^{(k)} = \begin{bmatrix} 1 & a_{12}^{(1)} & a_{13}^{(1)} & a_{14}^{(1)} & a_{15}^{(1)} & a_{16}^{(1)} & a_{17}^{(1)} & \cdots & a_{1n}^{(1)} & \vdots & b_1^{(1)} \\ & 1 & a_{23}^{(2)} & a_{24}^{(2)} & a_{25}^{(2)} & a_{26}^{(2)} & a_{27}^{(2)} & \cdots & a_{2n}^{(2)} & \vdots & b_2^{(2)} \\ & & 1 & a_{34}^{(3)} & a_{35}^{(3)} & a_{36}^{(3)} & a_{37}^{(3)} & \cdots & a_{3n}^{(3)} & \vdots & b_3^{(3)} \\ & & & \ddots & & & & \cdots & \vdots & & \vdots \\ & & & & 1 & a_{k-1,k}^{(k-1)} & a_{k-1,k+1}^{(k-1)} & \cdots & a_{k-1,n}^{(k-1)} & \vdots & b_{k-1}^{(k-1)} \\ & & & & & 1 & a_{k,k+1}^{(k)} & \cdots & a_{k,n}^{(k)} & \vdots & b_k^{(k)} \\ & & & & & & \vdots & & \vdots & & \vdots \\ & & & & & & a_{n,k+1}^{(k)} & \cdots & a_{n,n}^{(k)} & \vdots & b_n^{(k)} \end{bmatrix}
$$

（3）继续这一过程，直到完成第 n 次消元，得到与原方程组等价的三角方程组。此时系数矩阵变成一个主对角线元素均为1的上三角矩阵，增广矩阵 $\boldsymbol{A}_a^{(n)}$ 为

$$\boldsymbol{A}_a^{(n)}=\left[\begin{array}{ccccc:c} 1 & a_{12}^{(1)} & a_{13}^{(1)} & \cdots & a_{1n}^{(1)} & b_1^{(1)} \\ 0 & 1 & a_{23}^{(2)} & \cdots & a_{2n}^{(2)} & b_2^{(2)} \\ 0 & 0 & 1 & \cdots & a_{3n}^{(3)} & b_3^{(3)} \\ \vdots & \vdots & \vdots & \vdots & \vdots & \vdots \\ 0 & 0 & 0 & \cdots & 1 & b_n^{(n)} \end{array}\right] \tag{4-1-2}$$

以上三个步骤的求解过程称为消元过程。

（4）回代。由式（4-1-2）的最后一个方程可直接求出 $x_n=b_n^{(n)}$，然后将其代入第 $(n-1)$ 个方程可求出 x_{n-1}，如此继续回代可依次求解出 $x_{n-2},x_{n-3},\cdots,x_2,x_1$，这个过程称为回代过程。回代的一般表达式为

$$\begin{cases} x_n=b_n^{(n)} \\ x_i=b_i^{(i)}-\sum\limits_{j=i+1}^{n}a_{ij}^{(i)}x_j, \qquad i=n-1,n-2,\cdots,1 \end{cases} \tag{4-1-3}$$

【例 4-1-1】 用高斯消去法求解方程组：

$$\begin{cases} 2x_1+4x_2-2x_3=2 \\ x_1-3x_2-3x_3=-1 \\ 4x_1+2x_2+2x_3=3 \end{cases}$$

解：

$$\boldsymbol{A}_a=[\boldsymbol{A}\,|\,\boldsymbol{b}]=\left[\begin{array}{ccc:c} 2 & 4 & -2 & 2 \\ 1 & -3 & -3 & -1 \\ 4 & 2 & 2 & 3 \end{array}\right]\xrightarrow[r_3-4r_1]{r_1/2 \atop r_2-r_1}\left[\begin{array}{ccc:c} 1 & 2 & -1 & 1 \\ 0 & -5 & -2 & -2 \\ 0 & -6 & 6 & -1 \end{array}\right]$$

$$\xrightarrow[r_3+6r_2]{r_2-5}\left[\begin{array}{ccc:c} 1 & 2 & -1 & 1 \\ 0 & 1 & 0.4 & 0.4 \\ 0 & 0 & 8.4 & 1.4 \end{array}\right]\xrightarrow{r_3/8.4}\left[\begin{array}{ccc:c} 1 & 2 & -1 & 1 \\ 0 & 1 & 0.4 & 0.4 \\ 0 & 0 & 1 & 0.1667 \end{array}\right]$$

回代得

$$\begin{cases} x_3=0.1667 \\ x_2=0.4-0.1667\times 0.4=0.3333 \\ x_1=1-[(-1)\times 0.1667+2\times 0.3333]=0.5001 \end{cases}$$

实现高斯消去法的 MATLAB 代码如下：

```
function x = Gauss(A,b)
% 高斯消去法
% A: N×N 非奇异的系数矩阵
% b: N×1 线性方程组常数向量
% x: Ax=b 的解向量
[N N] = size(A);
C = zeros(1,N+1);
AB = [A b];
for p = 1:N-1
    if AB(p,p) == 0  % 如果 A 奇异
```

```
        break
    end
% 消元
    for k = p+1:N
        m = AB(k, p) / AB(p, p);
        AB(k, p:N+1) = AB(k, p:N+1) - m * AB(p, p:N+1);
    end
end
% 回代
A = AB(1:N, 1:N);
B = AB(1:N, N+1) ;
x = zeros(N, 1);
x(N) = B(N) / A(N, N);
for k = N-1:-1:1
    x(k) = (B(k)-A(k, k+1:N) * x(k+1:N)) / A(k, k);
end
```

2. 选主元的高斯消去法

上述高斯消去法是在假设第 k 次消元的 $a_{kk}^{(k-1)} \neq 0$ 的前提下完成消元的，称 $a_{kk}^{(k-1)}$ 为第 k 步主元。如果出现 $a_{kk}^{(k-1)} = 0$ 的情况，则消元无法进行；即便主元不为零，如果主元 $a_{kk}^{(k-1)}$ 的绝对值很小，用它作除数会导致其他元素值数量级的严重增长和舍入误差的扩散，也会使计算精度降低，甚至导致不正确的结果。

为了解决上述问题，可以选择系数矩阵中绝对值最大的元素作为主元进行消元运算，这种方法称为选主元的高斯消去法，简称选主元消去法。常用的选主元消去法有列主元消去法、行主元消去法和全主元消去法。这里仅讨论列主元消去法和全主元消去法。

（1）列主元消去法。

列主元消去法是按矩阵列选取主元，它在第 k 次消元前，先从增广矩阵 $\boldsymbol{A}_a^{(k-1)}$ 的第 k 列中选出绝对值最大的元素作主元，主元所在行简称主行。将主行与第 k 行互换，然后再进行消元。

列主元消去法的计算步骤如下：

① 选主元。

在第 k 次消元前，先从增广矩阵 $\boldsymbol{A}_a^{(k-1)}$ 的第 k 列中选出绝对值最大的元素作主元，记为 $a_{i_0k}^{(k-1)}$：

$$|a_{i_0k}^{(k-1)}| = \max\{|a_{ik}^{(k-1)}|\}, \quad k \leqslant i \leqslant n \tag{4-1-4}$$

将第 i_0 行与第 k 行互换，两行的编号也互换。

② 消元。

依次按 $k = 1,2,\cdots,n$ 进行下列计算：

$$a_{kj}^{(k)} = \frac{a_{kj}^{(k-1)}}{a_{kk}^{(k-1)}}, b_k^{(k)} = \frac{b_k^{(k-1)}}{a_{kk}^{(k-1)}}, \quad j = k, k+1, \cdots, n$$

$$a_{ij}^{(k)} = a_{ij}^{(k-1)} - a_{ik}^{(k-1)} a_{kj}^{(k)}, b_i^{(k)} = b_i^{(k-1)} - a_{ik}^{(k-1)} b_k^{(k)}, \quad i = k+1, \cdots, n, j = k, \cdots, n \tag{4-1-5}$$

③ 回代。

$$\begin{cases} x_n = b_n^{(n)} \\ x_i = b_i^{(i)} - \sum\limits_{j=i+1}^{n} a_{ij}^{(i)} x_j, \quad i = n-1, n-2, \cdots, 1 \end{cases} \tag{4-1-6}$$

【例 4-1-2】 用列主元消去法求解方程组：

$$\begin{cases} 2x_1 + 4x_2 - 2x_3 = 2 \\ x_1 - 3x_2 - 3x_3 = -1 \\ 4x_1 + 2x_2 + 2x_3 = 3 \end{cases}$$

解：

$$A_a = [A \mid b] = \left[\begin{array}{ccc:c} 2 & 4 & -2 & 2 \\ 1 & -3 & -3 & -1 \\ 4 & 2 & 2 & 3 \end{array}\right] \xrightarrow{r_1 \leftrightarrow r_3} \left[\begin{array}{ccc:c} 4 & 2 & 2 & 3 \\ 1 & -3 & -3 & -1 \\ 2 & 4 & -2 & 2 \end{array}\right]$$

$$\xrightarrow[\substack{r_2 - r_1 \\ r_3 - 2r_1}]{r_1/4} \left[\begin{array}{ccc:c} 1 & 0.5 & 0.5 & 0.75 \\ 0 & -3.5 & -3.5 & -1.75 \\ 0 & 3 & -3 & 0.5 \end{array}\right] \xrightarrow[r_3 - 3r_2]{r_2/-3.5} \left[\begin{array}{ccc:c} 1 & 0.5 & 0.5 & 0.75 \\ 0 & 1 & 1 & 0.5 \\ 0 & 0 & -6 & -1 \end{array}\right]$$

$$\xrightarrow{r_3/-6} \left[\begin{array}{ccc:c} 1 & 0.5 & 0.5 & 0.75 \\ 0 & 1 & 1 & 0.5 \\ 0 & 0 & 1 & 0.1667 \end{array}\right]$$

回代得：

$$\begin{cases} x_3 = 0.1667 \\ x_2 = 0.5 - 0.1667 = 0.3333 \\ x_1 = 0.75 - [0.5 \times 0.1667 + 0.5 \times 0.3333] = 0.5 \end{cases}$$

【例 4-1-3】 采用 4 位十进制浮点计算，分别用高斯消去法和列主元消去法求解线性方程组：

$$\begin{bmatrix} 0.0001 & 1 \\ 1 & 1 \end{bmatrix} \begin{bmatrix} x_1 \\ x_2 \end{bmatrix} = \begin{bmatrix} 1 \\ 2 \end{bmatrix}$$

解：

（1）高斯消去法。

$$A_a = \begin{bmatrix} 0.0001 & 1 & 1 \\ 1 & 1 & 2 \end{bmatrix} \to \begin{bmatrix} 1 & 1\times10^4 & 1\times10^4 \\ 0 & -1\times10^4 & -1\times10^4 \end{bmatrix} \to \begin{bmatrix} 1 & 1\times10^4 & 1\times10^4 \\ 0 & 1 & 1 \end{bmatrix}$$

回代，得

$$x_2 = 1, \quad x_1 = 0$$

（2）列主元消去法。

$$A_a = \begin{bmatrix} 0.0001 & 1 & 1 \\ 1 & 1 & 2 \end{bmatrix} \to \begin{bmatrix} 1 & 1 & 2 \\ 0.0001 & 1 & 1 \end{bmatrix} \to \begin{bmatrix} 1 & 1 & 2 \\ 0 & 0.9999 & 0.9998 \end{bmatrix}$$

回代，得

$$x_2 = 1.0001, \quad x_1 = 0.9999$$

由于小主元 0.0001 的存在，高斯消去法求解结果产生较大误差，而列主元消去法显著改善了解的精度。

实现列主元消去法的 MATLAB 代码如下：

```
function x = Gauss_columnPP(A, b)
% 列主元高斯消去法
% A: N×N 非奇异的系数矩阵
% b: N×1 线性方程组常数向量
% x: Ax=b 的解向量
```

```
[N N] = size(A);
C = zeros(1,N+1);
AB = [A b];
for p = 1:N-1
    [Y, j] = max(abs(AB(p:N, p)));
    C = AB(p, :);
    AB(p,:) = AB(j+p-1, :);
    AB(j+p-1, :) = C;
    if AB(p, p) == 0
        break
    end
 % 消元
    for k = p+1:N
        m = AB(k, p) / AB(p, p);
        AB(k, p:N+1) = AB(k, p:N+1) - m * AB(p, p:N+1);
    end
end
% 反向回代求解
A = AB(1:N, 1:N);
B = AB(1:N, N+1);
x = zeros(N, 1);
x(N) = B(N) / A(N, N);
for k = N-1:-1:1
    x(k) = (B(k)-A(k, k+1:N) * x(k+1:N)) / A(k, k);
end
```

（2）全主元消去法。

全主元消去法是在第 k 次消元前，先从增广矩阵 $\boldsymbol{A}_a^{(k-1)}$ 中选出绝对值最大的元素作主元，如果该元素位于第 l 行、m 列，则把第 l 行与第 k 行、第 m 列与第 k 列互换，然后再进行消元。

理论上讲全主元消去法精度最高，但是全主元消去法在选主元时要花费较长的时间，而且还涉及行列互换。行交换不改变未知向量 $\boldsymbol{x}$ 中各未知变量的位置，而列交换则需要对 $\boldsymbol{x}$ 中相应未知变量的位置进行调整，从而增加计算复杂度。行主元消去法也存在列互换的问题。另外，在很多实际应用中，全主元消去法提高精度的效果并不显著。所以，列主元消去法应用比较广泛。

3. 约当消去法

（1）约当消去法基本思路。

约当消去法是对高斯消去法的一种修正。在消元过程中，第 k 步仅在第 k 个方程中保留变元 x_k，且其系数化为 1，其余方程都消去该变元。消元结束时，系数矩阵变为单位矩阵，此时常数向量位置即为方程组的数值解。

【例 4-1-4】 用约当消去法求解方程组：

$$\begin{cases} 2x_1 + 4x_2 - 2x_3 = 2 \\ x_1 - 3x_2 - 3x_3 = -1 \\ 4x_1 + 2x_2 + 2x_3 = 3 \end{cases}$$

解：

$$
\boldsymbol{A}_a=[\boldsymbol{A}\,|\,\boldsymbol{b}]=\left[\begin{array}{ccc:c} 2 & 4 & -2 & 2 \\ 1 & -3 & -3 & -1 \\ 4 & 2 & 2 & 3 \end{array}\right]\xrightarrow{r_1\leftrightarrow r_3}\left[\begin{array}{ccc:c} 4 & 2 & 2 & 3 \\ 1 & -3 & -3 & -1 \\ 2 & 4 & -2 & 2 \end{array}\right]
$$

$$
\xrightarrow[r_3-2r_1]{\substack{r_1/4\\ r_2-r_1}}\left[\begin{array}{ccc:c} 1 & 0.5 & 0.5 & 0.75 \\ 0 & -3.5 & -3.5 & -1.75 \\ 0 & 3 & -3 & 0.5 \end{array}\right]\xrightarrow[r_1-0.5r_2]{\substack{r_2/-3.5\\ r_3-3r_2}}\left[\begin{array}{ccc:c} 1 & 0 & 0 & 0.5 \\ 0 & 1 & 1 & 0.5 \\ 0 & 0 & -6 & -1 \end{array}\right]
$$

$$
\xrightarrow[r_2-r_3]{r_3-6}\left[\begin{array}{ccc:c} 1 & 0 & 0 & 0.5 \\ 0 & 1 & 0 & 0.3333 \\ 0 & 0 & 1 & 0.1667 \end{array}\right]
$$

直接得解：

$$
\begin{cases} x_1=0.5 \\ x_2=0.3333 \\ x_3=0.1667 \end{cases}
$$

实现约当消去法的 MATLAB 代码如下：

```
function x = Gauss_Jordan(A, b)
% 约当消去法
% A: N×N 非奇异的系数矩阵
% b: N×1 线性方程组常数向量
% x: Ax=b 的解向量
[N N] = size(A);
C = zeros(1,N+1);
AB = [A b];                                % 增广矩阵:AB=[A | b]
for p = 1:N
    [Y, j] = max(abs(AB(p:N, p)));         % 选主元
    C = AB(p,:);                           % 第 p 与第 j 行互换
    AB(p,:) = AB(j+p-1,:);
    AB(j+p-1,:) = C;
    if AB(p,p) == 0                        % 如果 A 奇异
        break
    end
% 消元
    for k = p+1:N
        m = AB(k, p) / AB(p, p);
            AB(k, p:N+1) = AB(k, p:N+1) - m * AB(p, p:N+1);
    end
    for k = 1:p-1
        m = AB(k, p) / AB(p, p);
        AB(k, p:N+1) = AB(k, p:N+1) - m * AB(p, p:N+1);
    end
end

A = AB(1:N, 1:N);
B = AB(1:N, N+1);
```

```
x = zeros(N, 1);
for k=1:N
    x(k) = B(k) / A(k, k);
end
```

（2）约当消去法对矩阵求逆。

约当消去法比高斯消去法计算量大，但使用约当消去法求一个矩阵的逆矩阵还是比较合适的。设 $\boldsymbol{A}$ 为非奇异矩阵，方程组 $\boldsymbol{Ax}=\boldsymbol{E}_n$ 的增广矩阵 $\boldsymbol{C}=[\boldsymbol{A}\,|\,\boldsymbol{E}_n]$（$\boldsymbol{E}_n$ 为 n 阶单位矩阵）。如果对 $\boldsymbol{C}$ 采用约当消去法化为 $[\boldsymbol{E}_n\,|\,\boldsymbol{R}]$，则 $\boldsymbol{A}^{-1}=\boldsymbol{R}$。计算步骤如下：

① 选主元。

在第 k 次消元前，先从增广矩阵 $\boldsymbol{C}^{(k-1)}$ 的第 k 列中选出绝对值最大的元素作主元，记为 $c_{i_0k}^{(k-1)}$：

$$|c_{i_0k}^{(k-1)}|=\max\{|c_{ik}^{(k-1)}|\},\ k\leqslant i\leqslant n \tag{4-1-7}$$

将第 i_0 行与第 k 行互换，两行的编号也互换。

② 消元。

$$c_{kj}^{(k)}=\frac{c_{kj}^{(k-1)}}{c_{kk}^{(k-1)}},\qquad k=1,2,\cdots,n,\qquad j=k,k+1,\cdots,2n$$

$$c_{ij}^{(k)}=c_{ij}^{(k-1)}-c_{ik}^{(k-1)}c_{kj}^{(k)},\qquad i=1,\cdots,k-1,k+1,\cdots,n,\qquad j=1,2,\cdots,2n \tag{4-1-8}$$

③ 得 $\boldsymbol{A}^{-1}$。

$$\boldsymbol{A}^{-1}=\{c_{ij}\}_{n\times n},\qquad i=1,2,\cdots,n,\qquad j=n+1,n+2,\cdots,2n \tag{4-1-9}$$

【例 4-1-5】 用约当消去法求矩阵 $\boldsymbol{A}$ 的逆矩阵 $\boldsymbol{A}^{-1}$。

$$\boldsymbol{A}=\begin{bmatrix}2 & 4 & -2\\ 1 & -3 & -3\\ 4 & 2 & 2\end{bmatrix}$$

解：

$$\boldsymbol{C}=\left[\begin{array}{ccc:ccc}2 & 4 & -2 & 1 & 0 & 0\\ 1 & -3 & -3 & 0 & 1 & 0\\ 4 & 2 & 2 & 0 & 0 & 1\end{array}\right]\to\left[\begin{array}{ccc:ccc}4 & 2 & 2 & 0 & 0 & 1\\ 1 & -3 & -3 & 0 & 1 & 0\\ 2 & 4 & -2 & 1 & 0 & 0\end{array}\right]$$

$$\to\left[\begin{array}{ccc:ccc}1 & 0.5 & 0.5 & 0 & 0 & 0.25\\ 0 & -3.5 & -3.5 & 0 & 1 & -0.25\\ 0 & 3 & -3 & 1 & 0 & -0.5\end{array}\right]$$

$$\to\left[\begin{array}{ccc:ccc}1 & 0 & 0 & 0 & 0.1429 & 0.2143\\ 0 & 1 & 1 & 0 & -0.2857 & 0.0714\\ 0 & 0 & -6 & 1 & 0.8571 & -0.7142\end{array}\right]$$

$$\to\left[\begin{array}{ccc:ccc}1 & 0 & 0 & 0 & 0.1429 & 0.2143\\ 0 & 1 & 0 & 0.1667 & -0.1428 & -0.0476\\ 0 & 0 & 1 & -0.1667 & -0.1429 & 0.1190\end{array}\right]$$

则

$$\boldsymbol{A}^{-1}=\begin{bmatrix}0 & 0.1429 & 0.2143\\ 0.1667 & -0.1428 & -0.0476\\ -0.1667 & -0.1429 & 0.1190\end{bmatrix}$$

4．LU 分解法

LU 分解法属于高斯消去法的变形，其求解线性方程组的实质是直接从系数矩阵 $\boldsymbol{A}$ 的元素出发，将矩阵 $\boldsymbol{A}$ 转化为两个三角矩阵乘积的形式，优点是可方便地用于求解具有不同右端常数向量的方程组。

当矩阵 $\boldsymbol{A}$ 的所有顺序主子式都不为零时，矩阵 $\boldsymbol{A}$ 可唯一地分解为两个三角矩阵乘积的形式：

$$\boldsymbol{A}=\boldsymbol{LU}$$

式中，$\boldsymbol{L}$ 为单位下三角矩阵，$\boldsymbol{U}$ 为上三角矩阵，记作

$$\boldsymbol{L}=\begin{bmatrix}1 & & & & \\ l_{21} & 1 & & & \\ l_{31} & l_{32} & 1 & & \\ \vdots & \vdots & & \ddots & \\ l_{n1} & l_{n2} & \cdots & \cdots & 1\end{bmatrix},\quad \boldsymbol{U}=\begin{bmatrix}u_{11} & u_{12} & \cdots & u_{1n} \\ & u_{22} & \cdots & u_{2n} \\ & & \ddots & \vdots \\ & & & u_{nn}\end{bmatrix}$$

这样方程组 $\boldsymbol{Ax}=\boldsymbol{b}$ 可表示为 $\boldsymbol{LUx}=\boldsymbol{b}$，求解方程组 $\boldsymbol{Ax}=\boldsymbol{b}$ 等价于求解两个三角方程组：$\boldsymbol{Ly}=\boldsymbol{b}$ 和 $\boldsymbol{Ux}=\boldsymbol{y}$。

先由 $\boldsymbol{Ly}=\boldsymbol{b}$ 求解 $\boldsymbol{y}$，得

$$\begin{cases}y_1=b_1 \\ y_i=b_i-\sum_{j=1}^{i-1}l_{ij}y_i, \qquad i=2,3,\cdots,n\end{cases} \tag{4-1-10}$$

再由 $\boldsymbol{Ux}=\boldsymbol{y}$ 求解 $\boldsymbol{x}$，得

$$\begin{cases}x_n=\dfrac{y_n}{u_{nn}} \\ x_i=\dfrac{y_i-\sum_{j=n}^{i+1}u_{ij}x_j}{u_{ii}}, \qquad i=n-1,n-2,\cdots,1\end{cases} \tag{4-1-11}$$

由此可见，LU 分解法的关键是求解 $\boldsymbol{L}$ 和 $\boldsymbol{U}$ 矩阵。当 $\boldsymbol{L}$ 为单位下三角矩阵时，称为 Doolittle 分解；当 $\boldsymbol{U}$ 为单位上三角矩阵时，称为 Crout 分解。现以 Doolittle 算法为例介绍 LU 分解的实现。

LU 分解需要将 $\boldsymbol{A}$ 矩阵分解为以下形式：

$$\boldsymbol{A}=\begin{bmatrix}a_{11} & \cdots & a_{1r} & \cdots & a_{1n} \\ \vdots & \ddots & \vdots & & \vdots \\ a_{r1} & \cdots & a_{rr} & \cdots & a_{rn} \\ \vdots & & \vdots & \ddots & \vdots \\ a_{n1} & \cdots & a_{nr} & \cdots & a_{nn}\end{bmatrix}=\begin{bmatrix}1 & & & & \\ \vdots & \ddots & & & \\ l_{r1} & \cdots & 1 & & \\ \vdots & & \vdots & \ddots & \\ l_{n1} & \cdots & l_{nr} & \cdots & 1\end{bmatrix}\begin{bmatrix}u_{11} & \cdots & u_{1r} & \cdots & u_{1n} \\ & \ddots & \vdots & & \vdots \\ & & u_{rr} & \cdots & u_{rn} \\ & & & \ddots & \vdots \\ & & & & u_{nn}\end{bmatrix}$$

根据矩阵乘法原理，矩阵 $\boldsymbol{A}$ 第 1 行的元素为

$$a_{1j}=u_{1j}, \quad j=1,2,\cdots,n$$

矩阵 $\boldsymbol{A}$ 第 r 行主对角线以上的元素为

$$a_{rj}=\sum_{k=1}^{r}l_{rk}u_{kj}, \quad j=r,\cdots,n,r=1,2,\cdots,n$$

矩阵 $\boldsymbol{A}$ 第 r 列主对角线以下的元素为

$$a_{ir}=\sum_{k=1}^{r}l_{ik}u_{kr}, \quad i=r+1,r+2,\cdots,n,r=1,2,\cdots n-1$$

当 $r=1$ 时，有

$$a_{i1}=l_{i1}u_{11}\text{，}\quad i=2,3,\cdots,n$$

综合以上讨论，LU 分解算法推导如下：

（1）$u_{1j}=a_{1j}$， $j=1,2,\cdots,n$；

（2）$l_{i1}=\dfrac{a_{i1}}{u_{11}}$， $i=2,3,\cdots,n$；

（3）$u_{rj}=a_{rj}-\sum\limits_{k=1}^{r-1}l_{rk}u_{kj}$， $r=2,3,\cdots,n$， $j=r,r+1,\cdots,n$；

（4）$l_{ir}=\dfrac{a_{ir}-\sum\limits_{k=1}^{r-1}l_{ik}u_{kr}}{u_{rr}}$， $r=2,3,\cdots,n-1$， $i=r+1,\cdots,n$。

【例 4-1-6】 用 LU 分解法求解下列线性方程组：

$$\begin{cases}2x_1+4x_2-2x_3=2\\x_1-3x_2-3x_3=-1\\4x_1+2x_2+2x_3=3\end{cases}$$

解：

$$\boldsymbol{A}=\begin{bmatrix}2&4&2\\1&-3&-3\\4&2&2\end{bmatrix}\xrightarrow{r=1}\begin{bmatrix}2&4&-2\\0.5&-3&-3\\2&2&2\end{bmatrix}$$

$$\xrightarrow{r=2}\begin{bmatrix}2&4&-2\\0.5&-5&-2\\2&1.2&2\end{bmatrix}\xrightarrow{r=3}\begin{bmatrix}2&4&-2\\0.5&-5&-2\\2&1.2&8.4\end{bmatrix}$$

所以有

$$\boldsymbol{L}=\begin{bmatrix}1&&\\0.5&1&\\2&1.2&1\end{bmatrix}\text{，}\quad\boldsymbol{U}=\begin{bmatrix}2&4&-2\\&-5&-2\\&&8.4\end{bmatrix}$$

于是，方程组化为

$$\begin{bmatrix}1&&\\0.5&1&\\2&1.2&1\end{bmatrix}\begin{bmatrix}2&4&-2\\&-5&-2\\&&8.4\end{bmatrix}\begin{bmatrix}x_1\\x_2\\x_3\end{bmatrix}=\begin{bmatrix}2\\-1\\3\end{bmatrix}$$

先解 $\boldsymbol{y}$，根据

$$\begin{bmatrix}1&&\\0.5&1&\\2&1.2&1\end{bmatrix}\begin{bmatrix}y_1\\y_2\\y_3\end{bmatrix}=\begin{bmatrix}2\\-1\\3\end{bmatrix}$$

得

$$\begin{bmatrix}y_1\\y_2\\y_3\end{bmatrix}=\begin{bmatrix}2\\-2\\1.4\end{bmatrix}$$

再求解 $\boldsymbol{x}$，根据

$$\begin{bmatrix} 2 & 4 & -2 \\ & -5 & -2 \\ & & 8.4 \end{bmatrix}\begin{bmatrix} x_1 \\ x_2 \\ x_3 \end{bmatrix} = \begin{bmatrix} 2 \\ -2 \\ 1.4 \end{bmatrix}$$

得

$$\begin{bmatrix} x_1 \\ x_2 \\ x_3 \end{bmatrix} = \begin{bmatrix} 0.5001 \\ 0.3333 \\ 0.1667 \end{bmatrix}$$

实现 LU 分解法求解线性方程组的 MATLAB 代码如下：

```
function x = LUDecomposition(A, b)
% 矩阵 LU 分解
% A: N×N 非奇异的系数矩阵
% b: N×1 线性方程组常数向量
% x: Ax=b 的解向量
[N N] = size(A);
L = eye(N);
for i = 1:N-1
    for j = i+1:N
        L(j, i) = A(j, i) / A(i, i);
        A(j, :) = A(j, :) - (A(j, i) / A(i, i)) * A(i, :);
    end
end
U = A;
% 求解 Ly=b
y = zeros(N, 1);
y(1) = b(1) / L(1, 1);
for k = 2:N
    y(k) = (b(k)-L(k, 1:k-1) * y(1:k-1)) / L(k, k);
end
% 求解 Ux=y
x = zeros(N, 1);
x(N) = y(N) / U(N, N);
for k = N-1:-1:1
    x(k) = (y(k)-U(k, k+1:N) * x(k+1:N)) / U(k, k);
end
```

5. 复系数线性代数方程组的求解方法

复系数线性代数方程组的求解主要有两种方法：一种方法是将复系数线性代数方程组转换为实系数线性代数方程组；另一种方法是将增广矩阵的实部、虚部分别存入两个矩阵，采用与实系数方程组一样的解法，只是每一步均用复数运算。这里介绍前一种方法。

将复系数方程组

$$\boldsymbol{AX} = \boldsymbol{B}$$

的各矩阵分解为实部加虚部的形式，写为

$$(\boldsymbol{A}_{\mathrm{R}} + \mathrm{j}\boldsymbol{A}_{\mathrm{I}})(\boldsymbol{X}_{\mathrm{R}} + \mathrm{j}\boldsymbol{X}_{\mathrm{I}}) = \boldsymbol{B}_{\mathrm{R}} + \mathrm{j}\boldsymbol{B}_{\mathrm{I}}$$

下标“R”代表实部，“I”代表虚部。上式展开得

$$(\boldsymbol{A}_{\mathrm{R}}\boldsymbol{X}_{\mathrm{R}} - \boldsymbol{A}_{\mathrm{I}}\boldsymbol{X}_{\mathrm{I}}) + \mathrm{j}(\boldsymbol{A}_{\mathrm{R}}\boldsymbol{X}_{\mathrm{I}} + \boldsymbol{A}_{\mathrm{I}}\boldsymbol{X}_{\mathrm{R}}) = \boldsymbol{B}_{\mathrm{R}} + \mathrm{j}\boldsymbol{B}_{\mathrm{I}}$$

因此

$$\begin{cases} \boldsymbol{A}_{\mathrm{R}}\boldsymbol{X}_{\mathrm{R}} - \boldsymbol{A}_{\mathrm{I}}\boldsymbol{X}_{\mathrm{I}} = \boldsymbol{B}_{\mathrm{R}} \\ \boldsymbol{A}_{\mathrm{R}}\boldsymbol{X}_{\mathrm{I}} + \boldsymbol{A}_{\mathrm{I}}\boldsymbol{X}_{\mathrm{R}} = \boldsymbol{B}_{\mathrm{I}} \end{cases}$$

写成一个矩阵方程

$$\begin{bmatrix} \boldsymbol{A}_{\mathrm{R}} & -\boldsymbol{A}_{\mathrm{I}} \\ \boldsymbol{A}_{\mathrm{I}} & \boldsymbol{A}_{\mathrm{R}} \end{bmatrix} \begin{bmatrix} \boldsymbol{X}_{\mathrm{R}} \\ \boldsymbol{X}_{\mathrm{I}} \end{bmatrix} = \begin{bmatrix} \boldsymbol{B}_{\mathrm{R}} \\ \boldsymbol{B}_{\mathrm{I}} \end{bmatrix}$$

再用高斯消去法求解。

4.1.2 线性方程组的迭代法

迭代法是将问题构成一个无穷序列去逐步逼近线性方程组精确解的方法。迭代法编程简单、占用存储单元少，但存在收敛性及收敛速度的问题。当系数矩阵的阶数很高，并且多为稀疏矩阵时，采用迭代法比采用直接法求解效率更高。

对于 n 阶线性方程组：

$$\boldsymbol{A}\boldsymbol{x} = \boldsymbol{b} \tag{4-1-12}$$

其中，$\boldsymbol{A}$ 为非奇异矩阵，$\boldsymbol{b} \neq \boldsymbol{0}$。如果可以构造迭代公式：

$$\boldsymbol{x}^{(k+1)} = \boldsymbol{B}\boldsymbol{x}^{(k)} + \boldsymbol{f},\ k = 0,1,2,\cdots \tag{4-1-13}$$

任取一个向量 $\boldsymbol{x}^{(0)}$作为 $\boldsymbol{x}$ 的近似解，利用该迭代公式可以产生一个向量序列$\{\boldsymbol{x}^{(k)}\}$，若

$$\lim_{k\to\infty} \boldsymbol{x}^{(k)} = \boldsymbol{x}^{*} \tag{4-1-14}$$

则有 $\boldsymbol{x}^{*} = \boldsymbol{B}\boldsymbol{x}^{*} + \boldsymbol{f}$，即 $\boldsymbol{x}^{*}$为线性方程组（4-1-12）的解。

根据 $\boldsymbol{B}$、$\boldsymbol{f}$ 构成的不同，可以分为雅可比迭代法、高斯-赛德尔迭代法和逐次超松弛迭代法等。

1．雅可比（Jacobi）迭代法

已知 $\boldsymbol{A}$ 为非奇异矩阵且 $a_{ii} \neq 0$（$i = 1,2,\cdots,n$），可将 $\boldsymbol{A}$ 分解为 $\boldsymbol{A} = \boldsymbol{D} - \boldsymbol{L} - \boldsymbol{U}$，其中，

$$\boldsymbol{A} = \begin{bmatrix} a_{11} & a_{12} & \cdots & a_{1n} \\ a_{21} & a_{22} & \cdots & a_{2n} \\ \vdots & \vdots & \vdots & \vdots \\ a_{n1} & a_{n2} & \cdots & a_{nn} \end{bmatrix},\quad \boldsymbol{D} = \begin{bmatrix} a_{11} & 0 & \cdots & 0 \\ 0 & a_{22} & \cdots & 0 \\ \vdots & \vdots & \vdots & \vdots \\ 0 & 0 & \cdots & a_{nn} \end{bmatrix}$$

$$\boldsymbol{L} = \begin{bmatrix} 0 & 0 & \cdots & 0 \\ -a_{21} & 0 & \cdots & 0 \\ \vdots & \vdots & \vdots & \vdots \\ -a_{n1} & -a_{n2} & \cdots & 0 \end{bmatrix},\quad \boldsymbol{U} = \begin{bmatrix} 0 & -a_{12} & \cdots & -a_{1n} \\ 0 & 0 & \cdots & -a_{2n} \\ \vdots & \vdots & \vdots & \vdots \\ 0 & 0 & \cdots & 0 \end{bmatrix}$$

于是有 $(\boldsymbol{D} - \boldsymbol{L} - \boldsymbol{U})\boldsymbol{x} = \boldsymbol{b}$，线性方程组 $\boldsymbol{A}\boldsymbol{x} = \boldsymbol{b}$ 可改写为 $\boldsymbol{D}\boldsymbol{x} = (\boldsymbol{L} + \boldsymbol{U})\boldsymbol{x} + \boldsymbol{b}$，由于 $a_{ii} \neq 0$（$i = 1,2,\cdots,n$），$\boldsymbol{D}$ 为非奇异矩阵，等式两边同乘以 $\boldsymbol{D}^{-1}$，故有

$$\boldsymbol{x} = \boldsymbol{D}^{-1}(\boldsymbol{L} + \boldsymbol{U})\boldsymbol{x} + \boldsymbol{D}^{-1}\boldsymbol{b}$$

构造如下迭代格式：

$$\boldsymbol{x}^{(k+1)} = \boldsymbol{D}^{-1}(\boldsymbol{L} + \boldsymbol{U})\boldsymbol{x}^{(k)} + \boldsymbol{D}^{-1}\boldsymbol{b},\ k = 0,1,2,\cdots \tag{4-1-15}$$

此格式即为雅可比迭代法的矩阵形式，记作：

$$\begin{cases} \boldsymbol{B}_{\mathrm{J}} = \boldsymbol{D}^{-1}(\boldsymbol{L} + \boldsymbol{U}) = \boldsymbol{D}^{-1}(\boldsymbol{L} + \boldsymbol{U} + \boldsymbol{D} - \boldsymbol{D}) = \boldsymbol{E} - \boldsymbol{D}^{-1}\boldsymbol{A} \\ \boldsymbol{f}_{\mathrm{J}} = \boldsymbol{D}^{-1}b \end{cases} \tag{4-1-16}$$

雅可比迭代也称为简单迭代。

实现雅可比迭代法的 MATLAB 代码如下：

```
function x =  JacobiSolver(A, b, precision)
% 雅可比迭代法求解线性方程组
% A: N×N 非奇异的系数矩阵
% b: N×1 线性方程组常数向量
% x: Ax = b 的解向量
% precision: 迭代精度
[N,N] = size(A);
D = eye(N) .* A;
BJ = eye(N) - inv(D) * A;
f = inv(D) * b;
x = zeros(N,1);
error = max(abs(BJ * x + f));
while error > precision
    x = BJ * x + f;
    error = max(abs(BJ * x + f - x));
end
```

2. 高斯-赛德尔（Gauss-Seidel）迭代法

采用雅可比迭代法计算第 i 个分量 $x_i^{(k+1)}$ 时，使用的是第 k 步计算出来的各个分量 $x_1^{(k)},x_2^{(k)},\cdots,x_n^{(k)}$，而已经计算出来的最新分量 $x_1^{(k+1)},x_2^{(k+1)},\cdots,x_{i-1}^{(k+1)}$ 却没有使用。直观上认为，最新计算出来的分量可能比旧的分量要好一些，收敛速度也快一些。对这些最新分量加以利用就得到高斯-赛德尔迭代法的迭代格式：

$$\boldsymbol{x}^{(k+1)}=\boldsymbol{B}_s\boldsymbol{x}^{(k)}+\boldsymbol{f}_s$$

其中

$$\boldsymbol{B}_s=(\boldsymbol{D}-\boldsymbol{L})^{-1}\boldsymbol{U},\ \boldsymbol{f}_s=(\boldsymbol{D}-\boldsymbol{L})^{-1}\boldsymbol{b} \tag{4-1-17}$$

实现高斯-赛德尔迭代法的 MATLAB 代码如下：

```
function x = Gauss_SeidelSolver(A, b, precision)
% 高斯-赛德尔迭代程序
% A: N×N 非奇异的系数矩阵
% b: N×1 线性方程组右端向量
% x: Ax=b 的解向量
% precision: 迭代精度
[N,N] = size(A);
D = eye(N) .* A;
L = zeros(N, N);
for m = 1:N
  for n = 1:m-1
  L(m,n) = A(m,n);
  end
end
U = A - D - L;
```

```
Bs = -(D + L) \ U;
fs = (D + L) \ b;
x = zeros(N,1);
error = max(abs(Bs * x + fs));
while error > precision
   x = Bs * x + fs;
   error = max(abs(Bs * x + fs - x));
end
```

【例 4-1-7】用雅可比迭代法和高斯-赛德尔迭代法计算下列方程组的解，当 $\max\limits_{i=1,2,3}|x_i^{(k+1)}-x_i^{(k)}|<10^{-3}$ 时退出迭代，初值取 $\boldsymbol{x}^{(0)}=[0,0,0]^{\mathrm{T}}$。

$$\begin{cases}10x_1-2x_2-x_3=3\\-2x_1+10x_2-x_3=15\\-x_1-2x_2+5x_3=10\end{cases}$$

解：

（1）雅可比迭代法。

采用雅可比迭代法计算的结果如表 4-1-1 所示。

表 4-1-1　雅可比迭代法计算结果

k	0	1	2	3	4	5	6	7	8
$x_1(k)$	0	0.3000	0.8000	0.9180	0.9716	0.9894	0.9962	0.9986	0.9995
$x_2(k)$	0	1.5000	1.7600	1.9260	1.9700	1.9897	1.9961	1.9986	1.9995
$x_3(k)$	0	2.0000	2.6600	2.8640	2.9540	2.9823	2.9938	2.9977	2.9992

方程组的解为

$$\boldsymbol{x}^*=[0.9995,\quad 1.9995,\quad 2.9992]^{\mathrm{T}}$$

（2）高斯-赛德尔迭代法。

采用高斯-赛德尔迭代法计算的结果如表 4-1-2 所示。

表 4-1-2　高斯-赛德尔迭代法计算结果

k	0	1	2	3	4	5
$x_1(k)$	0	0.3000	0.8804	0.9843	0.9978	0.9997
$x_2(k)$	0	1.5600	1.9445	1.9922	1.9989	1.9999
$x_3(k)$	0	2.6840	2.9539	2.9938	2.9991	2.9999

方程组的解为：

$$\boldsymbol{x}^*=[0.9997, 1.9999, 2.9999]^{\mathrm{T}}$$

方程组的精确解为 $[1,2,3]^{\mathrm{T}}$，对于本例，高斯-赛德尔迭代法比雅可比迭代法的收敛速度稍快些。

4.1.3　MATLAB 求解线性方程组

在 MATLAB 中，可以用左除运算符“\”、inv 函数、lu 函数和 linsolve 函数等求解线性方程组。

【例 4-1-8】 用 MATLAB 函数求解方程组：

$$\begin{cases}2x_1+4x_2-2x_3=2\\x_1-3x_2-3x_3=-1\\4x_1+2x_2+2x_3=3\end{cases}$$

解：

（1）左除运算符“\”。

左除运算符“\”可以根据线性方程组系数矩阵的不同形态，采用不同算法进行求解。求解代码如下：

```
A = [2 4 -2; 1 -3 -3; 4 2 2];
b = [2; -1; 3];
x = A \ b
```

运行程序，输出如下：

```
x =
      0.5000
      0.3333
      0.1667
```

（2）inv 函数。

inv 函数用于求矩阵的逆，也可以用来求解线性方程组。但是，inv 函数与左除法相比，误差更大，求解时间也更长，不建议采用。求解代码如下：

```
A = [2 4 -2; 1 -3 -3; 4 2 2];
b = [2; -1; 3];
x = inv(A) * b
```

运行程序，输出如下：

```
x =
    0.5000
    0.3333
    0.1667
```

（3）lu 函数。

lu 函数用于实现 LU 分解，求解代码如下：

```
A = [2 4 -2; 1 -3 -3; 4 2 2];
b = [2; -1; 3];
[L, U] = lu(A);
y = L \ b;
x = U \ y
```

运行程序，输出如下：

```
x =
    0.5000
    0.3333
    0.1667
```

（4）linsolve 函数。

linsolve 函数也是采用 LU 分解法求解线性方程组，求解代码如下：

```
A = [2 4 -2; 1 -3 -3; 4 2 2];
b = [2; -1; 3];
x = linsolve(A, b)
```

4.2 一阶常微分方程的数值求解

对于计算机辅助暂态电路分析，一般采用时域分析法，通过建立暂态电路的时域方程求解。暂态电路通常用状态方程，形式是一组常微分方程，因此瞬态分析的实质就是如何获得并且求解电路的常微分方程。第 3 章分析了状态方程的建立方法，本节学习一阶微分方程组的求解方法。

在数学上，对一阶微分方程组的数值解有比较成熟的算法，且易于编程实现。采用数值方法求解常微分方程，不仅适用于线性电路的瞬态分析，也适用于非线性电路的瞬态分析。

本节讨论一阶常微分方程的初值问题，其形式为

$$\begin{cases} x'(t) = f(t,x), & a \leqslant t \leqslant b \\ x(a) = x_0 \end{cases} \tag{4-2-1}$$

大多数常微分方程都无法得到精确解，只能得到解的数值近似。本节先介绍几种简单的数值解法，然后介绍精度较高的龙格-库塔法。

4.2.1 简单数值解法

1. 前向欧拉法

用数值方法求微分方程近似解的基本思路，是将连续时间变量离散化，从变量的初始值开始，逐步推算出该变量后续各离散瞬时的近似值。即在给定的时间区间[a, b]内，将时间变量 t 离散化得到一组离散点 $a = t_0 < t_1 < \cdots < t_k < t_{k+1} < \cdots < t_n = b$，由初值 $x(a) = x_0$ 开始依次算出这些离散点上的函数近似值 $x_1, x_2, \cdots, x_k, \cdots, x_n$。相邻两个离散点 t_k 和 t_{k+1} 之间的间隔 $h = t_{k+1} - t_k$ 称为步长。

若取等步长，则 $t_k = t_0 + kh$（$k = 1,2,\cdots,n$），在一个步长区间 $[t_k, t_{k+1}]$ 内，用一阶差商代替步长起点 t_k 处的一阶导数，则微分方程（4-2-1）化为

$$\frac{x(t_{k+1}) - x(t_k)}{t_{k+1} - t_k} \approx x'(t_k) \tag{4-2-2}$$

将式（4-2-2）中的函数值换为数值近似值，得到

$$x_{k+1} = x_k + hf(t_k, x_k) \tag{4-2-3}$$

式（4-2-3）称为前向欧拉计算公式（Forward Euler Formula）。在采用前向欧拉法时，为了使数值解达到适当的精度，必须选择较小的步长，在给定区间内进行多次计算。

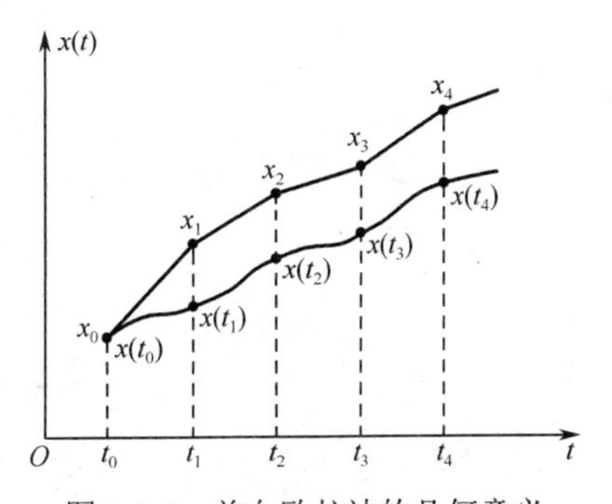

图 4-2-1　前向欧拉法的几何意义

前向欧拉法几何意义可用图 4-2-1 来说明，过点 (t_0, x_0) 以 $f(t_0, x_0)$ 为斜率作一条直线，该直线与直线 $t = t_1$ 的交点为 (t_1, x_1)，则有 $x_1 = x_0 + hf(t_0, x_0)$；继续过点 (t_1, x_1) 以 $f(t_1, x_1)$ 为斜率作一条直线，该直线与直线 $t = t_2$ 的交点为 (t_2, x_2)，则有 $x_2 = x_1 + hf(t_1, x_1)$，以此类推，可得 $x_3, x_4, \cdots$，$x_k, \cdots, x_n$。

通常我们借助泰勒公式来分析计算公式的精度。为了简

化分析，假设 x_k 是准确的，即在 $x_k = x(t_k)$ 的前提下估计误差 $x(t_{k+1}) - x_{k+1}$，这种误差称为局部截断误差。函数 $x(t)$ 在 $t = t_k$ 处的泰勒展开式为

$$x(t_{k+1}) = x(t_k) + x'(t_k)(t_{k+1} - t_k) + \frac{x''(\xi)}{2}(t_{k+1} - t_k)^2 \tag{4-2-4}$$

式（4-2-4）和式（4-2-3）两式相减得局部截断误差

$$x(t_{k+1}) - x_{k+1} = \frac{h^2}{2}x''(\xi), \quad \xi \in (t_k, t_{k+1}) \tag{4-2-5}$$

前向欧拉法的 MATLAB 实现如下：

```
function [T Y]=Feuler(odefun,ab,ya,M)
% 前向欧拉算法
% odefun：微分方程  ab：计算区间
% ya：初值 y(a)       M：等分数目
% T Y：离散的时间变量和前向欧拉解
h = (ab(2) - ab(1))/M;
T = zeros(1, M+1);
Y = zeros(1, M+1);
T = ab(1):h:ab(2);
Y(1) = ya;
for j = 1:M
    Y(j+1) = Y(j) + h * feval(odefun, T(j), Y(j));
end
```

2．后向欧拉法

采用前向欧拉计算公式求一阶微分方程的数值解时，如果步长过大，则所得数值解可能随着 j 的增大而急剧偏离该微分方程的真实解。为了克服前向欧拉法的这一缺点，可以采用后向欧拉法。

在一个步长区间 $[t_k, t_{k+1}]$ 内，用一阶差商近似代替 $x(t)$ 在步长终点 t_{k+1} 处的一阶导数，则微分方程（4-2-1）化为

$$\frac{x(t_{k+1}) - x(t_k)}{h} \approx x'(t_{k+1}) \tag{4-2-6}$$

将式（4-2-6）中的函数值换为数值近似值，得到

$$x_{k+1} = x_k + hf(t_{k+1}, x_{k+1}) \tag{4-2-7}$$

式（4-2-7）称为后向欧拉计算公式（Backward Euler Formula）。

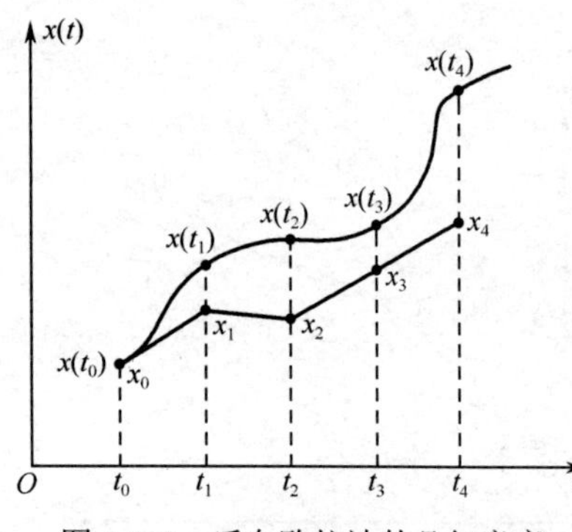

图 4-2-2　后向欧拉法的几何意义

后向欧拉法的几何意义可用图 4-2-2 来说明，过点 (t_0, x_0) 以 $f(t_1, x_1)$ 为斜率作一条直线，该直线与直线 $t = t_1$ 的交点为 (t_1, x_1)，则有 $x_1 = x_0 + hf(t_1, x_1)$；继续过点 (t_1, x_1) 以 $f(t_2, x_2)$ 为斜率作一条直线，该直线与直线 $t = t_2$ 的交点为 (t_2, x_2)，则有 $x_2 = x_1 + hf(t_2, x_2)$，以此类推可得 $x_3, x_4, \cdots, x_k, \cdots, x_n$。

接下来讨论后向欧拉法的局部截断误差。假设 $x_k = x(t_k)$，由式（4-2-7）有

$$x_{k+1} = x(t_k) + hf(t_{k+1}, x_{k+1}) \tag{4-2-8}$$

由于 $f(t_{k+1}, x_{k+1}) = f(t_{k+1}, x(t_{k+1})) + f_x(t_{k+1}, \eta)[x_{k+1} - x(t_{k+1})]$

其中 η 介于 x_{k+1} 和 $x(t_{k+1})$ 之间。又有

$$f(t_{k+1}, x(t_{k+1})) = x'(t_{k+1}) = x'(t_k) + hx''(t_k) + \cdots$$

代入式（4-2-8）有

$$x_{k+1}=hf_x(t_{k+1},\eta)[x_{k+1}-x(t_{k+1})]+x(t_k)+hx'(t_k)+h^2x''(t_k)+\cdots$$

上式与泰勒展开式

$$x(t_{k+1})=x(t_k)+hx'(t_k)+\frac{h^2}{2}x''(t_k)+\cdots$$

相减得

$$x(t_{k+1})-x_{k+1}=hf_x(t_{k+1},\eta)[x(t_{k+1})-x_{k+1}]-\frac{h^2}{2}x''(t_k)+\cdots$$

又因为

$$\frac{1}{1-hf_x(t_{k+1},\eta)}=1+hf_x(t_{k+1},\eta)$$

整理得局部截断误差

$$x(t_{k+1})-x_{k+1}\approx-\frac{h^2}{2}x''(x_k) \tag{4-2-9}$$

后向欧拉法的 MATLAB 实现如下：

```
function [T Y] = Beuler(odefun, ab, ya, M)
% 后向欧拉法
% odefun:微分方程                        a、b:计算区间
% ya:初值 y(a)                           M:等分数目
% T Y:离散的时间变量和后向欧拉解
syms x;
h = (ab(2) - ab(1)) / M;
T = ab(1):h:ab(2);
Y(1) = ya;
y = x;
for t = T(2:end)
    fun=inline(['x',num2str(h,16),'(',char(feval(odefun,t,y)),')',num2str
(Y(end),16 )], 'x');
    Y = [Y, fzero(fun, Y(end))];
end
```

3. 梯形法及其预估-校正法

比较前向欧拉法和后向欧拉法的局部截断误差公式（4-2-5）和公式（4-2-9），如果将两种方法进行算术平均，则待求数值解的误差将显著减小并可提高精度，计算公式为

$$x_{k+1}=x_k+\frac{h}{2}[f(t_k,x_k)+f(t_{k+1},x_{k+1})] \tag{4-2-10}$$

这就是梯形法（Trapezoidal Algorithm）的计算公式。

还是利用泰勒公式计算梯形公式的局部截断误差，将函数 $x(t)$ 在 $t=t_k$ 处进行泰勒展开，即

$$x(t_{k+1})=x(t_k)+hx'(t_k)+\frac{h^2}{2}x''(\xi) \tag{4-2-11}$$

式（4-2-11）对时间变量求一阶导数，得

$$x'(t_{k+1})=x'(t_k)+hx''(t_k)+\frac{h^2}{2}x'''(\xi) \tag{4-2-12}$$

从式（4-2-12）中求出 $x''(t_k)$，并代入式（4-2-11）中，可得

$$x(t_{k+1})=x(t_k)+\frac{h}{2}x'(t_k)+\frac{h}{2}x'(t_{k+1})-\frac{h^3}{4}x'''(\xi) \tag{4-2-13}$$

式（4-2-10）和式（4-2-13）两式相减得梯形法局部截断误差

$$x(t_{k+1})-x_{k+1}=-\frac{h^3}{4}x'''(\xi)$$

由于梯形法是一个隐式递推关系式，通常不便于求解，常采用梯形预估-校正法，即先采用低精度的前向欧拉法预先估计出 $x_{k+1}^{(0)}$，然后再代入梯形公式进行求解。迭代公式可写为

$$\begin{cases}x_{k+1}^{(0)}=x_k+hf(t_k,x_k)\\ x_{k+1}^{(n)}=x_k+\dfrac{h}{2}[f(t_k,x_k)+f(t_{k+1},x_{k+1}^{(n-1)})]\end{cases}\quad k=0,1,2,\cdots$$

一般校正一两次就能够达到精度要求了。

梯形预估-校正法的MATLAB实现如下：

```
function[T Y] = trapezia(odefun, ab, ya, M)
% 梯形预估-校正法
% odefun：微分方程                    a、b：计算区间
% ya：初值 y(a)                       M：等分数目
% T Y：离散的时间变量和梯形预估-校正法解
h = (ab(2) - ab(1)) / M;
T = zeros(1,M+1);
Y = zeros(1,M+1);
T = ab(1):h:ab(2);
Y(1) = ya;
for j = 1:M
    k1 = feval(odefun, T(j), Y(j));
    k2 = feval(odefun,T(j+1),Y(j)+hk1);
    Y(j+1) = Y(j) + (h / 2) * (k1 + k2);
end
```

4.2.2 龙格-库塔法

根据微分中值定理，有

$$\frac{x(t_{k+1})-x(t_k)}{h}=x'(\xi),\quad x_k<\xi<x_{k+1}$$

于是，利用微分方程（4-2-1）得到

$$x(t_{k+1})=x(t_k)+hf(\xi,x(\xi)),\quad x_k<\xi<x_{k+1}$$

设 $K^*=f(\xi,x(\xi))$，称 K^* 为区间 $[t_k,t_{k+1}]$ 上的平均斜率。如果能在时间区间 $[t_k,t_{k+1}]$ 内多取几个点的斜率值，然后用它们的加权平均作为平均斜率 K^*，则可能构造出精度更高的计算公式，这就是龙格-库塔法的基本思路。龙格-库塔法的具体形式较多，但所有的龙格-库塔法都是以函数的泰勒级数展开式为依据的。这里只介绍二阶和四阶龙格-库塔法。

1. 二阶龙格-库塔法

二阶龙格-库塔法的计算式为

$$
\begin{cases}
x_{k+1} = x_k + h(aK_1 + bK_2) \\
K_1 = f(t_k, x_k) \\
K_2 = f(t_k + ch, x_k + chK_1)
\end{cases}
\tag{4-2-14}
$$

a、b、c 均为常数。将函数 $f(t_k + ch, x_k + chK_1)$ 在 $t = t_k$ 邻域展开为泰勒级数，即

$$
\begin{aligned}
K_2 &= f(t_k, x_k) + chf'(t_k, x_k) + \cdots \\
&\approx x_k' + chx_k'' + E(h^2)
\end{aligned}
\tag{4-2-15}
$$

代入式（4-2-14）中，整理得

$$
\begin{aligned}
x_{k+1} &= x_k + h[ax_k' + b(x_k' + chx_k'' + \cdots)] \\
&= x_k + (a+b)hx_k' + cbh^2 x_k'' + E(h^3)
\end{aligned}
\tag{4-2-16}
$$

将式（4-2-16）与函数 $x(t)$ 的二阶泰勒级数展开式

$$
x_{k+1} = x_k + hx_k' + \frac{h^2}{2} x_k''
$$

比较，可得

$$
\begin{cases}
a + b = 1 \\
cb = \dfrac{1}{2}
\end{cases}
\tag{4-2-17}
$$

式(4-2-17)中两个方程包含 3 个待定常数，因此有无穷多个解。若选 $a = b = \dfrac{1}{2}$，$c = 1$，则式(4-2-14)变为梯形计算公式。根据式（4-2-17）还可以构造其他的二阶龙格-库塔法计算公式。

2．四阶龙格-库塔法

常用的龙格-库塔法是四阶龙格-库塔法，其形式也不止一种，其中最常用的一种四阶龙格-库塔法计算公式为

$$
\begin{cases}
x_{k+1} = x_k + \dfrac{h}{6}(K_1 + 2K_2 + 2K_3 + K_4) \\
K_1 = f(t_k, x_k) \\
K_2 = f\left(t_k + \dfrac{h}{2}, x_k + \dfrac{h}{2}K_1\right) \\
K_3 = f\left(t_k + \dfrac{h}{2}, x_k + \dfrac{h}{2}K_2\right) \\
K_4 = f(t_k + h, x_k + hK_3)
\end{cases}
\tag{4-2-18}
$$

四阶龙格-库塔法的几何意义可用图 4-2-3 来说明。将区间 $[t_k, t_{k+1}]$ 分为 4 段 $\left[\dfrac{h}{6}, \dfrac{2h}{6}, \dfrac{2h}{6}, \dfrac{h}{6}\right]$：

① 过点(1)以 $K_1 = f(t_k, x_k)$ 为斜率作直线，与直线 $t = t_k + \dfrac{h}{6}$ 相交于点 1，得第一段直线(1)-1。

② 过点(1)斜率为 K_1 的直线与直线 $t = t_k + \dfrac{h}{2}$ 相交于点(2)即 $\left(t_k + \dfrac{h}{2}, x_k + \dfrac{h}{2}K_1\right)$，得曲线 $x(t)$ 的近似斜率 K_2；过点 1 以 K_2 为斜率作直线，与直线 $t = t_k + \dfrac{h}{2}$ 相交于点 2，得第二段直线 1-2。

③ 过点(1)以 K_2 为斜率作直线，与直线 $t = t_k + \dfrac{h}{2}$ 相交于点(3)即 $\left(t_k + \dfrac{h}{2}, x_k + \dfrac{h}{2}K_2\right)$ 得曲线 $x(t)$

的近似斜率 K_3；过点 2 以 K_3 为斜率作直线，与直线 $t = t_k + \frac{5h}{6}$ 相交于点 3，得第三段直线 2–3。

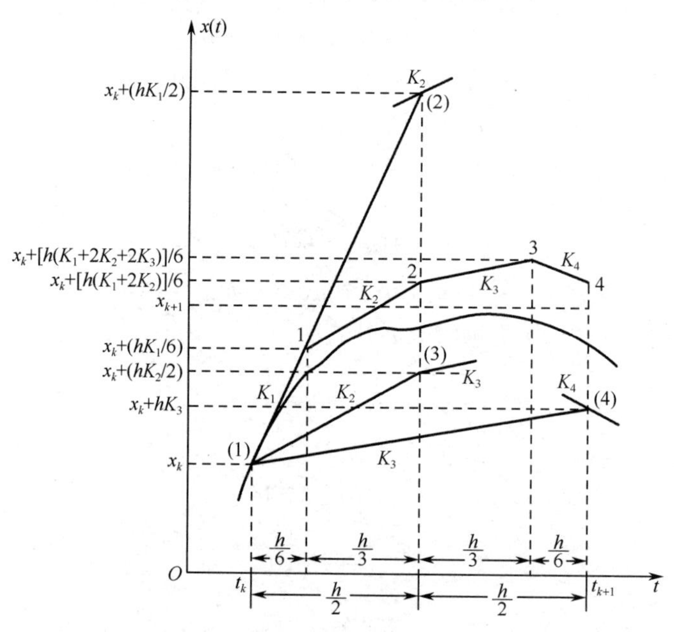

图 4-2-3　四阶龙格-库塔法的几何意义

④ 过点(1)以 K_3 为斜率作直线，与直线 $t = t_{k+1}$ 相交于点(4)即 $(t_k + h, x_k + hK_3)$，得曲线 $x(t)$ 的近似斜率 K_4；过点 3 以 K_4 为斜率作直线，与直线 $t = t_{k+1}$ 相交于点 4，得第四段直线 3–4。折线(1)–1、1–2、2–3、3–4 即为四阶龙格-库塔法的解。

【例 4-2-1】 分别采用前向欧拉法、后向欧拉法、梯形预估-校正法和四阶龙格-库塔法求解初值问题：

$$\begin{cases} x'(t) = tx + t^3, & 0 \leqslant t \leqslant 2 \\ x(0) = 1 \end{cases}$$

取步长 $h = 0.2$，并将数值解与精确解进行比较。其精确解为 $x(t) = 3\mathrm{e}^{t^2/2} - t^2 - 2$。

解：

（1）前向欧拉法迭代公式为

$$x_{k+1} = x_k + h(t_k x_k + t_k^3)$$

计算结果如表 4-2-1 所示，x_k 表示前向欧拉法的数值解，$x(t_k)$ 表示精确解。

表 4-2-1　前向欧拉法数值解与精确解的对比

k	t_k	x_k	$x(t_k)$	$x(t_k) - x_k$
0	0	1	1	0
1	0.2	1	1.02060	0.02060
2	0.4	1.04160	1.08986	0.04826
3	0.6	1.13773	1.23165	0.09392
4	0.8	1.31746	1.49138	0.17392
5	1	1.63065	1.94616	0.31551
6	1.2	2.15678	2.72330	0.56652

续表

k	t_k	x_k	$x(t_k)$	$x(t_k)-x_k$
7	1.4	3.02001	4.03337	1.01336
8	1.6	4.41441	6.22992	1.81551
9	1.8	6.64622	9.91927	3.27305
10	2	10.20526	16.16717	5.96191

（2）后向欧拉法迭代公式为

$$x_{k+1}=x_k+h(t_{k+1}x_{k+1}+t_{k+1}^3)$$

即

$$x_{k+1}=\frac{x_k+ht_{k+1}^3}{1-ht_{k+1}}$$

计算结果如表 4-2-2 所示，x_k 表示后向欧拉法的数值解，$x(t_k)$ 表示精确解。

表 4-2-2　后向欧拉法数值解与精确解的对比

k	t_k	x_k	$x(t_k)$	$x(t_k)-x_k$
0	0	1	1	0
1	0.2	1.04333	1.02060	−0.02273
2	0.4	1.14797	1.08986	−0.05811
3	0.6	1.35360	1.23165	−0.12195
4	0.8	1.73333	1.49138	−0.24195
5	1	2.41666	1.94616	−0.47050
6	1.2	3.63455	2.72330	−0.91125
7	1.4	5.81021	4.03337	−1.77684
8	1.6	9.74913	6.22992	−3.51921
9	1.8	17.05552	9.91927	−7.13625
10	2	31.09253	16.16717	−14.92536

（3）梯形预估-校正法迭代公式为

$$\begin{cases}x_{k+1}^{(0)}=x_k+h(t_kx_k+t_k^3)\\ x_{k+1}=x_k+\dfrac{h}{2}(t_kx_k+t_k^3+t_{k+1}x_{k+1}^{(0)}+t_{k+1}^3)\end{cases}$$

计算结果如表 4-2-3 所示，x_k 表示梯形预估-校正法的数值解，$x(t_k)$ 表示精确解。

表 4-2-3　梯形预估-校正法数值解与精确解的对比

k	t_k	x_k	$x(t_k)$	$x(t_k)-x_k$
0	0	1	1	0
1	0.2	1.02080	1.02060	−0.00020
2	0.4	1.09095	1.08986	−0.00109
3	0.6	1.23405	1.23165	−0.00240
4	0.8	1.49492	1.49138	−0.00354

续表

k	t_k	x_k	$x(t_k)$	$x(t_k)-x_k$
5	1	1.94936	1.94616	−0.00320
6	1.2	2.72180	2.72330	0.00150
7	1.4	4.01650	4.03337	0.01687
8	1.6	6.17320	6.22992	0.05672
9	1.8	9.76792	9.91927	0.15135
10	2	15.79950	16.16717	0.36767

（4）四阶龙格-库塔法迭代公式为

$$\begin{cases} x_{k+1} = x_k + \dfrac{0.2}{6}(K_1 + 2K_2 + 2K_3 + K_4) \\ K_1 = f(t_k, x_k) = t_k x_k + t_k^3 \\ K_2 = f\left(t_k + \dfrac{h}{2}, x_k + \dfrac{h}{2}K_1\right) = \left(t_k + \dfrac{h}{2}\right)\left(x_k + \dfrac{h}{2}K_1\right) + \left(t_k + \dfrac{h}{2}\right)^3 \\ K_3 = f\left(t_k + \dfrac{h}{2}, x_k + \dfrac{h}{2}K_2\right) = \left(t_k + \dfrac{h}{2}\right)\left(x_k + \dfrac{h}{2}K_2\right) + \left(t_k + \dfrac{h}{2}\right)^3 \\ K_4 = f(t_k + h, x_k + hK_3) = (t_k + h)(x_k + hK_3) + (t_k + h)^3 \end{cases}$$

计算结果如表 4-2-4 所示，x_k 表示四阶龙格-库塔法的数值解，$x(t_k)$ 表示精确解。

表 4-2-4　龙格-库塔法数值解与精确解的对比

k	t_k	x_k	$x(t_k)$	$x(t_k)-x_k$
0	0	1	1	0
1	0.2	1.02060	1.02060	0
2	0.4	1.08986	1.08986	0
3	0.6	1.23165	1.23165	0
4	0.8	1.49138	1.49138	0
5	1	1.94615	1.94616	0.00001
6	1.2	2.72326	2.72330	0.00004
7	1.4	4.03325	4.03337	0.00012
8	1.6	6.22959	6.22992	0.00033
9	1.8	9.91838	9.91927	0.00089
10	2	16.16480	16.16717	0.00237

对于本例，前向欧拉法、后向欧拉法、梯形预估-校正法和四阶龙格-库塔法的数值解与精确解对比如图 4-2-4 所示。从图中可以直观看出，前向欧拉法和后向欧拉法误差较大，而梯形预估-校正法和四阶龙格-库塔法可以获得令人满意的效果。

【例 4-2-2】 某二阶电路的状态方程、初始条件和激励分别为

$$\begin{bmatrix} \dot{u}_C \\ \dot{i}_L \end{bmatrix} = \begin{bmatrix} -5 & -1 \\ 4 & 0 \end{bmatrix} \begin{bmatrix} u_C \\ i_L \end{bmatrix} + \begin{bmatrix} 1 \\ 0 \end{bmatrix} [I_S], \ \begin{bmatrix} u_C(0) \\ i_L(0) \end{bmatrix} = \begin{bmatrix} 0 \\ 0 \end{bmatrix}, \ [I_S] = [1A]$$

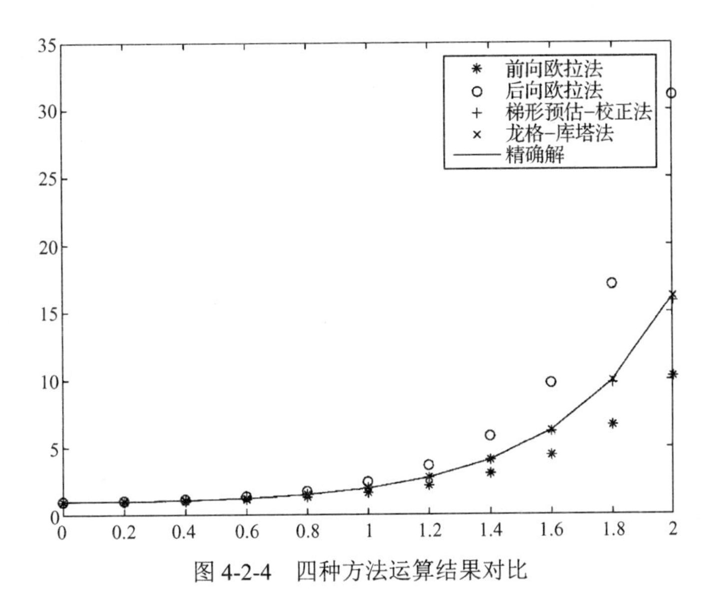

图 4-2-4　四种方法运算结果对比

请用四阶龙格-库塔法对状态方程进行第 1 步计算，并与精确解进行对比。其精确解为

$$\begin{bmatrix} u_C \\ i_L \end{bmatrix} = \begin{bmatrix} \left(\dfrac{1}{3}\mathrm{e}^{-t} - \dfrac{1}{3}\mathrm{e}^{-4t}\right)\mathrm{V} \\ \left(1 - \dfrac{4}{3}\mathrm{e}^{-t} + \dfrac{1}{3}\mathrm{e}^{-4t}\right)\mathrm{A} \end{bmatrix}$$

解： $f(t,X) = \begin{bmatrix} -5 & -1 \\ 4 & 0 \end{bmatrix}\begin{bmatrix} u_C \\ i_L \end{bmatrix} + \begin{bmatrix} 1 \\ 0 \end{bmatrix}$，分别取 $h = 1\text{s}$、$h = 0.1\text{s}$ 进行第 1 步计算，即求解 $\begin{bmatrix} u_C(t_1 = h) \\ i_L(t_1 = h) \end{bmatrix}$。

（1）取步长 $h = 1\text{s}$。

$$K_1 = f(t_0, X_0) = \begin{bmatrix} -5 & -1 \\ 4 & 0 \end{bmatrix}\begin{bmatrix} u_C(0) \\ i_L(0) \end{bmatrix} + \begin{bmatrix} 1 \\ 0 \end{bmatrix} = \begin{bmatrix} 1 \\ 0 \end{bmatrix}$$

$$K_2 = f\left(t_0 + \frac{h}{2}, X_0 + \frac{h}{2}K_1\right) = \begin{bmatrix} -5 & -1 \\ 4 & 0 \end{bmatrix}\left(\begin{bmatrix} u_C(0) \\ i_L(0) \end{bmatrix} + \frac{1}{2}\begin{bmatrix} 1 \\ 0 \end{bmatrix}\right) + \begin{bmatrix} 1 \\ 0 \end{bmatrix} = \begin{bmatrix} -1.5 \\ 2 \end{bmatrix}$$

$$K_3 = f\left(t_0 + \frac{h}{2}, X_0 + \frac{h}{2}K_2\right) = \begin{bmatrix} -5 & -1 \\ 4 & 0 \end{bmatrix}\left(\begin{bmatrix} u_C(0) \\ i_L(0) \end{bmatrix} + \frac{1}{2}\begin{bmatrix} -1.5 \\ 2 \end{bmatrix}\right) + \begin{bmatrix} 1 \\ 0 \end{bmatrix} = \begin{bmatrix} 3.75 \\ -3 \end{bmatrix}$$

$$K_4 = f(t_0 + h, X_0 + hK_3) = \begin{bmatrix} -5 & -1 \\ 4 & 0 \end{bmatrix}\left(\begin{bmatrix} u_C(0) \\ i_L(0) \end{bmatrix} + \begin{bmatrix} 3.75 \\ -3 \end{bmatrix}\right) + \begin{bmatrix} 1 \\ 0 \end{bmatrix} = \begin{bmatrix} -14.75 \\ 15 \end{bmatrix}$$

$$\begin{bmatrix} u_C(t_1 = 1) \\ i_L(t_1 = 1) \end{bmatrix} = \begin{bmatrix} u_C(0) \\ i_L(0) \end{bmatrix} + \frac{h}{6}(K_1 + 2K_2 + 2K_3 + K_4)$$

$$= \begin{bmatrix} 0 \\ 0 \end{bmatrix} + \frac{1}{6}\left(\begin{bmatrix} 1 \\ 0 \end{bmatrix} + 2\begin{bmatrix} -1.5 \\ 2 \end{bmatrix} + 2\begin{bmatrix} 3.75 \\ -3 \end{bmatrix} + \begin{bmatrix} -14.75 \\ 15 \end{bmatrix}\right) = \begin{bmatrix} -1.54167 \\ 2.16667 \end{bmatrix}$$

精确值为

$$\begin{bmatrix} u_C(t_1 = 1) \\ i_L(t_1 = 1) \end{bmatrix} = \begin{bmatrix} \dfrac{1}{3}\mathrm{e}^{-t} - \dfrac{1}{3}\mathrm{e}^{-4t} \\ 1 - \dfrac{4}{3}\mathrm{e}^{-t} + \dfrac{1}{3}\mathrm{e}^{-4t} \end{bmatrix}_{t=1} = \begin{bmatrix} \dfrac{1}{3}\mathrm{e}^{-1} - \dfrac{1}{3}\mathrm{e}^{-4} \\ 1 - \dfrac{4}{3}\mathrm{e}^{-1} + \dfrac{1}{3}\mathrm{e}^{-4} \end{bmatrix} = \begin{bmatrix} 0.11652 \\ 0.51560 \end{bmatrix}$$

（2）取步长 $h=0.1\text{s}$。

$$K_1=f(t_0,X_0)=\begin{bmatrix}-5 & -1\\ 4 & 0\end{bmatrix}\begin{bmatrix}u_C(0)\\ i_L(0)\end{bmatrix}+\begin{bmatrix}1\\ 0\end{bmatrix}=\begin{bmatrix}1\\ 0\end{bmatrix}$$

$$K_2=f\left(t_0+\frac{h}{2},X_0+\frac{h}{2}K_1\right)=\begin{bmatrix}-5 & -1\\ 4 & 0\end{bmatrix}\left(\begin{bmatrix}u_C(0)\\ i_L(0)\end{bmatrix}+\frac{0.1}{2}\begin{bmatrix}1\\ 0\end{bmatrix}\right)+\begin{bmatrix}1\\ 0\end{bmatrix}=\begin{bmatrix}0.75\\ 0.2\end{bmatrix}$$

$$K_3=f\left(t_0+\frac{h}{2},X_0+\frac{h}{2}K_2\right)=\begin{bmatrix}-5 & -1\\ 4 & 0\end{bmatrix}\left(\begin{bmatrix}u_C(0)\\ i_L(0)\end{bmatrix}+\frac{0.1}{2}\begin{bmatrix}0.75\\ 0.2\end{bmatrix}\right)+\begin{bmatrix}1\\ 0\end{bmatrix}=\begin{bmatrix}0.8025\\ 0.15\end{bmatrix}$$

$$K_4=f(t_0+h,X_0+hK_3)=\begin{bmatrix}-5 & -1\\ 4 & 0\end{bmatrix}\left(\begin{bmatrix}u_C(0)\\ i_L(0)\end{bmatrix}+0.1\begin{bmatrix}0.8025\\ 0.15\end{bmatrix}\right)+\begin{bmatrix}1\\ 0\end{bmatrix}=\begin{bmatrix}0.58375\\ 0.321\end{bmatrix}$$

$$\begin{bmatrix}u_C(t_1=0.1)\\ i_L(t_1=0.1)\end{bmatrix}=\begin{bmatrix}u_C(0)\\ i_L(0)\end{bmatrix}+\frac{h}{6}(K_1+2K_2+2K_3+K_4)$$

$$=\begin{bmatrix}0\\ 0\end{bmatrix}+\frac{0.1}{6}\left(\begin{bmatrix}1\\ 0\end{bmatrix}+2\begin{bmatrix}0.75\\ 0.2\end{bmatrix}+2\begin{bmatrix}0.8025\\ 0.15\end{bmatrix}+\begin{bmatrix}0.58375\\ 0.321\end{bmatrix}\right)=\begin{bmatrix}0.07815\\ 0.01702\end{bmatrix}$$

精确值为

$$\begin{bmatrix}u_C(t_1=0.1)\\ i_L(t_1=0.1)\end{bmatrix}=\begin{bmatrix}\frac{1}{3}\mathrm{e}^{-t}-\frac{1}{3}\mathrm{e}^{-4t}\\ 1-\frac{4}{3}\mathrm{e}^{-t}+\frac{1}{3}\mathrm{e}^{-4t}\end{bmatrix}_{t=0.1}=\begin{bmatrix}\frac{1}{3}\mathrm{e}^{-0.1}-\frac{1}{3}\mathrm{e}^{-0.4}\\ 1-\frac{4}{3}\mathrm{e}^{-0.1}+\frac{1}{3}\mathrm{e}^{-0.4}\end{bmatrix}=\begin{bmatrix}0.07817\\ 0.01699\end{bmatrix}$$

取两种不同步长得到的第 1 步计算结果与精确值之间的对比表明，步长越小，计算结果精度越高，步长 $h=1\text{s}$ 过大，而 $h=0.1\text{s}$ 比较合适。

4.2.3 MATLAB 求解常微分方程

在 MATLAB 中，可以用 dsolve 函数和 ode 系列函数求解常微分方程。

1. dsolve 函数

dsolve 函数用于求解线性常系数微分方程的解析解。其调用格式如下：

```
y = dsolve(f1, f2, ..., fn)或 y = dsolve(f1, f2, ..., fn, 'x')
```

其中，fi 用于描述微分方程和初始条件或边界条件。

用 dsolve 函数求解例 4-2-1 的代码如下：

```
x = dsolve('Dx=t*x+t*t*t', 'x(0)=1', 't')
x =
    3*exp(t^2/2) - t^2 - 2
```

2. ode 系列函数

ode 系列函数用于求解常微分方程（组）的数值解，包含 ode45、ode23、ode113、ode15s、ode15i、ode23s、ode23t 和 ode23tb 等函数，其中函数 ode23 采用二阶及三阶龙格-库塔法求解，函数 ode45 则采用四阶及五阶龙格-库塔法求解。

除 ode15i 以外的所有 ode 系列函数的调用格式如下：

```
[t, y] = solver(odefun, tspan, y0)
[t, y] = solver(odefun, tspan, y0, options)
[t, y, te, ye, ie] = solver(odefun, tspan, y0, options)
```

在区间 tspan = [t0, tf]上，从 t_0 到 t_f，用初始条件 y_0 求解显式微分方程 $y' = f(t,y)$。odefun 为定义微分方程（组）的函数。options 为求解过程控制参数，由 odeset 函数定义。

用 ode45 求解例 4-2-1 微分方程的 MATLAB 代码如下：

```
function y = ode_4_2_1(t, x)
y = t * x + t^3
[t,y] = ode45('ode_4_2_1', [0 2], [1])
```

习　题

4-1　分别用高斯消去法、列主元消去法和 MATLAB 求解下面的线性方程组。

$$\begin{cases} x_1 + x_2 + x_3 + x_4 = 5 \\ x_1 + 2x_2 - x_3 + 4x_4 = -2 \\ 2x_1 - 3x_2 - x_3 - 5x_4 = -2 \\ 3x_1 + x_2 + 2x_3 + 11x_4 = 0 \end{cases}$$

4-2　用约当消去法求 $\boldsymbol{A}$ 的逆矩阵，并用 MATLAB 求解。

$$\boldsymbol{A} = \begin{bmatrix} 3 & -2 & 0 & -1 \\ 0 & 2 & 2 & 1 \\ 1 & -2 & -3 & -2 \\ 0 & 1 & 2 & 1 \end{bmatrix}$$

4-3　用 LU 分解法求解下面的线性方程组，并用 MATLAB 求解。

$$\begin{bmatrix} 1 & 0 & 2 & 0 \\ 0 & 1 & 0 & 1 \\ 1 & 2 & 4 & 3 \\ 0 & 1 & 0 & 3 \end{bmatrix} \begin{bmatrix} x_1 \\ x_2 \\ x_3 \\ x_4 \end{bmatrix} = \begin{bmatrix} 5 \\ 3 \\ 17 \\ 7 \end{bmatrix}$$

4-4　分别用雅可比迭代法、高斯-赛德尔迭代法和 MATLAB 求下列方程组的解，要求当 $\| x^{(k+1)} - x^{(k)} \|_\infty < 10^{-4}$ 时迭代终止。

$$\begin{cases} 5x_1 + 2x_2 + x_3 = -12 \\ -x_1 + 4x_2 + 2x_3 = 20 \\ 2x_1 - 3x_2 + 10x_3 = 3 \end{cases}$$

4-5　采用前向欧拉法、后向欧拉法和梯形预估-校正法分别计算以下初值问题，设步长取 0.1，并用 MATLAB 求解。

$$\begin{cases} x'(t) = \dfrac{2}{t}x + t^2\mathrm{e}^t, \quad 1 \leqslant t \leqslant 2 \\ x(1) = 0 \end{cases}$$

4-6　采用四阶龙格-库塔法求解以下常微分方程，取步长 $h = 0.1$，并将数值解与精确解比较。此问题的精确解为 $x(t) = -\mathrm{e}^{-t} + t^2 - t + 1$。

$$\begin{cases} x'(t) = t^2 + t - x, \quad 0 \leqslant t \leqslant 1 \\ x(0) = 0 \end{cases}$$

4-7　某电路的状态方程、初始条件和激励分别为

$$\begin{bmatrix} \dot{u}_C \\ \dot{i}_L \end{bmatrix} = \begin{bmatrix} -0.5 & 1 \\ -0.5 & -2 \end{bmatrix} \begin{bmatrix} u_C \\ i_L \end{bmatrix} + \begin{bmatrix} 0 \\ 0.5 \end{bmatrix} [u_S], \quad \begin{bmatrix} u_C(0) \\ i_L(0) \end{bmatrix} = \begin{bmatrix} 0 \\ 0 \end{bmatrix}, \quad [u_S] = [2]$$

用四阶龙格-库塔法对状态方程进行第 1 步计算，并与精确解进行对比。其精确解为

$$\begin{bmatrix} u_C \\ i_L \end{bmatrix} = \begin{bmatrix} \left(\dfrac{2}{3} - 2e^{-t} + \dfrac{4}{3}e^{-1.5t}\right) \\ \left(\dfrac{1}{3} + e^{-t} - \dfrac{4}{3}e^{-1.5t}\right) \end{bmatrix}$$

第5章　电路计算机辅助分析实例

前面有关章节介绍了电路计算机辅助分析的图论理论基础、电路方程的构建方法以及数值求解方法等内容。根据图论理论，先将电路拓扑结构和参数变成矩阵形式，再利用结点分析法将电路的电压、电流关系写成矩阵形式，最后通过矩阵的数值运算方法求解方程。本章具体介绍直流电阻电路的结点电压法分析实例及动态电路的瞬态分析实例，利用编制的以人机界面为基本单元的模块化计算机辅助分析系统进行实例计算，将不同的电路组合类型设计成不同的界面形式，其中数据以弹出式菜单的方式输入，包括电路规模输入（结点数、支路数等）、拓扑结构输入（支路起始结点等）、元件数值输入等。

5.1　直流电阻电路分析实例

在具体的辅助分析程序中，要用到电路的基本信息，包括拓扑结构和元件参数两部分，其中拓扑结构体现在支路与结点的连接关系上，元件参数体现在电路电压和电流关系的方程中，本节介绍直流电阻电路结点电压法的两种程序实现方法：拓扑法和直接法。

5.1.1　基于拓扑法的结点电压分析实例

根据第2章的内容，不难得出直流电阻电路矩阵形式的结点电压方程为

$$\boldsymbol{AYA}^{\mathrm{T}}\boldsymbol{U}_{\mathrm{n}}=\boldsymbol{AI}_{\mathrm{S}}-\boldsymbol{AYU}_{\mathrm{S}}\quad \text{或}\quad \boldsymbol{Y}_{\mathrm{n}}\boldsymbol{U}_{\mathrm{n}}=\boldsymbol{J}_{\mathrm{n}} \tag{5-1-1}$$

其中，结点导纳矩阵$\boldsymbol{Y}_{\mathrm{n}}=\boldsymbol{AYA}^{\mathrm{T}}$，在直流电路中，导纳矩阵实际上是电导矩阵。注入结点的电流源列向量$\boldsymbol{J}_{\mathrm{n}}=\boldsymbol{AI}_{\mathrm{S}}-\boldsymbol{AYU}_{\mathrm{S}}$。

支路电压与结点电压的关系以及支路方程的矩阵形式表示为

$$\boldsymbol{U}=\boldsymbol{A}^{\mathrm{T}}\boldsymbol{U}_{\mathrm{n}} \tag{5-1-2}$$

$$\boldsymbol{I}=\boldsymbol{YU}+\boldsymbol{YU}_{\mathrm{S}}-\boldsymbol{I}_{\mathrm{S}}=\boldsymbol{Y}(\boldsymbol{U}+\boldsymbol{U}_{\mathrm{S}})-\boldsymbol{I}_{\mathrm{S}} \tag{5-1-3}$$

电路拓扑法的计算机辅助分析程序是严格按照电路的拓扑进行矩阵运算的，即按已知电路的拓扑结构和元件数值，自动建立结点电压方程，并解出结点电压及各元件的电压、电流和功率。具体电路按照是否含有受控源分为两类：一类是不含受控源的电路，另一类是含有受控源的电路，下面分别介绍。

1．仅含独立源和电阻的电路分析

整个程序包括四个部分：输入并处理拓扑结构和元件参数数据；自行建立结点电压方程组；利用合适的数值方法求解结点电压方程组；计算各支路、各元件的电压、电流和功率。

下面具体讨论各部分内容。

（1）数据的输入和处理。

① 准备工作。

首先对给定电路的各支路进行编号，并设定参考方向；对网络[①]的所有结点自零（作为参考结

① 指电路网络，本章简称为网络或电路。

点）起依次编号。

② 输入数据。

数据分电路规模数据和电路拓扑结构数据两组输入。

电路规模数据包括支路数 M、独立结点数 N; 电路拓扑结构数据以每条支路 I 的起始结点 J_1 和终止结点 K_1 来表示，对每条支路都要输入上述两个数据。

③ 支路参数数据。

具体包括支路号、电阻值 R（单位：Ω）、独立电压源 E_S 的电压值（单位：V）、独立电流源 I_S 的电流值（单位：A），注意应按典型支路划分具体电路的支路。

上述数据分两组输入：一组是电路规模数据，直接在界面上输入一次，输入完毕后单击界面上的“确定”按钮，若需要修改，则将需修改的部分重新输入一遍再单击“确定”按钮即可；另一组是电路的拓扑结构和支路参数，在界面上分别对每一支路按照支路序列号、所在支路的起始结点、终止结点、电阻值、电压源电压值和电流源电流值的顺序依次输入，输入完毕后单击界面上的“确定”按钮，若需要修改某参数，则单击“修改”按钮后，根据提示，输入需要修改的支路号并单击“确定”按钮后，界面将显示有关该支路的所有参数，修改后再单击“确定”按钮即可。

电路的拓扑结构和支路参数输入计算机后存入不同的数据区，为此在程序内核中设立了二维数组：

$\boldsymbol{B}(I,2)$ 数组，存放 I 支路的起始结点号；

$\boldsymbol{B}(I,3)$ 数组，存放 I 支路的终止结点号；

$\boldsymbol{B}(I,4)$ 数组，存放 I 支路的电阻值；

$\boldsymbol{B}(I,5)$ 数组，存放 I 支路的独立电压源电压值，其值的正负与第 2 章图 2-6-2 所示的典型支路对照而定；

$\boldsymbol{B}(I,6)$ 数组，存放 I 支路的独立电流源电流值，其值的正负与第 2 章图 2-6-3 所示的典型支路对照而定。

（2）建立结点电压方程。

① 形成关联矩阵 $\boldsymbol{A}$ 和支路导纳矩阵 $\boldsymbol{Y}$。

要建立结点电压方程，首先要形成关联矩阵 $\boldsymbol{A}$ 和支路导纳矩阵 $\boldsymbol{Y}$。计算机中建立 $\boldsymbol{A}$ 是按列的顺序进行的，即按网络的支路顺序进行。首先要把参考结点命名为“0”号结点，且定义 $\boldsymbol{A}$ 中的元素为

$a_{ij}=+1$，j 支路关联的 i 结点为起始结点，方向离开 i，且结点号 $\neq 0$；

$a_{ij}=-1$，j 支路关联的 i 结点为终止结点，方向指向 i，且结点号 $\neq 0$；

$a_{ij}=0$，j 支路与 i 结点不关联或关联的结点号 $=0$。

在不含受控源的情况下，支路导纳矩阵 $\boldsymbol{Y}$ 为对角阵，其对角线上的元素 Y_{ii} 为支路 i 的电导，其值为 $1/R_i$。

程序中设立了 $\boldsymbol{A}$ 和 $\boldsymbol{Y}$ 两个二维数组。由于这些数组中的元素有相当部分为零，所以这两个数组的形成方法是先对数组中所有元素清零，然后逐个对非零元素赋值。

形成数组 $\boldsymbol{A}$ 和 $\boldsymbol{Y}$ 的程序段：

```
For i = 1 to n
      For j = 1 to m
         a(i, j) = 0                                    %对 A 初始化
       Next j
```

```
  Next i
For i = 1 to m
   For j = 1 to m
     y(i, j) = 0                                  %对 Y 初始化
   Next j
Next i
For i = 1 to m
    j1 = b(i, 2)
    k1 = b(i, 3)
  If j1 <> 0 Then
     a(j1, i) = 1
  End If
  If k1 <> 0 Then
      a(k1, i) = -1
  End If
    y(i, i) = 1 / b(i, 4)                         %求支路导纳矩阵
Next i
```

② 计算结点导纳矩阵$\boldsymbol{Y}_\mathrm{n}$。

将结点导纳矩阵置于一个二维数组$\boldsymbol{Y}(N,N)$中，由于$\boldsymbol{Y}_\mathrm{n} = \boldsymbol{AYA}^\mathrm{T}$，所以形成$\boldsymbol{Y}_\mathrm{n}$要进行两次矩阵乘法。先计算$\boldsymbol{AY}$，再将结果乘以$\boldsymbol{A}^\mathrm{T}$，程序段为:

```
For i = 1 to n
    For j = 1 to n
      yn(i, j) = 0                                %对 Yn 初始化
     Next j
 Next i
 For i = 1 to n
    For j = 1 to m
     t(j, i) = a(i, j)                            %形成 A^T
    Next j
 Next i
For i = 1 to n
  For k = 1 to m
     d(i, k) = 0
    For j = 1 To m
       d(i, k) = d(i, k) + a(i, j) * y(j, k)      %求 AY
    Next j
   Next k
 Next i
 For i = 1 to n
    For k = 1 to n
       For j = 1 to m
         yn(i, k) = yn(i, k) + d(i, j) * t(j, k)  %求 Yn = AYA^T
       Next j
    Next k
  Next i
```

③ 计算注入结点的电流源列向量$\boldsymbol{J}_{\mathrm{n}}$。

设立一个一维数组$\boldsymbol{L}(N)$，存放结点电流源电流值。由于$\boldsymbol{J}_{\mathrm{n}}=\boldsymbol{A}(\boldsymbol{I}_{\mathrm{S}}-\boldsymbol{YU}_{\mathrm{S}})$，所以先计算$(\boldsymbol{I}_{\mathrm{S}}-\boldsymbol{YU}_{\mathrm{S}})$，结果存放于$\boldsymbol{S}(N)$中，然后再计算$\boldsymbol{AS}$，结果存放于数组$\boldsymbol{L}(N)$中，程序段为：

```
For i = 1 to m
  v1 = 0
    For j = 1 to m
      v1 = v1-y(i, j) * b(j, 5)                    %求(IS-YUS)
    Next j
  v1 = v1 + b(i, 6)
  s(i) = v1
Next i
For i = 1 to n
  l(i) = 0
   For j = 1 to m
     l(i) = l(i) + a(i, j) * s(j)                  %求 Jn = A(IS-YUS)
     t(j, i) = a(i, j)
   Next j
 Next i
```

（3）解结点电压方程组。

采用列主元高斯消去法解出结点电压，存入数组$\boldsymbol{L}(N)$中，程序内核中的程序段为：

```
For k = 1 to n
     c = 0
       For i = k to n
          If Abs(y(i, k)) > Abs(c) Then
              c = y(i, k)
              io = i
           End If
       Next i
          If Abs(c) <= 0.000000008 Then
              Print "fall!fall!"
          End If
          If io <> k Then
              For j = k to n
                 tt = y(k, j)
                 y(k, j) = y(io, j)
                 y(io, j) = tt
              Next j
            tt = l(k)
            l(k) = l(io)
            l(io) = tt
          End If
            c = 1 / c
           For j = k + 1 to n
              y(k, j) = y(k, j) * c
```

```
            For i = k + 1 to n
              y(i, j) = y(i, j) -y(i, k) * y(k, j)
            Next i
          Next j
          l(k) = l(k) * c
          For i = k + 1 to n
            l(i) = l(i) - l(k) * y(i, k)
          Next i
    Next k
      For i = n to 1 step -1
        For j = i + 1 to n
          l(i) = l(i) -y(i, j) * l(j)
        Next j
      Next i
```

（4）数据输入完毕后，单击“计算”按钮，即可计算各支路的电压、电流和功率及各结点的电压。

支路电压（BV，Branch Voltage）、电流（BI，Branch Current Intensity）和功率（BP，Branch Power）的计算公式为

$$\boldsymbol{U}=\boldsymbol{A}^{\mathrm{T}}\boldsymbol{U}_{\mathrm{n}} \quad \text{（存放于 BV 中）}$$

$$\boldsymbol{I}=\boldsymbol{Y}(\boldsymbol{U}+\boldsymbol{U}_{\mathrm{S}})-\boldsymbol{I}_{\mathrm{S}} \quad \text{（存放于 BI 中）}$$

$$\boldsymbol{P}=\boldsymbol{U}\boldsymbol{I} \quad \text{（存放于 BP 中）}$$

元件电压（EV，Element Voltage）、电流（EI，Element Current Intensity）和功率（EP，Element Power）的计算公式为

$$\boldsymbol{U}_{\mathrm{e}}=\boldsymbol{U}+\boldsymbol{U}_{\mathrm{S}} \quad \text{（存放于 EV 中）}$$

$$\boldsymbol{I}_{\mathrm{e}}=\boldsymbol{Y}_{\mathrm{e}}\boldsymbol{U}_{\mathrm{e}} \quad \text{（存放于 EI 中）}$$

$$\boldsymbol{P}_{\mathrm{e}}=\boldsymbol{U}_{\mathrm{e}}\boldsymbol{I}_{\mathrm{e}} \quad \text{（存放于 EP 中）}$$

（5）输出结果。

单击“显示”按钮，出现一个菜单，再选择相应项即可显示各支路的电压、电流和功率或者各结点电压值（NV，Node Voltage）。

拓扑法（不含受控源）程序框图如图 5-1-1 所示。

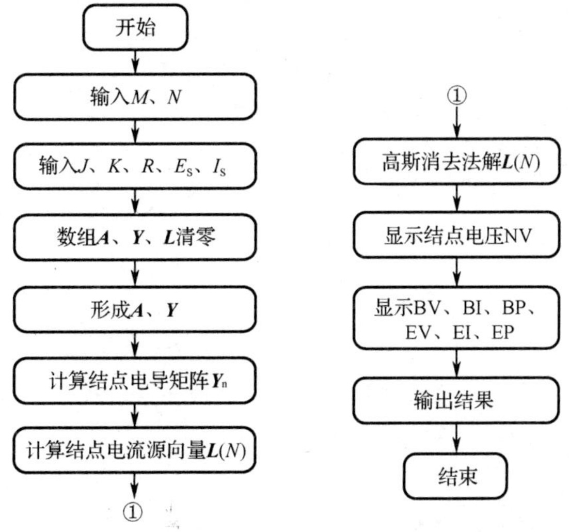

图 5-1-1　拓扑法（不含受控源）程序框图

编制的电路计算机辅助分析系统如图 5-1-2 所示[①]，包括线性直流电阻电路分析、线性正弦交流电路稳态分析、线性电路的瞬态分析、状态空间分析以及非线性电阻电路分析等内容。

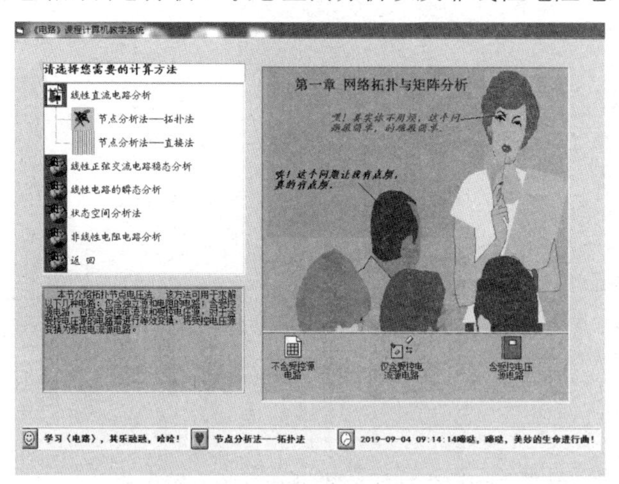

图 5-1-2　电路计算机辅助分析系统

按照菜单式管理，界面使用 VB 的 treeview 控件和 listview 控件实现具有树形分布的网状结构翻页关系，具有知识内容的可延续性。使用者可根据对所学内容的掌握程度和兴趣自由选取学习顺序。

该辅助分析系统采用以解决问题为主导的多位一体的方式。每一方法中以不同的电路组合类型（如只含独立源、含受控源、受控电流源、互感等）为不同的界面形式。在同一界面中，对该方法的基本内容、解题思想、解题方法、具体实施步骤及常见问题进行了详细讲解，可以随时对数据进行输入、修改、计算，数据以 VB 数据库的方式存储起来，每一元件的计算结果可根据个人选择显示出来。力求每一界面讲述一种方法，使界面具有知识的相对独立性，每一界面分成若干功能模块。使用者只需对每一方法的文字叙述部分阅读完毕，即可对该方法的基本思想和解题步骤有比较清晰的认识，然后将所解电路的拓扑关系及元件数值等数据按照界面形式和菜单要求输入后即可进行计算，并将计算结果显示出来。

菜单采用弹出式，并且与各种命令按钮结合使用，譬如按一下输入数据按钮，立即弹出一个菜单，菜单上有不同的选项，包括网络规模输入（结点数、支路数等）、网络拓扑结构输入（支路起始结点等）、网络元件数值输入等，不同的输入选项，有不同的输入框架相对应。

【例 5-1-1】 计算图 5-1-3 所示电路的结点电压，支路的电压、电流、功率。

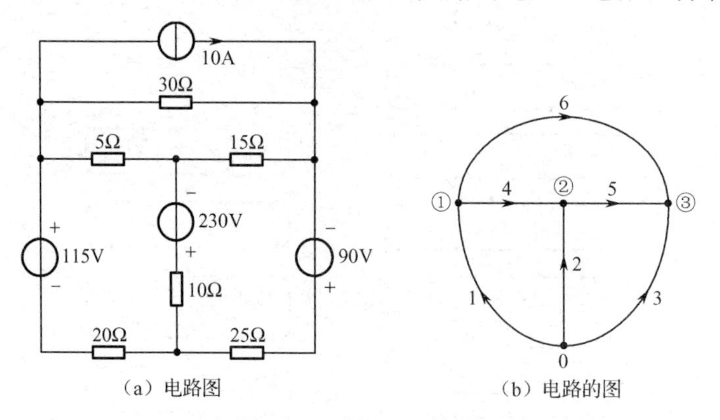

图 5-1-3　例 5-1-1 的图

① 计算机辅助分析系统中用“节点”二字，本书正文统一采用“结点”。

解:结合图 5-1-3 的电路,经过分析不难得出电路的规模数据和电路的拓扑结构数据如表 5-1-1 所示。

表 5-1-1(a)　电路规模数据

电路支路数	电路结点数
6	3

表 5-11(b)　电路拓扑结构数据

支路序列号	起始结点	终止结点	支路电阻	支路电压源	支路电流源
1	0	1	20	115	0
2	0	2	10	-230	0
3	0	3	25	-90	0
4	1	2	5	0	0
5	2	3	15	0	0
6	1	3	30	0	-10

单击如图 5-1-2 所示计算机辅助系统中线性直流电路分析菜单下的"拓扑法"按钮，可得结点拓扑法的电路参数输入界面，如图 5-1-4 所示，单击"输入"按钮将表 5-1-1（a)、(b）内容依次输入后单击"确定"按钮，如有输入错误可单击"修改"按钮重新输入即可，如图 5-1-4 所示。

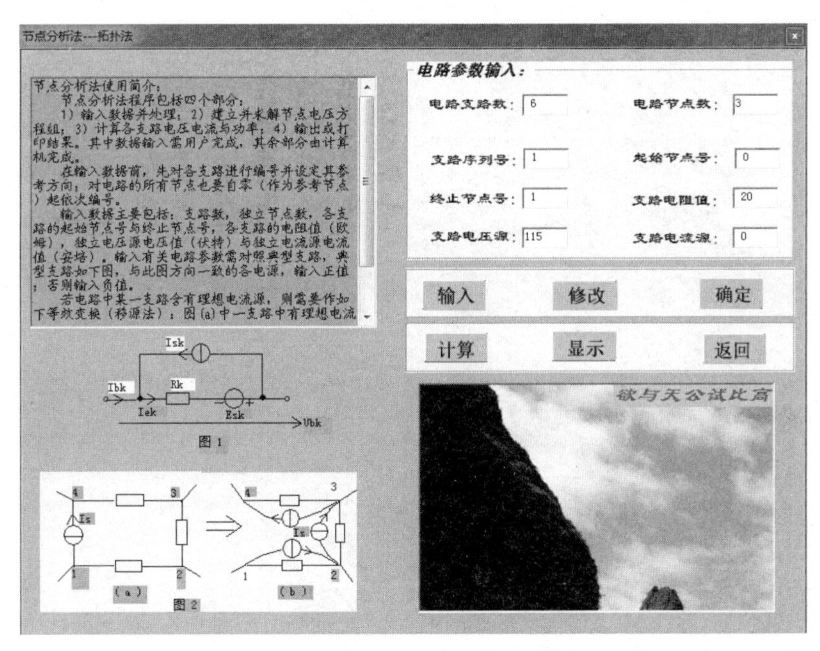

图 5-1-4[①]　结点拓扑法

将所有参数输入完毕后，单击"计算"按钮，对电路进行计算，然后单击"显示"按钮即可依次显示各结点电压值（见图 5-1-5）和各支路电压、电流及功率值（见图 5-1-6）。

① 为维持软件原始的显示状态，本章软件截图中各符号的大小写、正斜体、上下标等与出版规范会有出入。

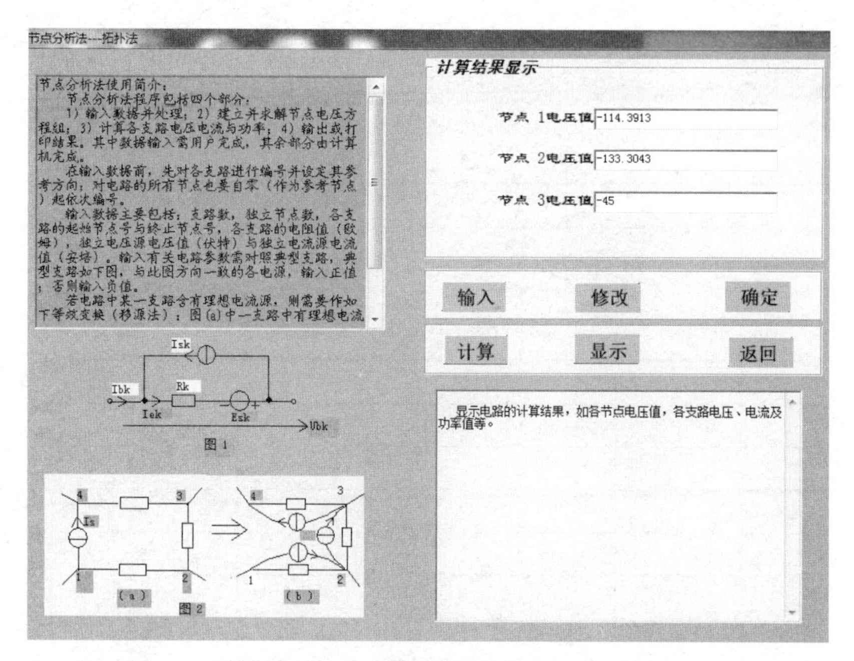

图 5-1-5　各结点电压值

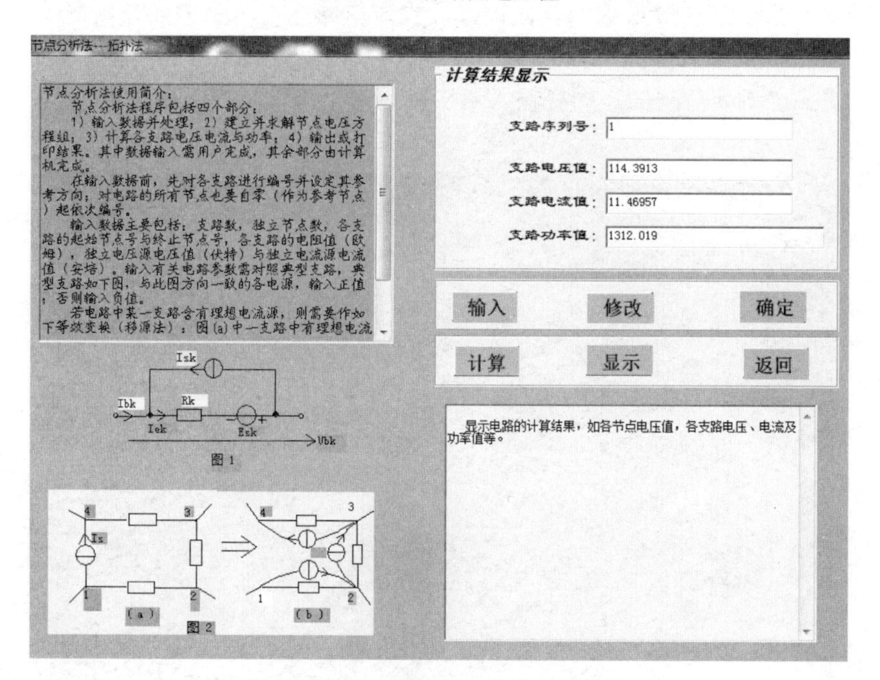

图 5-1-6　各支路电压、电流及功率值

汇总运行结果如表 5-1-2 所示。

表 5-1-2(a)　结点电压（V）

结点 1	−114.3913
结点 2	−133.3043
结点 3	−45

表 5-1-2(b)　支路电压、电流及功率

支路序号	支路电压（V）	支路电流（A）	支路功率（W）
1	114.3913	11.46957	1312.019
2	133.3043	−9.669566	−1288.995
3	45	−1.8	−81
4	18.91303	3.782607	71.54057
5	−88.30434	−5.886956	519.8438
6	−69.39131	7.686956	−533.408

2. 含受控源直流电路的分析

（1）含受控源电路的典型支路。

含受控源电路的典型支路如图 5-1-7 所示，这是在仅含电阻和独立源电路的典型支路基础上，增加了U_{dk}（受控电压源）和I_{dk}（受控电流源）两个受控源。各量的参考方向如图 5-1-7 所示。

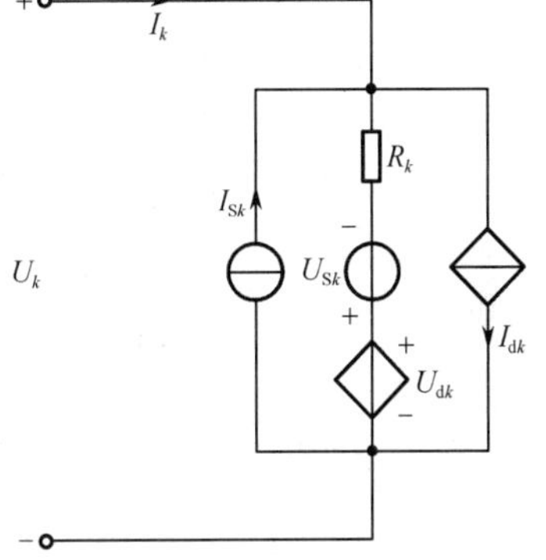

图 5-1-7　典型支路

受控源分为受控电流源和受控电压源两类，其中受控电流源对支路导纳矩阵的影响关系在 2.6.3 节中已有分析。而将受控电压源等效为受控电流源的处理方法见 2.6.4 节。

（2）含受控源电路的分析程序。

该程序是在不含受控源电路程序的基础上增加了处理受控源的部分而形成的。数据的输入方法如下：

① 首先单击“输入”按钮，菜单中出现两个选项：支路参数输入和受控源参数输入。

选择前者输入支路的基本参数：网络的支路数，独立结点数，支路序列号，支路的起始、终止结点号，电阻值，独立电压源值，独立电流源值。

选择后者输入受控源个数，受控源支路号，控制支路号，受控源参数等。

② 各个受控源的受控支路号、控制支路号和受控源参数（g_m或β）输入之后，存储在一个二维数组$\boldsymbol{C}(B_1,3)$中，其中：

$\boldsymbol{C}(I,1)$——受控支路号；

$\boldsymbol{C}(I,2)$——控制支路号；

$\boldsymbol{C}(I,3)$——受控源参数。

为了区分受控源的类型，用控制支路号的正、负来标记。当控制支路号为正时，表示 VCCS；当控制支路号为负时，表示 CCCS；这一点在数据输入时一定要注意。

③ 考虑受控源对导纳矩阵$\boldsymbol{Y}$影响的程序段如下：

```
If b1 <> 0 Then
 For i = 1 to b1
     j = c(i, 1)
     k = c(i, 2)
     v1 = c(i, 3)
   If k > 0 Then
     yb(j, k) = yb(j, k) + v1
   Else
```

```
        k = -k
        v1 = v1 * yb(k, k)
        yb(j, k) = yb(j, k) + v1
      End If
    Next i
  End If
```

④ 用全主元高斯消去法解结点电压方程。

⑤ 计算各支路、各元件的电压、电流和功率

计算方法同前，只是要注意导纳矩阵在含受控源情况下为非对角阵。

⑥ 输出计算结果。

【例 5-1-2】 计算图 5-1-8 所示电路的结点电压和支路的电压、电流、功率之值。电路中有两个电流控制电流源 $I_{d1}=0.5I_3$ 和 $I_{d3}=2I_5$，两个电压控制电流源 $I_{d2}=-0.2U$ 、 $I_{d4}=0.3U_5$。

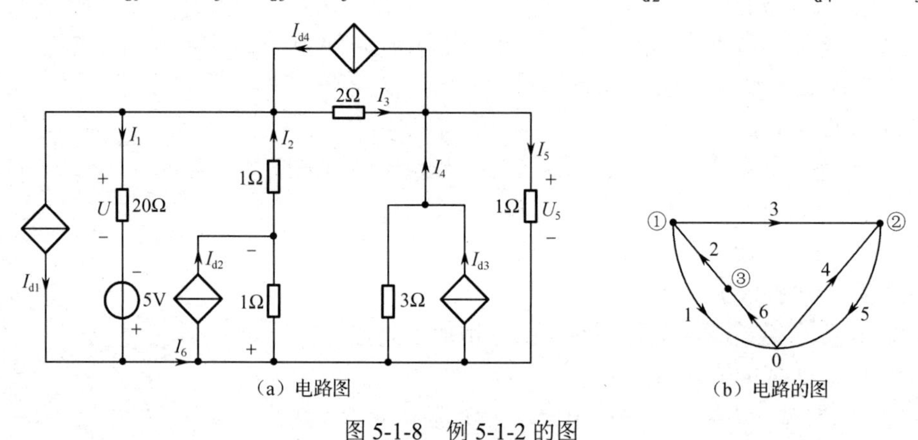

（a）电路图　　（b）电路的图

图 5-1-8　例 5-1-2 的图

解：电路的规模数据和电路的拓扑结构基本数据及受控源数据如表 5-1-3 所示。

表 5-1-3(a)　电路规模数据

电路支路数	电路结点数
6	3

表 5-1-3(b)　电路拓扑结构数据

支路序列号	起始结点	终止结点	支路电阻	支路电压源	支路电流源
1	1	0	20	5	0
2	3	1	1	0	0
3	1	2	2	0	0
4	0	2	3	0	0
5	2	0	1	0	0
6	0	3	1	0	0

表 5-1-3(c)　受控源个数

受控源个数
4

表 5-1-3（d） 受控源参数

次　　序	受控源支路号	控制支路号	受控源参数
1	1	−3	0.5
2	6	1	−0.2
3	4	−5	2
4	3	5	0.3

单击图 5-1-2 中“仅含受控电流源”按钮，依次输入电路规模参数、基本拓扑参数及受控源参数，分别如图 5-1-9 所示。

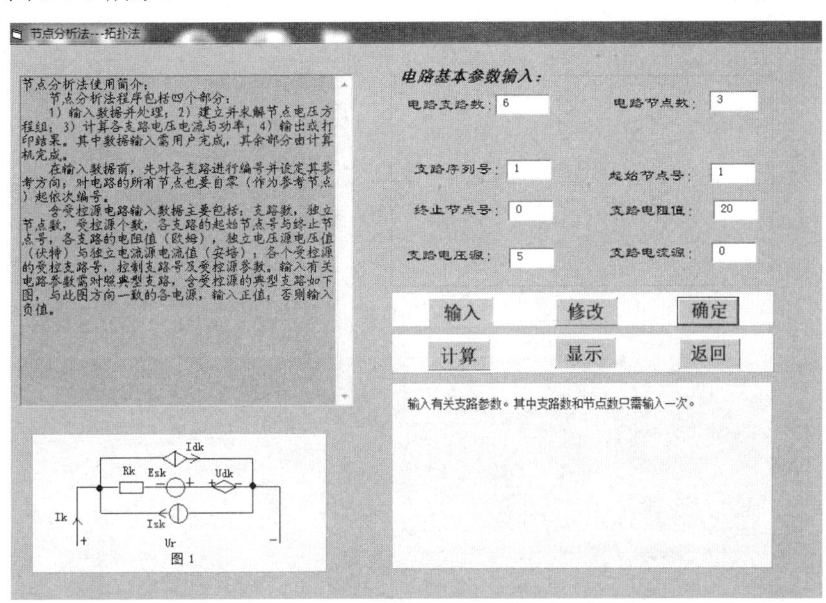

（a）基本拓扑参数

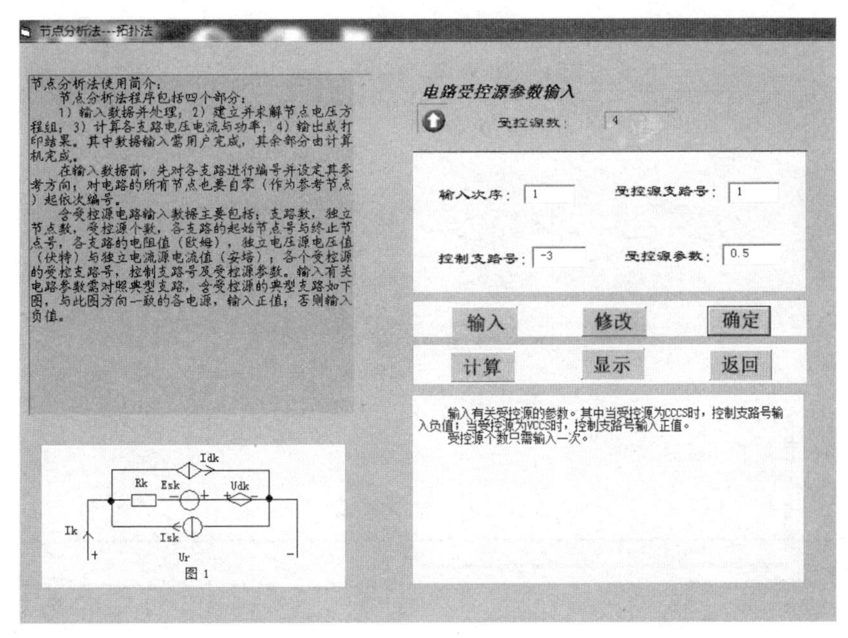

（b）受控源参数

图 5-1-9 电路参数输入

计算完毕后再单击“显示”按钮，依次显示结点电压值和支路电压、电流和功率值，如图 5-1-10 所示。

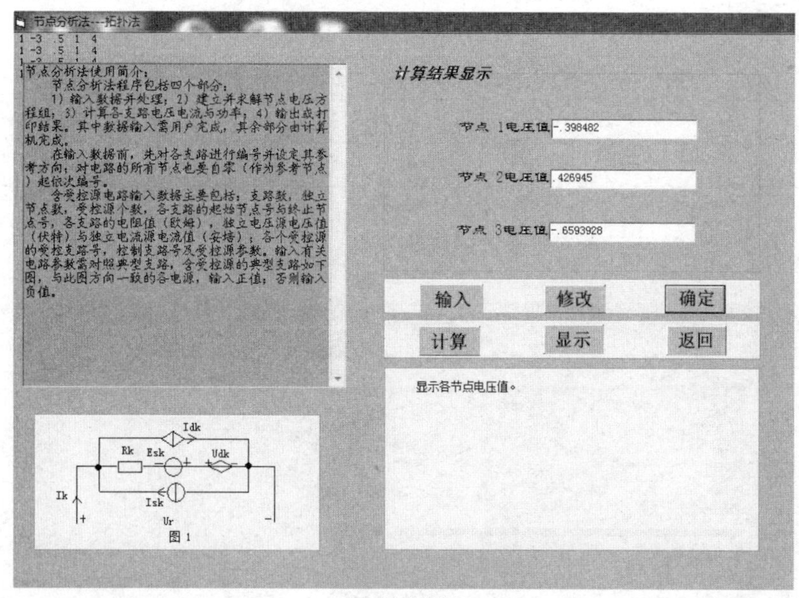

（a）结点电压

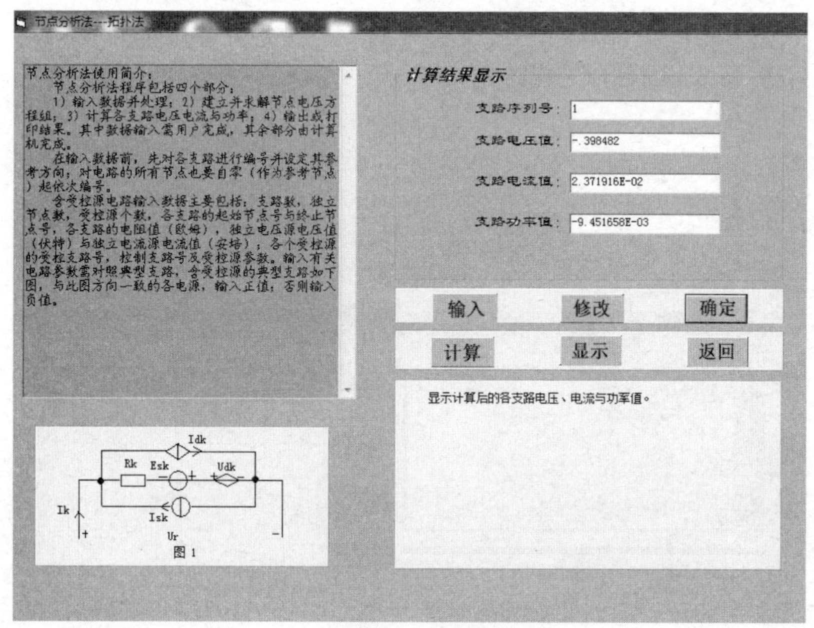

（b）支路电压、电流和功率

图 5-1-10 计算结果显示

汇总运行结果如表 5-1-4 所示。

表 5-1-4（a） 结点电压（V）

结 点 号	结点电压
结点 1	−0.398482
结点 2	0.426945
结点 3	−0.6593928

表 5-1-4(b)　支路电压、电流与功率

支路序号	支路电压（V）	支路电流（A）	支路功率（W）
1	−0.398482	2.371916e−02	−9.451658e−03
2	−0.2609108	−0.2609108	6.807445e−02
3	−0.825427	−0.28463	0.2349413
4	−0.426945	0.711575	−0.3038034
5	0.426945	0.426945	0.1822821
6	0.6593928	−0.2609109	−0.1720427

5.1.2　基于直接法的结点电压分析实例

基于拓扑法建立结点导纳矩阵 $\boldsymbol{Y}_{\mathrm{n}}$ 和结点电流源向量 $\boldsymbol{J}_{\mathrm{n}}$，思路比较清晰，易于实现，但计算过程所需的 $\boldsymbol{Y}$ 矩阵和 $\boldsymbol{A}$ 矩阵存储空间过大是一个明显的缺点。在第 3 章介绍的求解正弦稳态电路的直接法可以克服这个缺点，而直流电路可以看成正弦交流电路的一种特殊情况，因此本节介绍用直接法建立电压方程求解直流电路的实例。

1. $\boldsymbol{Y}_{\mathrm{n}}$ 和 $\boldsymbol{J}_{\mathrm{n}}$ 的直接形成

结点电压方程组 $\boldsymbol{Y}_{\mathrm{n}}\boldsymbol{U}_{\mathrm{n}}=\boldsymbol{J}_{\mathrm{n}}$ 的本质是建立 $(n-1)$ 个结点的电流方程，各方程表示其中一个结点的电流流入流出平衡关系。其中，方程左端表示流出该结点电流的代数和（流出的电流为正值），而右端表示流入该结点的电流代数和（流入的电流为正值）。这就是直接法的基本依据。

$\boldsymbol{Y}_{\mathrm{n}}$ 和 $\boldsymbol{J}_{\mathrm{n}}$ 是按支路的顺序形成的。下面分两种情况进行讨论。

（1）不含受控源的支路。

图 5-1-11 为不含受控源的典型支路 I，其起始结点为 J_1，终止结点为 K_1。

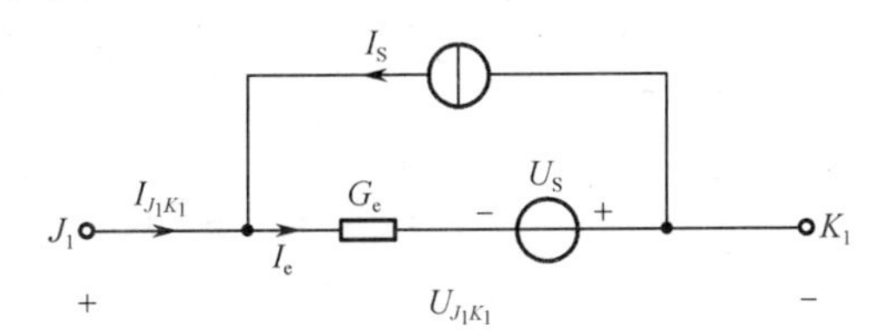

图 5-1-11　不含受控源的典型支路

该电流从结点 J_1 流出，流入结点 K_1，在整个结点方程组中，对应结点 J_1 的行和结点 K_1 的行表示为：

$$
\begin{matrix} \\ J_1 \\ \\ K_1 \\ \\ \end{matrix}
\begin{matrix} & J_1 & & K_1 & \\ \end{matrix}
\begin{bmatrix} & \vdots & & \vdots & \\ \cdots & G_e & \cdots & -G_e & \cdots \\ & \vdots & & \vdots & \\ \cdots & -G_e & \cdots & G_e & \cdots \\ & \vdots & & \vdots & \end{bmatrix}
\begin{bmatrix} \vdots \\ U_{nJ_1} \\ \vdots \\ U_{nK_1} \\ \vdots \end{bmatrix}
=
\begin{bmatrix} \vdots \\ I_S - G_eU_S \\ \vdots \\ G_eU_S - I_S \\ \vdots \end{bmatrix}
$$

① 形成 $\boldsymbol{Y}_{\mathrm{n}}$。

假定用二维数组 $\boldsymbol{Y}_{\mathrm{n}}(N,N)$ 存放 $\boldsymbol{Y}_{\mathrm{n}}$。当支路 I 的起始结点 J_1 和终止结点 K_1 不为零时，元素 $\boldsymbol{Y}_{\mathrm{n}}(J_1,J_1)$ 和 $\boldsymbol{Y}_{\mathrm{n}}(K_1,K_1)$ 中含有 $1/R(I)$，而元素 $\boldsymbol{Y}_{\mathrm{n}}(J_1,K_1)$ 和 $\boldsymbol{Y}_{\mathrm{n}}(K_1,J_1)$ 中含有 $-1/R(I)$，可以用赋值语句将它们填到 $\boldsymbol{Y}_{\mathrm{n}}$ 之中：

```
yn(j1,j1) = yn(j1,j1) + 1/r(i)    (行和列同为始结点)
yn(k1,k1) = yn(k1,k1) + 1/r(i)    (行和列同为终结点)
yn(j1,k1) = yn(j1,k1) - 1/r(i)    (行和列一个为始结点，一个为终结点)
yn(k1,j1) = yn(k1,j1) - 1/r(i)    (行和列一个为始结点，一个为终结点)
```

这与电路理论中的“结点导纳矩阵的主对角线元素是自电导，为正值；其余元素是结点间互电导，为负值”的规律是相吻合的。

② 形成 $\boldsymbol{J}_{\mathrm{n}}$。

假定用一维数组 $\boldsymbol{L}(N)$ 存放 $\boldsymbol{J}_{\mathrm{n}}$，需要先将图 5-1-11 中的电压源模型等效为电流源模型，如图 5-1-12 所示。

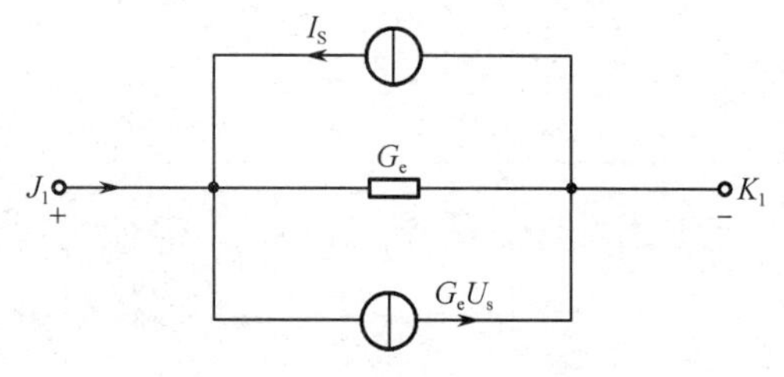

图 5-1-12 图 5-1-10 的等效电路

由于流入和流出同一个结点的电流彼此相差一个负号，因此从结点 J_1 和 K_1 流出的电流源电流分别为 $(G_eU_S - I_S)$ 和 $(I_S - G_eU_S)$，而流入结点 J_1 和 K_1 的电流源电流分别为 $(I_S - G_eU_S)$ 和 $(G_eU_S - I_S)$。因此，在 $\boldsymbol{J}_{\mathrm{n}}$ 的第 J 行和第 K 行各含有 $(I_S - G_eU_S)$ 和 $(G_eU_S - I_S)$，即当 J_1 和 K_1 不为零时，元素 $\boldsymbol{L}(J_1)$ 含有 $(I_S - G_eU_S)$ 项，而元素 $\boldsymbol{L}(K_1)$ 含有 $(G_eU_S - I_S)$ 项，可以用赋值语句给 $\boldsymbol{L}(N)$ 赋值：

```
l(j1)= l(j1)+ is(i)- es(i)/r(i)
l(k1)= l(k1)- is(i)+ es(i)/r(i)
```

这与电路理论中的“$\boldsymbol{J}_{\mathrm{n}}$ 中的元素是流进对应结点的等效电流源代数和，流进为正，流出为负”的规律是吻合的。

（2）受控源对 $\boldsymbol{Y}_{\mathrm{n}}$ 和 $\boldsymbol{J}_{\mathrm{n}}$ 的影响。

图 5-1-13 所示为受控源支路 I，起始结点和终止结点分别为 J_1 和 K_1，其电流为 I_{d}，此时 I_{d} 为单一元素；控制支路的起始结点和终止结点分别为 J_2 和 K_2，其电流为 I_{c}，则

$$
\begin{aligned}
I_{\mathrm{d}} &= \beta I_{\mathrm{c}} = \beta G_{\mathrm{e}} U_{\mathrm{c}} = \beta G_{\mathrm{e}}(U_{J_2} - U_{K_2} + U_{\mathrm{Se}}) \\
&= \beta G_{\mathrm{e}} U_{J_2} - \beta G_{\mathrm{e}} U_{K_2} + \beta G_{\mathrm{e}} U_{\mathrm{Se}}
\end{aligned}
$$

这个电流自 J_1 结点流出，流入 K_1 结点，因此在整个结点方程中，对应 J_1 结点的行和 K_1 结点的行具有下述分量：

$$
\begin{array}{c}
\begin{matrix} \quad\quad\quad J_2 & \quad\quad\quad\quad K_2 \end{matrix} \\
\begin{matrix} \\ J_1 \\ \\ K_1 \\ \\ \end{matrix}
\begin{bmatrix}
 & \vdots & & \vdots & \\
\cdots & \beta G_{\mathrm{e}} & \cdots & -\beta G_{\mathrm{e}} & \cdots \\
 & \vdots & & \vdots & \\
\cdots & -\beta G_{\mathrm{e}} & \cdots & \beta G_{\mathrm{e}} & \cdots \\
 & \vdots & & \vdots &
\end{bmatrix}
\begin{bmatrix} \vdots \\ U_{\mathrm{n}J_2} \\ \vdots \\ U_{\mathrm{n}K_2} \\ \vdots \end{bmatrix}
=
\begin{bmatrix} \vdots \\ -\beta G_{\mathrm{e}} U_{\mathrm{Sc}} \\ \vdots \\ \beta G_{\mathrm{e}} U_{\mathrm{Sc}} \\ \vdots \end{bmatrix}
\begin{matrix} \\ J_1 \\ \\ K_1 \\ \\ \end{matrix}
\end{array}
$$

据此式可以看出受控源对 $\boldsymbol{Y}_{\mathrm{n}}$ 和 $\boldsymbol{J}_{\mathrm{n}}$ 的影响。

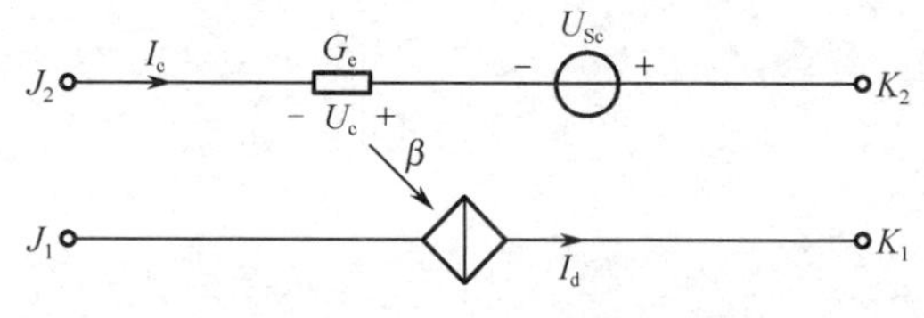

图 5-1-13 含受控源的支路

① 对 $\boldsymbol{Y}_n$ 的影响。

当 J_1 和 K_1 不为零时，元素 $\boldsymbol{Y}_n(J_1,J_2)$ 和 $\boldsymbol{Y}_n(K_1,K_2)$ 中含有 βG_e 项，而元素 $\boldsymbol{Y}_n(J_1,K_2)$ 和 $\boldsymbol{Y}_n(K_1,J_2)$ 中含有$-\beta G_e$ 项，用赋值语句赋值如下：

```
yn(j1,j2)=yn(j1,j2)+(控制参数β)/(控制支路电阻值)
yn(k1,k2)=yn(k1,k2)+(控制参数β)/(控制支路电阻值)
yn(j1,k2)=yn(j1,k2)-(控制参数β)/(控制支路电阻值)
yn(k1,j2)=yn(k1,j2)-(控制参数β)/(控制支路电阻值)
```

② 对 $\boldsymbol{J}_n$ 的影响。

当 J_1 和 K_1 不为零时，元素 $\boldsymbol{L}(J_1)$ 中含有$-\beta G_e U_{Sc}$ 项，而元素 $\boldsymbol{L}(K_1)$ 中含有 $\beta G_e U_{Sc}$ 项。用赋值语句赋值如下：

```
l(j1)=l(j1)-(控制参数β)/(控制支路电阻值)*(控制支路独立电压源电压值)
l(k1)=l(k1)+(控制参数β)/(控制支路电阻值)*(控制支路独立电压源电压值)
```

需要注意的是：上面是以电流控制电流源为例说明受控源对 $\boldsymbol{Y}_n$ 和 $\boldsymbol{J}_n$ 的影响。如果受控源为电压控制电流源，控制参数为 g_m，则在 $\boldsymbol{Y}_n$ 和 $\boldsymbol{J}_n$ 中只要用 g_m 代替 βG_e 即可。

2．直接法程序的几个问题

（1）输入的数据和输入方式与拓扑法完全相同。

（2）受控源对 $\boldsymbol{Y}_n$ 和 $\boldsymbol{J}_n$ 的影响的程序段中，需要由受控源数组 $\boldsymbol{C}(B_1,3)$ 和输入数组 $\boldsymbol{J}(M)$、$\boldsymbol{K}(M)$ 找出受控支路起始结点号 J_1，终止结点号 K_1 和控制支路起始结点号 J_2、终止结点号 K_2，电导值 V_2，独立电压源电压值 V_3 及控制参数 V_1，其程序语句为：

```
For i=1 to b1
   p=c(i,1)
   q=c(i,2)
   v1=c(i,3)
   s=abs(q)
  j1=j(p)
  k1=k(p)
   j2=j(s)
   j2=k(s)
  v2=1/r(s)
  v3=es(s)
Next i
```

（3）用全主元高斯消去法求解。

（4）程序的输出量同拓扑法，只是计算方法稍有不同。

在不考虑受控源情况下，

$$\boldsymbol{U}=\boldsymbol{U}_n(J)-\boldsymbol{U}_n(K)$$（J、K 为支路的起始、终止结点号）

$$\boldsymbol{U}_e=\boldsymbol{U}+\boldsymbol{U}_S$$

$$\boldsymbol{I}_e=\boldsymbol{U}_e/\boldsymbol{R}$$

$$\boldsymbol{I}=\boldsymbol{I}_e-\boldsymbol{I}_S$$

$$\boldsymbol{P}=\boldsymbol{U}\boldsymbol{I}$$

$$\boldsymbol{P}_e=\boldsymbol{U}_e\boldsymbol{I}_e$$

考虑受控源时，应对支路电流进行修正，即

$$\boldsymbol{I}=\boldsymbol{I}_{\mathrm{e}}-\boldsymbol{I}_{\mathrm{S}}+\boldsymbol{I}_{\mathrm{d}}$$

其中，$\boldsymbol{I}_{\mathrm{d}}$ 为受控电流源电流列向量。对 CCCS，$I_{\mathrm{d}i}=\beta I_k=\beta G_{\mathrm{e}k}U_k$；对 VCCS，$I_{\mathrm{d}i}=g_{\mathrm{m}}U_k$；式中，$U_k$、$G_{\mathrm{e}k}$ 分别为控制支路的电压和电导。

这样，在按支路顺序计算第 I 条支路电流时，必须判断 I 支路是否是受控源支路，如果是受控源支路，还必须判断它的控制支路号及控制类型，然后按公式计算。

程序语句为：

```
For i=1 to m
    For j1= 1 to b1
        j = c(j1, 1)
        k = c(j1, 2)
        v1 = c(j1, 3)
         If I = j then
         If k > 0 Then
           y(j, k) = y(j, k) + v1
          Else
           k = -k
           v1 = v1 * y(k, k)
           y(j, k) = y(j, k) + v1
          End If
         End If
      Next j1
   Next i
```

图 5-1-14 为直接法程序框图（图中 EPS 为求解逆矩阵过程中的控制常数 10^{-10}）。

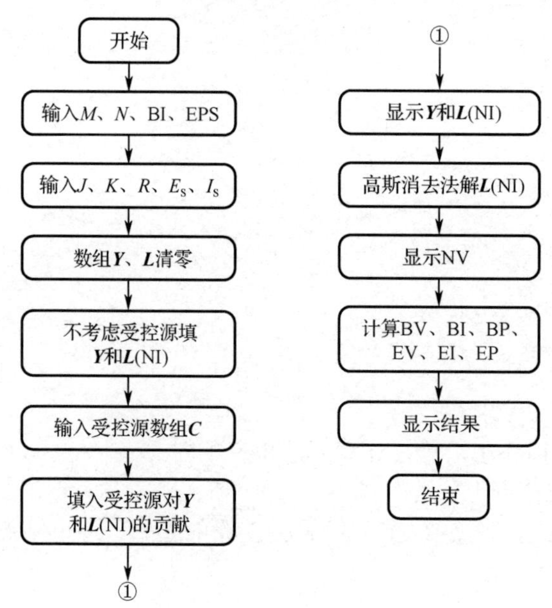

图 5-1-14　直接法程序框图

【例 5-1-3】 计算图 5-1-15 所示电路的结点电压、各支路电压、电流及功率。

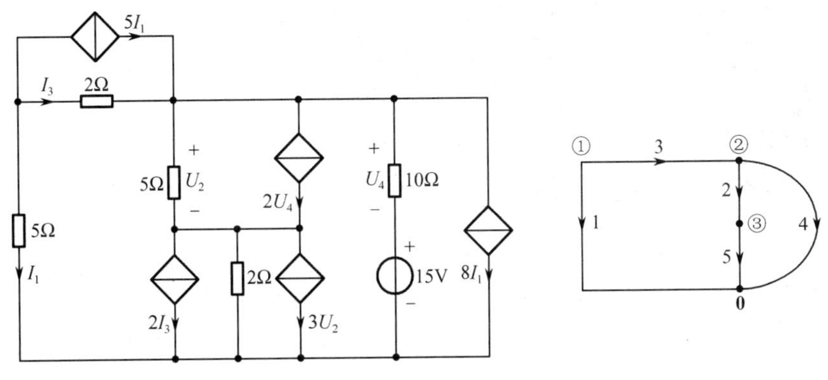

图 5-1-15 例 5.1.3 的图

解： 电路的规模数据和电路的拓扑结构基本数据及受控源个数与数据如表 5-1-5 所示。

表 5-1-5(a) 电路规模数据

电路支路数	电路结点数
5	3

表 5-1-5(b) 电路拓扑结构基本数据

支路序列号	起始结点	终止结点	支路电阻	支路电压源	支路电流源
1	1	0	5	0	0
2	2	3	5	0	0
3	1	2	2	0	0
4	2	0	10	−15	0
5	3	0	2	0	0

表 5-1-5(c) 受控源个数

受控源个数
5

表 5-1-5(d) 受控源数据

次　序	受控源支路号	控制支路号	受控源参数
1	3	−1	5
2	2	4	2
3	5	−3	2
4	5	2	3
5	4	−1	8

单击图 5-1-2 中“结点分析法——直接法”菜单，依次输入电路基本参数及受控源参数，如图 5-1-16 所示。

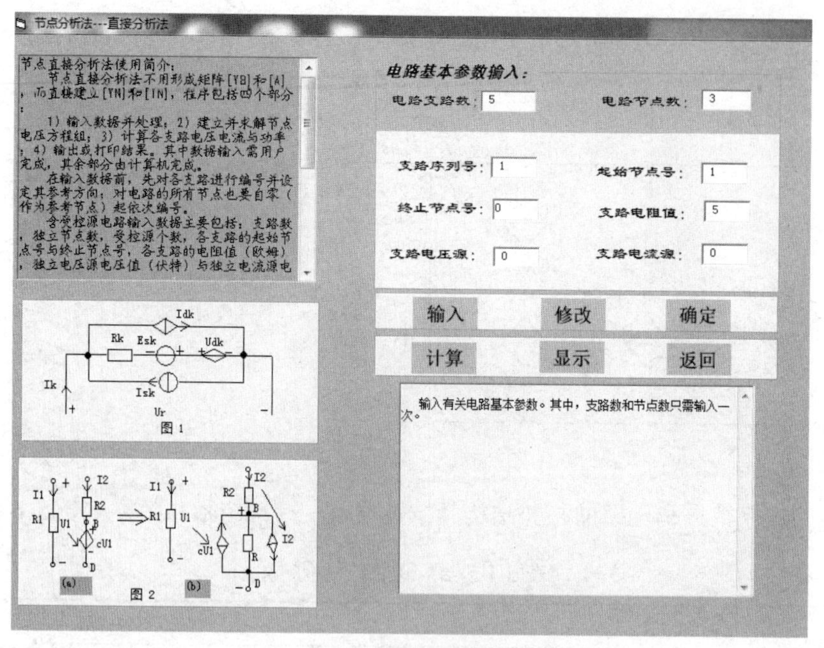

（a）电路基本参数

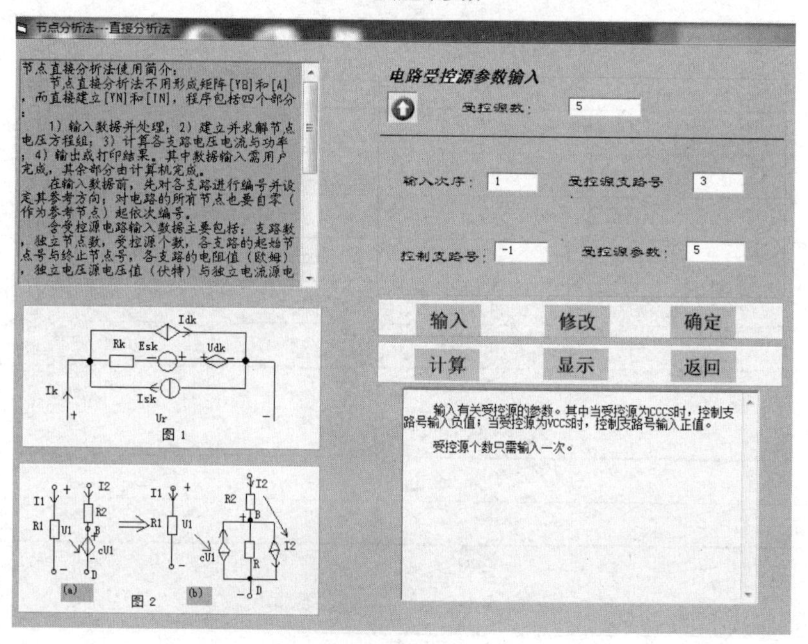

（b）受控源参数

图 5-1-16　电路参数输入

计算完毕后再单击“显示”按钮，依次显示结点电压和支路电压值、电流和功率值，如图 5-1-17 所示。

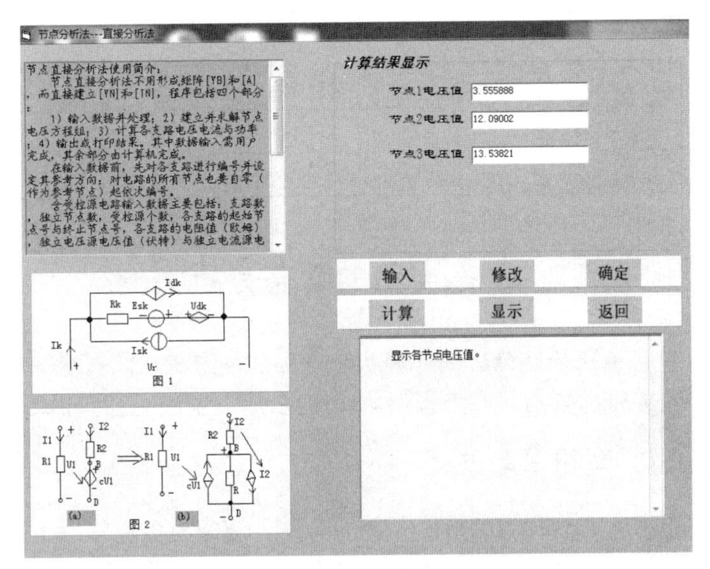

（a）结点电压

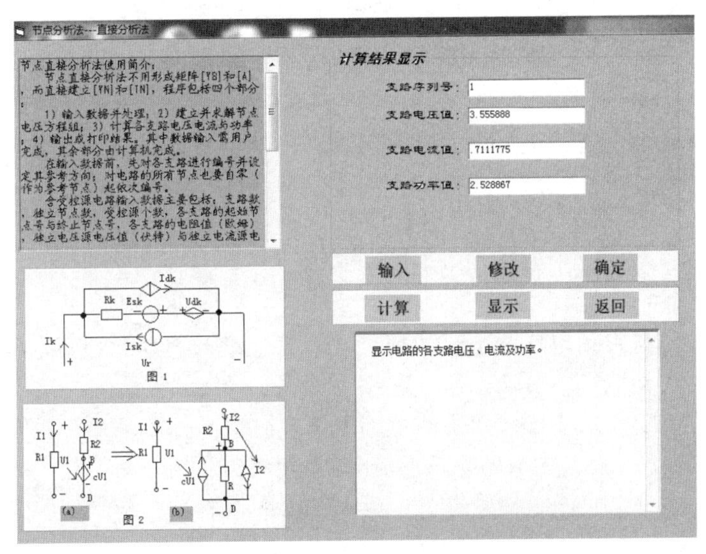

（b）支路电压

图 5-1-17 计算结果显示

汇总计算结果如表 5-1-6 所示。

表 5-1-6(a) 结点电压（V）

结点 1	3.555888
结点 2	12.09002
结点 3	13.53821

表 5-1-6(b) 支路电压、电流与功率

支路序号	支路电压（V）	支路电流（A）	支路功率（W）
1	3.555888	0.7111775	2.528867
2	−1.448192	−6.1096	8.847872
3	−8.534132	−0.711783	6.06929

续表

支路序号	支路电压（V）	支路电流（A）	支路功率（W）
4	12.09002	5.398422	5.26703
5	13.53821	-6.109601	-82.71307

5.2 动态电路的瞬态分析实例

在第 3 章论述了动态电路瞬态分析的几种状态方程列写方法，如直观法、拓扑法及单位电源法等，本节选取根据叠加定理列写状态方程的单位电源法作为实例进行计算机辅助分析。

5.2.1 混合方程组的计算机求取过程

单位电源法建立电路状态方程组的核心是需要分别计算单位电源作用下的电容电流、电感电压及输出值。由于一般的结点法要求电路中每一个典型支路的电阻不能为零，当其中某一个单位电源单独作用时，电容和独立电压源用短路取代，电路中将会存在零电阻支路，这样采用结点分析法就会引起障碍。为此，采用混合变量方程组来分析，未知向量由两部分组成：一部分是结点电压向量$\boldsymbol{U}_{\mathrm{n}}$；另一部分是零电阻支路电流$\boldsymbol{I}_{b_0}$，这部分支路应包括电容支路$b_{\mathrm{C}}$和独立电压源支路$b_{\mathrm{u}}$。令$\boldsymbol{I}_{b_{\mathrm{C}}}$和$\boldsymbol{I}_{b_{\mathrm{u}}}$分别表示上述两类支路的电流向量，整个电路方程组的未知向量为：

$$\begin{bmatrix} \boldsymbol{U}_{\mathrm{n}} \\ \boldsymbol{I}_{b_0} \end{bmatrix} = \begin{bmatrix} \boldsymbol{U}_{\mathrm{n}} \\ \boldsymbol{I}_{b_{\mathrm{C}}} \\ \boldsymbol{I}_{b_{\mathrm{u}}} \end{bmatrix}$$

该方程组的未知向量包括电压和电流两种类型的物理量，称为混合型方程组，与改进结点方法建立的电路方程形式类似。

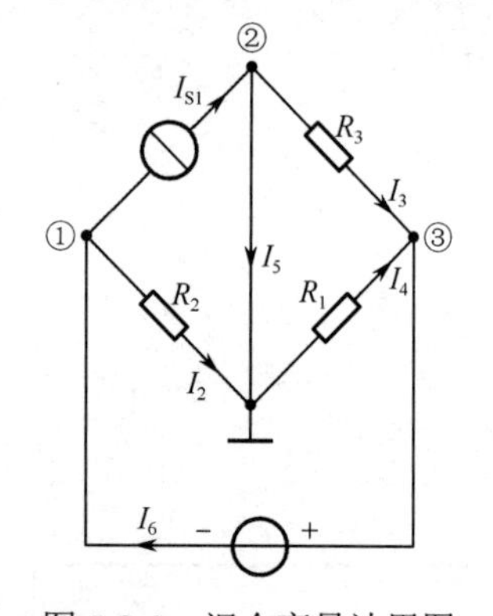

图 5-2-1　混合变量法用图

如图 5-2-1 所示的电路，有三个独立结点，设结点电压为U_1、U_2、U_3。由 KCL 方程列出结点电流方程：

$$I_{S1} + I_2 - I_6 = 0 \tag{5-2-1}$$

$$-I_{S1} + I_3 + I_5 = 0 \tag{5-2-2}$$

$$-I_4 - I_3 + I_6 = 0 \tag{5-2-3}$$

因为

$$I_2 = \frac{U_1}{R_2}, \quad I_3 = \frac{U_2 - U_3}{R_3}, \quad I_4 = -\frac{U_3}{R_4}$$

将上述各式代入式（5-2-1）～式（5-2-3），得

$$I_{S1} + \frac{U_1}{R_2} - I_6 = 0 \tag{5-2-4}$$

$$-I_{S1} + \frac{U_2}{R_3} - \frac{U_3}{R_3} + I_5 = 0 \tag{5-2-5}$$

$$-\frac{U_2}{R_3} + \left(\frac{1}{R_3} + \frac{1}{R_4}\right)U_3 + I_6 = 0 \tag{5-2-6}$$

式（5-2-4）～式（5-2-6）三个方程中，有U_1、U_2、U_3和I_5、I_6五个未知量，需要再补充二个约束方程：

对支路 5 $$U_2 = 0 \tag{5-2-7}$$

对支路 6 $$-U_1 + U_3 = u_{S6} \tag{5-2-8}$$

将式（5-2-4）～式（5-2-8）写成矩阵形式：

$$\left[\begin{array}{ccc:cc} \dfrac{1}{R_2} & 0 & 0 & 0 & -1 \\ 0 & \dfrac{1}{R_3} & -\dfrac{1}{R_3} & 1 & 0 \\ 0 & -\dfrac{1}{R_3} & \dfrac{1}{R_3}+\dfrac{1}{R_4} & 0 & 1 \\ \hdashline 0 & 1 & 0 & 0 & 0 \\ -1 & 0 & 1 & 0 & 0 \end{array}\right] \left[\begin{array}{c} U_1 \\ U_2 \\ U_3 \\ \hdashline I_5 \\ I_6 \end{array}\right] = \left[\begin{array}{c} -I_{S1} \\ I_{S1} \\ 0 \\ \hdashline 0 \\ u_{S6} \end{array}\right]$$

写成一般形式：

$$\boldsymbol{Y}_n' \begin{bmatrix} \boldsymbol{U}_n \\ \boldsymbol{I}_{b_C} \\ \boldsymbol{I}_{b_u} \end{bmatrix} = \begin{bmatrix} \boldsymbol{J}_n \\ \boldsymbol{U}_C \\ \boldsymbol{u}_S \end{bmatrix}$$

其中，

$$\boldsymbol{Y}_n' = \begin{bmatrix} \boldsymbol{Y}_n & \boldsymbol{D}_1 \\ \boldsymbol{D}_2 & \boldsymbol{0} \end{bmatrix}$$

子矩阵 $\boldsymbol{Y}_n$ 为不考虑零电阻支路的结点导纳矩阵。$\boldsymbol{D}_1$ 和 $\boldsymbol{D}_2$ 为结点与零电阻支路电流关系的子矩阵，其中 $\boldsymbol{D}_1$ 中的元素：

$d_{1ij} = +1$，表示第 j 个短路电流流出 i 结点；

$d_{1ij} = -1$，表示第 j 个短路电流流入 i 结点；

$d_{1ij} = 0$，表示第 j 个短路电流与 i 结点无关联。

$\boldsymbol{D}_2$ 中的元素：

$d_{2ij} = +1$，表示第 j 个结点为第 i 个短路支路的始结点；

$d_{2ij} = -1$，表示第 j 个结点为第 i 个短路支路的终结点；

$d_{2ij} = 0$，表示第 j 个结点与第 i 个短路支路无关联。

显然，

$$\boldsymbol{D}_2 = \boldsymbol{D}_1^{\mathrm{T}}$$

混合变量方程组右端列向量 $[\boldsymbol{J}_n \quad \boldsymbol{U}_C \quad \boldsymbol{u}_S]^{\mathrm{T}}$ 在不同性质的单位电源作用时，其内容也就不同。在不考虑受控源的情况下：

（1）若第 i 个电容为单位电源时，$U_{Cp} = 1\mathrm{V}$（$p = N + i$），$U_{Cj} = 0$（$j \neq p$），$\boldsymbol{J}_n = \boldsymbol{0}$，$\boldsymbol{u}_S = \boldsymbol{0}$；

（2）若第 i 个电感为单位电源时，$\boldsymbol{J}_n(J) = -1$，$\boldsymbol{J}_n(K) = 1$（J、K 分别为第 i 个电感的起始结点和终止结点号），$\boldsymbol{J}_n(q) = 0$（$q \neq J$，$q \neq K$），$\boldsymbol{U}_C = \boldsymbol{0}$，$\boldsymbol{u}_S = \boldsymbol{0}$；

（3）若第 i 个电压源为单位电源时，$u_{Sp} = 1\mathrm{V}$（$p = N + \mathrm{NC} + i$），$u_{Sj} = 0$（$j \neq p$），$\boldsymbol{U}_C = \boldsymbol{0}$，$\boldsymbol{J}_n = \boldsymbol{0}$；

（4）若第 i 个电流源为单位电源时，$\boldsymbol{J}_n(J) = -1$，$\boldsymbol{J}_n(K) = 1$（J、K 分别为第 i 个电流源的起始结点和终止结点号），$\boldsymbol{J}_n(q) = 0$（$q \neq J$，$q \neq K$），$\boldsymbol{U}_C = \boldsymbol{0}$，$\boldsymbol{u}_S = \boldsymbol{0}$。

因此，只要根据电路的拓扑结构、元件参数和某单位电源的种类及顺序号，直接形成$\boldsymbol{Y}_{\mathrm{n}}$、$\boldsymbol{D}_1$、$\boldsymbol{D}_2$和$[\boldsymbol{J}_{\mathrm{n}} \quad \boldsymbol{U}_{\mathrm{C}} \quad \boldsymbol{u}_{\mathrm{S}}]^{\mathrm{T}}$，就建立起了混合变量方程组，求解这一方程组就可得到该单位电源作用下的结点电压，进而得到所需要的i_{C}、u_{L}及输出量。

5.2.2 受控源对混合变量方程组的影响

这里限定受控源为受控电流源，在第 3 章的正弦交流电路中已有介绍，受控源的控制元件既可以是无源元件$R(G)$、L、C，又可以是独立电压源u_{S}或独立电流源i_{S}。本节以直流电路为例分析受控源对混合变量方程组的影响。

1．电压控制电流源（VCCS）

如图 5-2-2 所示为电压控制电流源，J_1、K_1分别为受控源的起始结点和终止结点。J_2、K_2分别为受控源控制支路J的起始结点和终止结点，图中I_{d}是单一元素。

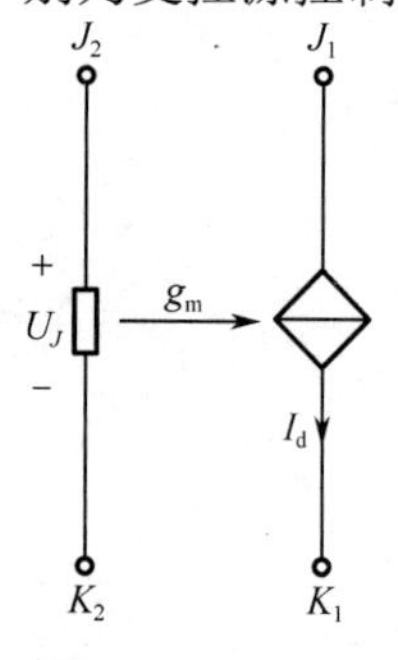

图 5-2-2 VCCS

不论控制元件的性质如何，都可得到

$$I_{\mathrm{d}} = g_{\mathrm{m}} U_J = g_{\mathrm{m}}(U_{J_2} - U_{K_2})$$

显然，VCCS 的影响应在矩阵$\boldsymbol{Y}_{\mathrm{n}}$之中：

$$\begin{array}{c} \\ \\ J_1 \\ \\ K_1 \\ \\ \end{array}\begin{array}{c} \begin{array}{ccccc} \quad & J_2 & & K_2 & \quad \end{array} \\ \left[\begin{array}{ccccc} & \vdots & & \vdots & \\ \cdots & g_{\mathrm{m}} & \cdots & -g_{\mathrm{m}} & \cdots \\ & \vdots & & \vdots & \\ \cdots & -g_{\mathrm{m}} & \cdots & g_{\mathrm{m}} & \cdots \\ & \vdots & & \vdots & \end{array}\right] \end{array}$$

用赋值语句表述，即

```
yn(j1,j2) = yn(j1,j2)+gm
yn(j1,k2) = yn(j1,k2)−gm
yn(k1,j2) = yn(k1,j2)−gm
yn(k1,k2) = yn(k1,k2)+gm
```

2．电流控制电流源（CCCS）

当控制元件性质不同时，CCCS 对方程组的影响也不同。

（1）控制支路为电阻或电导。

如图 5-2-3 所示的 CCCS 的控制支路为电阻，其控制关系为

$$I_{\mathrm{d}} = \beta I_J = \beta \frac{U_J}{R_J} = \beta G_J (U_{J_2} - U_{K_2})$$

这样就把 CCCS 化为 VCCS，其影响也在Y_{n}之中：

$$\begin{array}{c} \\ \\ J_1 \\ \\ K_1 \\ \\ \end{array}\begin{array}{c} \begin{array}{ccccc} \quad & J_2 & & K_2 & \quad \end{array} \\ \left[\begin{array}{ccccc} & \vdots & & \vdots & \\ \cdots & \beta G_J & \cdots & -\beta G_J & \cdots \\ & \vdots & & \vdots & \\ \cdots & -\beta G_J & \cdots & \beta G_J & \cdots \\ & \vdots & & \vdots & \end{array}\right] \end{array}$$

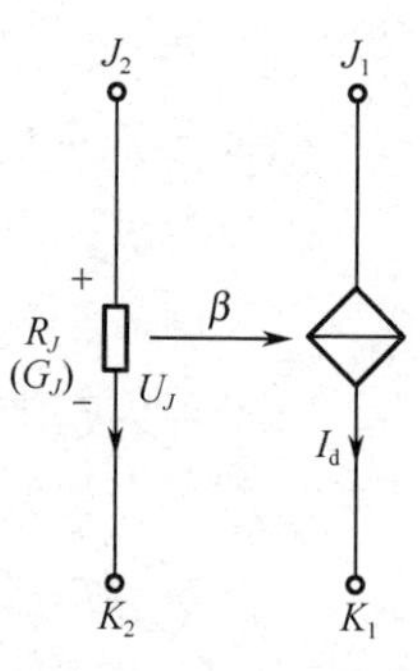

图 5-2-3 控制支路为电阻的 CCCS

用赋值语句表述，即

$$\begin{aligned}
\mathrm{yn(j1,j2)} &= \mathrm{yn(j1,j2)}+\beta \mathrm{gj} \\
\mathrm{yn(j1,k2)} &= \mathrm{yn(j1,k2)}-\beta \mathrm{gj} \\
\mathrm{yn(k1,j2)} &= \mathrm{yn(k1,j2)}-\beta \mathrm{gj} \\
\mathrm{yn(k1,k2)} &= \mathrm{yn(k1,k2)}+\beta \mathrm{gj}
\end{aligned}$$

（2）控制支路为电容或电压源。

如图 5-2-4 所示的 CCCS 的控制元件为电容，其控制关系为

$$I_{\mathrm{d}} = \beta I_J = \beta I_{\mathrm{C}_J}$$

因为电容电流和电压无线性关系，所以此时的 CCCS 不能化为 VCCS，并且不管电容 C_J 本身为单位电压源，还是其他元件为单位电压源，而电容 C_J 短路时，电流 I_{C_J} 总是存在的，因此，它的影响一定在 $\boldsymbol{D}_1$ 矩阵中：

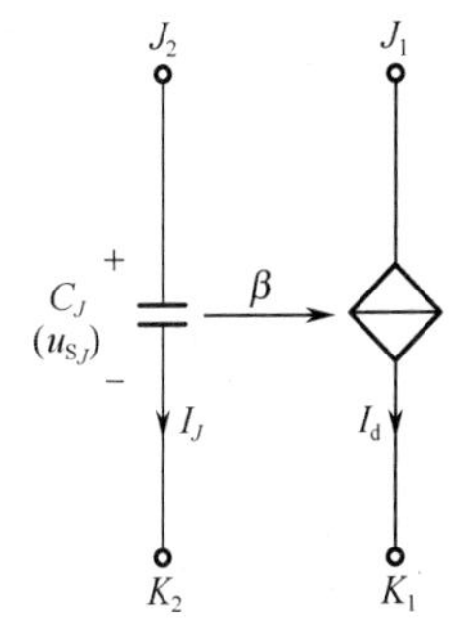

图 5-2-4　控制支路为电容的 CCCS

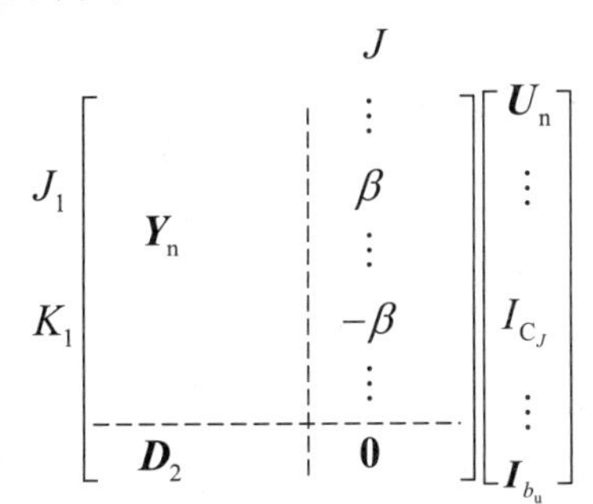

用赋值语句表述，即

$$\begin{aligned}
\mathrm{d1(j1,j)} &= \mathrm{d1(j1,j)}+\beta \\
\mathrm{d1(k1,j)} &= \mathrm{d1(k1,j)}-\beta
\end{aligned}$$

j 表示电容的序号。

同理，当控制元件为电压源时，其影响也用赋值语句表述

$$\begin{aligned}
\mathrm{d1(j1,j+nc)} &= \mathrm{d1(j1,j+nc)}+\beta \\
\mathrm{d1(k1,j+nc)} &= \mathrm{d1(k1,j+nc)}-\beta
\end{aligned}$$

其中 j 为电压源序号，nc 为电容个数。

（3）控制支路为电感或电流源。

如图 5-2-5 所示的 CCCS 的控制支路为电感，其控制关系为

$$I_{\mathrm{d}} = \beta I_J = \beta I_{\mathrm{L}_J}$$

由于方程未知列向量 $[\boldsymbol{U}_{\mathrm{n}} \quad \boldsymbol{I}_{b_{\mathrm{C}}} \quad \boldsymbol{I}_{b_{\mathrm{u}}}]^{\mathrm{T}}$ 中无电感电流，因此这种受控源的影响不可能在 $\boldsymbol{Y}_{\mathrm{n}}'$ 矩阵中；另外，当其他单位电源单独作用时，$I_{\mathrm{d}} = \beta I_J = \beta I_{\mathrm{L}_J} = 0$，只有控制支路为单位电源时，$I_{\mathrm{d}} = \beta \cdot 1 = \beta$ 才起作用。

因此，它的影响必在方程组右端列向量中。写成一般形式为

$$\begin{bmatrix} \boldsymbol{Y}_{\mathrm{n}} & \boldsymbol{D}_1 \\ \boldsymbol{D}_2 & \boldsymbol{0} \end{bmatrix} \begin{bmatrix} \boldsymbol{U}_{\mathrm{n}} \\ \boldsymbol{I}_{b_{\mathrm{C}}} \\ \boldsymbol{I}_{b_{\mathrm{u}}} \end{bmatrix} = \begin{bmatrix} \vdots \\ -\beta \\ \vdots \\ \beta \\ \vdots \end{bmatrix} \begin{matrix} \\ J_1 \\ \\ K_1 \\ \\ \end{matrix}$$

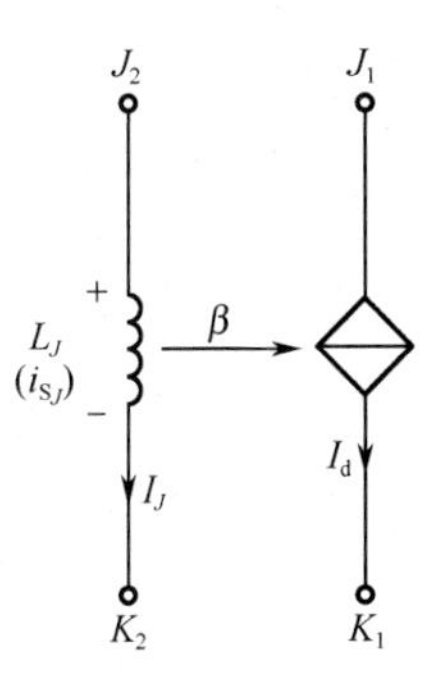

图 5-2-5　控制支路为电感的 CCCS

用赋值语句表述，即

$$jn(j1) = jn(j1) - \beta$$
$$jn(k1) = jn(k1) + \beta$$

同理，若控制支路为独立电流源时，也有与上述相同的结果，用赋值语句表述，即

$$jn(j1) = jn(j1) - \beta$$
$$jn(k1) = jn(k1) + \beta$$

5.2.3 程序设计

编制用单位电源法建立网络状态方程组程序的指导思想，是把求解状态方程组系数矩阵 $\boldsymbol{A}$、$\boldsymbol{B}$、$\boldsymbol{C}$、$\boldsymbol{D}$ 的问题，变为求解多个直流辅助电路的问题。当状态向量含有 NCL 个分量，输入向量含有 NVI 个分量时，一共要计算 NCLVI = NCL+NVI 个直流电路。这些网络的拓扑结构都是相同的，其不同之处仅在于电源。因此，对于这些网络的未知向量及混合方程组的系数矩阵 $\boldsymbol{Y}_n'$ 都是相同的。这样，只要在分析第一单位电源作用的辅助电路时形成 $\boldsymbol{Y}_n'$，在分析其他单位电源作用的辅助电路时就不需要变动，只改变方程组右端列向量即可。由于这些网络只含有一个电源，故右端列向量的形成是容易的。

程序选取电容电压和电感电流作为状态变量，可以自动形成含有控制元件为 R、L、C、u_S、i_S 的线性受控源和多边互感的网络的状态方程和输出方程，该程序将一个元件作为一个支路，用混合变量法求单位电源作用下辅助网络的响应。

1. 程序的主要部分

（1）数据的输入与处理。

单击“输入”按钮，菜单上出现四项输入内容：网络规模输入；拓扑结构与元件数值输入；互感参数输入；输出变量信息输入。

① 选择菜单 1，输入支路数 M、独立结点数 N、互感数 M_1 和输出变量数 P_1。

② 选择菜单 2，输入网络拓扑信息和元件数值，存入程序内核中的数组 $\boldsymbol{H}(M,5)$，其各元素表示的意义如下。

$\boldsymbol{H}(I，1)$ ——第 I 个支路始结点号；

$\boldsymbol{H}(I，2)$ ——第 I 个支路终结点号；

$\boldsymbol{H}(I，3)$ ——第 I 个支路元件类型：

$\boldsymbol{H}(I，3) = 0$ ——表示电导，

$\boldsymbol{H}(I，3) = 1$ ——表示电阻，

$\boldsymbol{H}(I，3) = 2$ ——表示电容，

$\boldsymbol{H}(I，3) = 3$ ——表示电感，

$\boldsymbol{H}(I，3) = 4$ ——表示电压源，

$\boldsymbol{H}(I，3) = 5$ ——表示电流源，

$\boldsymbol{H}(I，3) = 6$ ——表示受控源；

$\boldsymbol{H}(I，4)$ ——第 I 个支路元件数值（S、W、mF、mH、V、A）；

$\boldsymbol{H}(I，5)$ ——第 I 个支路电容、电感初值，受控源控制支路号（为 VCCS 时大于零，为 CCCS 时小于零），电阻、电导、独立源均为零。

③ 选择菜单 3，输入互感支路号和互感值，存入程序内核中的数组 $\boldsymbol{Q}(M_1，3)$，其各元素表示的意义如下。

$\boldsymbol{Q}(I，1)$ ——第 I 个互感原边支路号；

$\boldsymbol{Q}(I，2)$ ——第 I 个互感副边支路号；

$\boldsymbol{Q}(I，3)$ ——第 I 个互感值（mH）。

④ 选择菜单 4，输入输出变量信息，存入程序内核中的数组 $\boldsymbol{P}(P_1，2)$，其各元素表示的意义如下。

$\boldsymbol{P}(I，1)$ ——第 I 个输出量的支路号；

$\boldsymbol{P}(I，2)$ ——第 I 个输出量的输出类型：

$\boldsymbol{P}(I，2)=1$ ——表示输出支路电压；

$\boldsymbol{P}(I，2)=2$ ——表示输出电阻、电导支路电流；

$\boldsymbol{P}(I，2)=3$ ——表示输出电容支路电流；

$\boldsymbol{P}(I，2)=4$ ——表示输出电感支路电流；

$\boldsymbol{P}(I，2)=5$ ——表示输出电压源支路电流。

⑤ 根据输入的各支路元件类型，将数组 $\boldsymbol{H}(M，5)$之内容按电容、电感、电压源、电流源和受控源各自的序号分别存入不同的存储单元。

2．建立混合方程组的系数矩阵 $\boldsymbol{Y}_n'$ 和混合变量方程组右端列向量，并求解之

（1）在不考虑受控源情况下，建立子矩阵 $\boldsymbol{Y}_n$，其过程与线性直流网络分析直接法程序中形成结点电导程序段相同。

（2）分别考虑电容支路、独立电压源支路的电流同结点的关系，填入子矩阵 $\boldsymbol{D}_1$ 和 $\boldsymbol{D}_2$，其过程同直流程序中形成关联矩阵 $\boldsymbol{A}$ 相似。

（3）将 VCCS 及控制支路为 R、G、C、u_S 的 CCCS 对 $\boldsymbol{Y}_n'$ 的影响，填入 $\boldsymbol{Y}_n'$ 之中。

（4）根据网络中储能元件（C 和 L）及输入变量（u_S 和 i_S）类型，依次用单位电源代替，形成混合变量方程组右端列向量。

（5）用系数矩阵求逆的方法计算该单位电源作用下混合变量方程组的解向量 $\boldsymbol{F}$，进而得到各电容支路电流和各电感支路电压。

3．形成 $\boldsymbol{A}$ 、$\boldsymbol{B}$ 、$\boldsymbol{C}$ 、$\boldsymbol{D}$ 矩阵

（1）对各个电容求 $\dfrac{\mathrm{d}u_{C_i}}{\mathrm{d}t}=\dfrac{i_{C_i}}{C_i}$，将结果填入矩阵 $\boldsymbol{A}$ 、$\boldsymbol{B}$ 中。

（2）对各个电感求 $\dfrac{\mathrm{d}i_{L_i}}{\mathrm{d}t}=\dfrac{u_{L_i}}{L_i}$，将结果填入矩阵 $\boldsymbol{A}$ 、$\boldsymbol{B}$ 中。

（3）根据输出类型，计算输出量的值，将结果填入矩阵 $\boldsymbol{C}$ 、$\boldsymbol{D}$ 中。

4．显示输出结果

最终显示结果为状态方程系数矩阵 $\boldsymbol{A}$ 、$\boldsymbol{B}$ 和输出方程系数矩阵 $\boldsymbol{C}$ 、$\boldsymbol{D}$ 。

程序框图如图 5-2-6 所示。

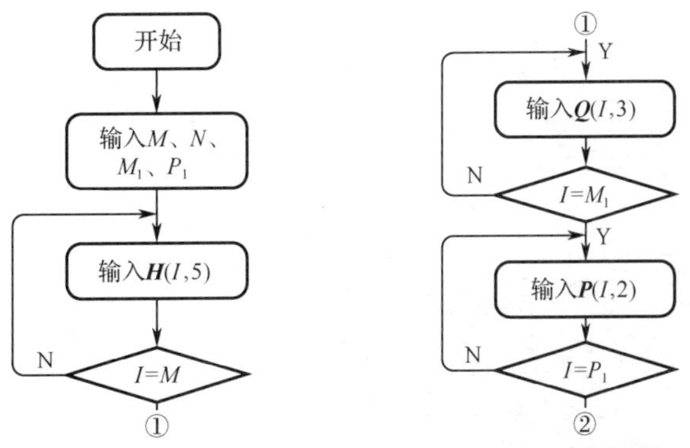

图 5-2-6　单位电源法建立网络状态方程组程序框图

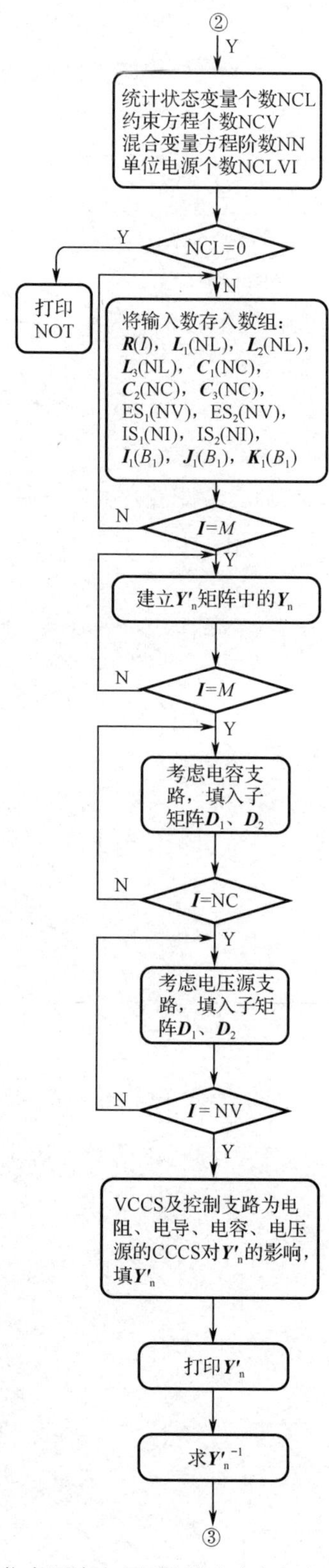

图 5-2-6　单位电源法建立网络状态方程组程序框图（续）

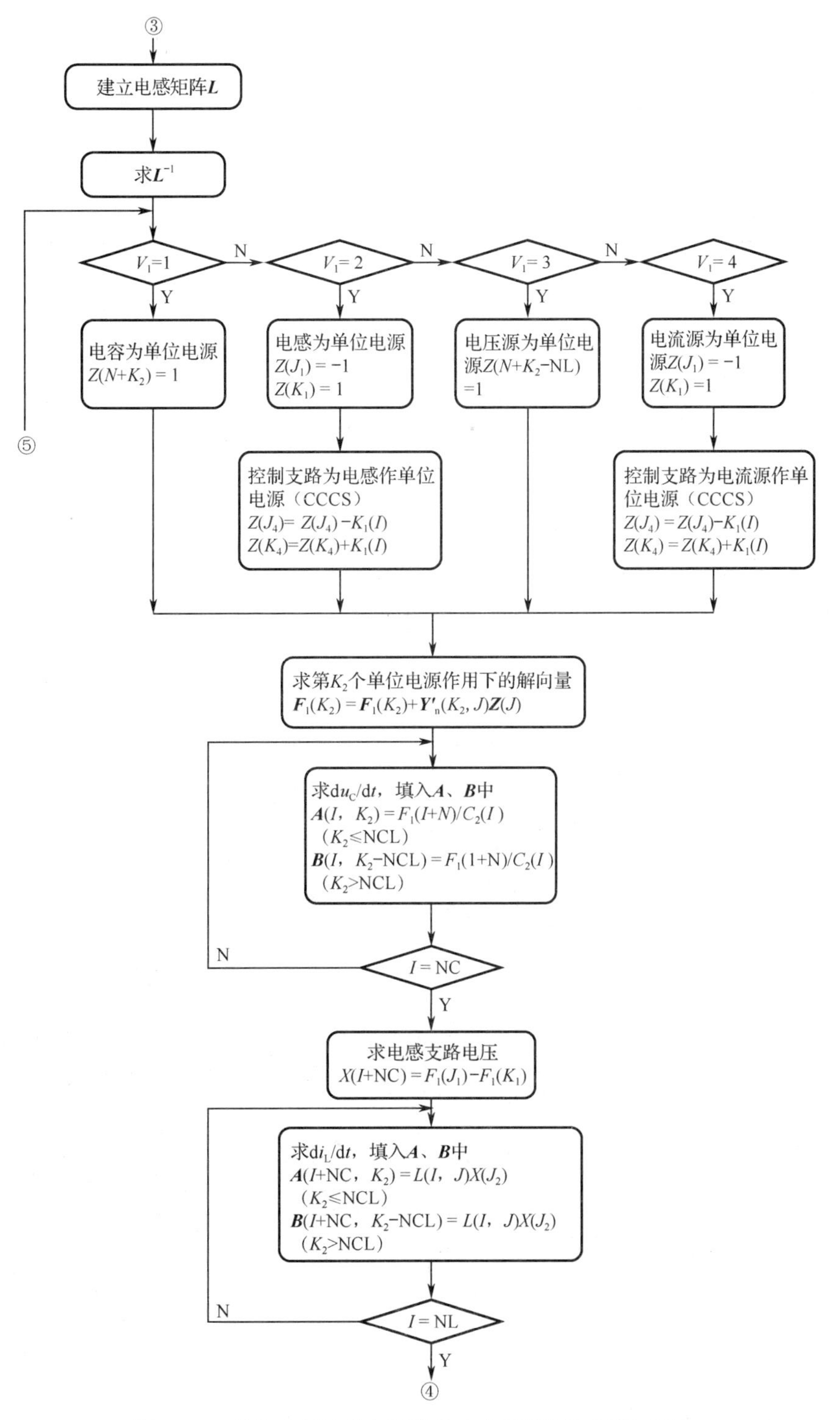

图 5-2-6　单位电源法建立网络状态方程组程序框图（续）

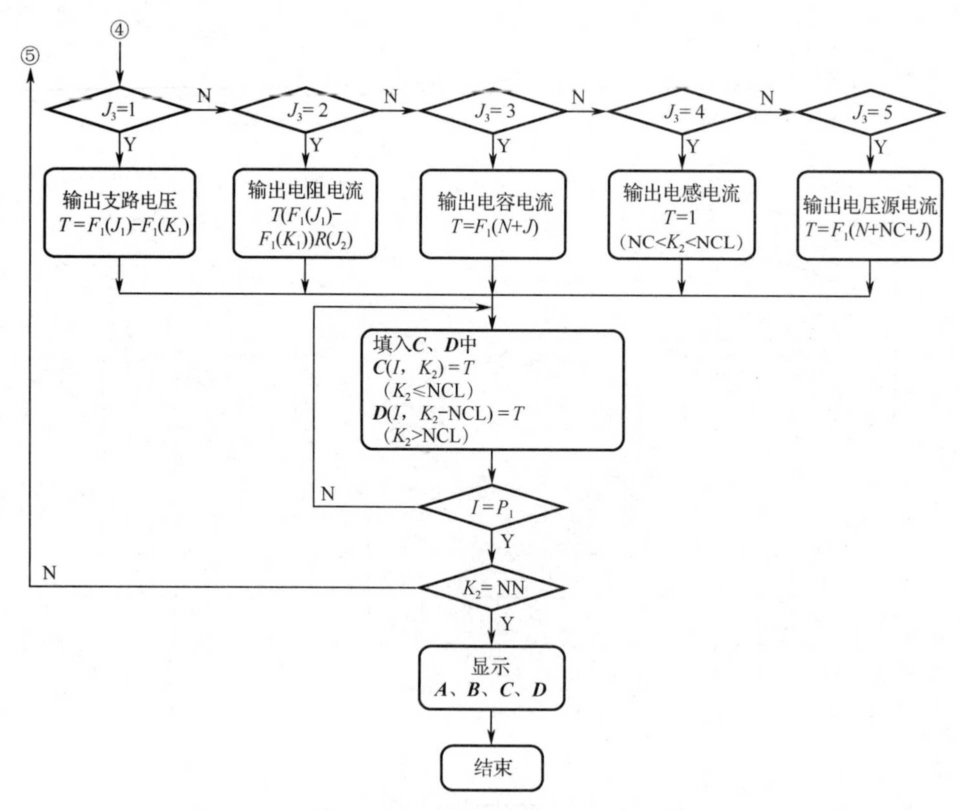

图 5-2-6　单位电源法建立网络状态方程组程序框图（续）

程序内核中相关符号说明如表 5-2-1 所示。

表 5-2-1　符 号 说 明

M	支路数	$I_1(I)$	第 I 个受控源控制支路号
N	独立结点数	$J_1(I)$	第 I 个受控源被控支路号
B_1	受控源数	$K_1(I)$	第 I 个受控源参数值（VCCS：S，CCCS：无量纲）
M_1	互感数		
P_1	输出变量数	$\boldsymbol{H}(I,1)$	第 I 个支路始结点号
NC	电容数	$\boldsymbol{H}(I,2)$	第 I 个支路终结点号
NL	电感数	$\boldsymbol{H}(I,3)$	第 I 个支路元件类型
NV	独立电压源数	$\boldsymbol{H}(I,4)$	第 I 个支路元件参数值（S、Ω、V、A、mH、μF）
NI	独立电流源数		
NCL	状态变量数	$\boldsymbol{H}(I,5)$	第 I 个支路电容、电感初始值；受控源控制支路号；电阻、电导为零
NCV	约束方程数		
NN	混合变量方程组阶数	$\boldsymbol{P}(I,1)$	第 I 个输出量支路号
NCLVI	单位电源数	$\boldsymbol{P}(I,2)$	第 I 个输出量类型
$R(I)$	第 I 个支路电导值（S）	$\boldsymbol{Y}$(NN,NN)	导纳矩阵及其逆
$C_1(I)$	第 I 个电容支路号	$\boldsymbol{L}$(NL,NL)	电感矩阵及其逆
$C_2(I)$	第 I 个电容数值（μF）	$\boldsymbol{Z}$(NN)	单位电源向量
$C_3(I)$	第 I 个电容电压初始值（V）	$\boldsymbol{F}_1$(NN)	单位电源作用下的解向量

续表

$L_1(I)$	第 I 个电感支路号	$\boldsymbol{A}$(NCL, NCL)	状态方程系数矩阵
$L_2(I)$	第 I 个电感数值（mH）	$\boldsymbol{B}$(NCL, NVI)	状态方程系数矩阵
$L_3(I)$	第 I 个电感电流初始值（A）	$\boldsymbol{C}(P_1$,NCL)	输出方程系数矩阵
$\mathrm{ES}_1(I)$	第 I 个电压源支路号	$\boldsymbol{D}(P_1$,NVI)	输出方程系数矩阵
$\mathrm{ES}_2(I)$	第 I 个电压源数值（V）	$\boldsymbol{S}_5$(NN,NN),$\boldsymbol{B}_5$(NN),$\boldsymbol{C}_5$(NN),$\boldsymbol{P}_5$(NN),$\boldsymbol{Q}_5$(NN)	求逆所用矩阵
$\mathrm{IS}_1(I)$	第 I 个电流源支路号		
$\mathrm{IS}_2(I)$	第 I 个电流源数值（A）		
V_1	两种储能元件和两种电源类型的中间变量	J_3	电压、电流类型的中间变量

【例 5-2-1】 列出图 5-2-7 所示电路的状态方程和输出方程（以 u_8、i_4、i_5、i_1 作为输出）。已知 $M_{37}=M_{73}=0.5\,\mathrm{H}$，$i_3(0)=10\,\mathrm{A}$，$i_7(0)=30\,\mathrm{A}$，$u_5(0)=20\,\mathrm{V}$。

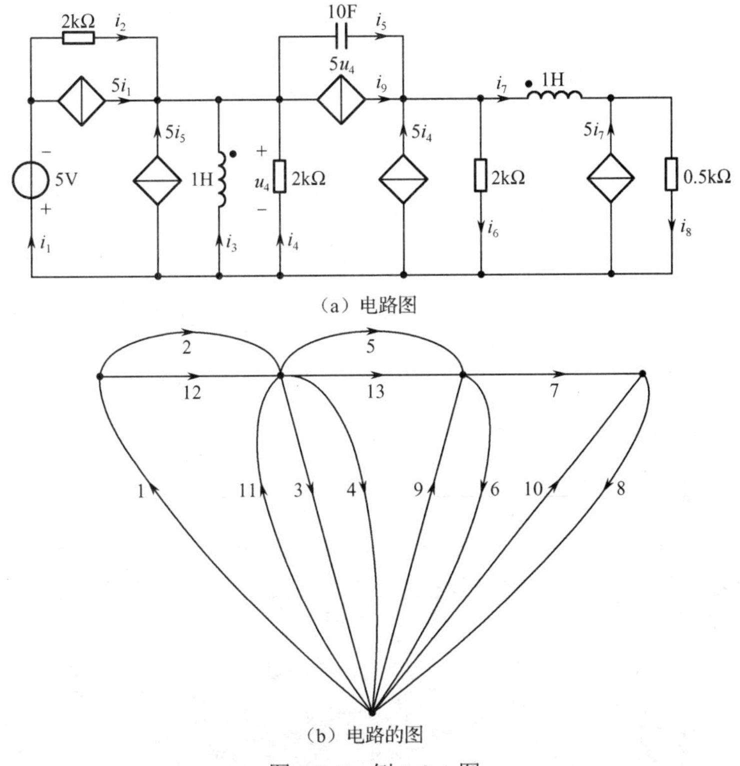

（b）电路的图

图 5-2-7　例 5-2-1 图

解： 电路数据汇总如表 5-2-2 所示。

表 5-2-2(a)　网络规模与输出变量数

支　路　数	独立结点数	互感线圈数	输出变量数
13	4	1	4

表 5-2-2(b)　拓扑结构与元件数据

支路序号	起始结点	终止结点	元件类型	元件数值	储能元件初始值（受控源控制支路号）
1	0	1	4	5	0
2	1	2	1	2000	0

续表

支路序号	起始结点	终止结点	元件类型	元件数值	储能元件初始值（受控源控制支路号）
3	2	0	3	1000	10
4	2	0	1	2000	0
5	2	3	2	1e+07	20
6	3	0	1	2000	0
7	3	4	3	1000	30
8	4	0	1	500	6
9	0	3	6	5	-4
10	0	4	6	5	-7
11	0	2	6	5	-5
12	1	2	6	5	-1
13	2	3	6	5	4

表 5-2-2(c) 互感参数

互感序列号	原边支路号	副边支路号	互感系数
1	3	7	500

表 5-2-2(d) 输出变量信息

序 列 号	支 路 号	类 型 号
1	8	1
2	4	2
3	5	3
4	1	5

单击图 5-1-2 菜单中的“状态空间分析法”，选择下拉菜单中的“电位电源法建立网络状态方程”，如图 5-2-8 所示。

图 5-2-8 状态空间分析法

依次输入网络规模和输出变量数，如图 5-2-9 所示。

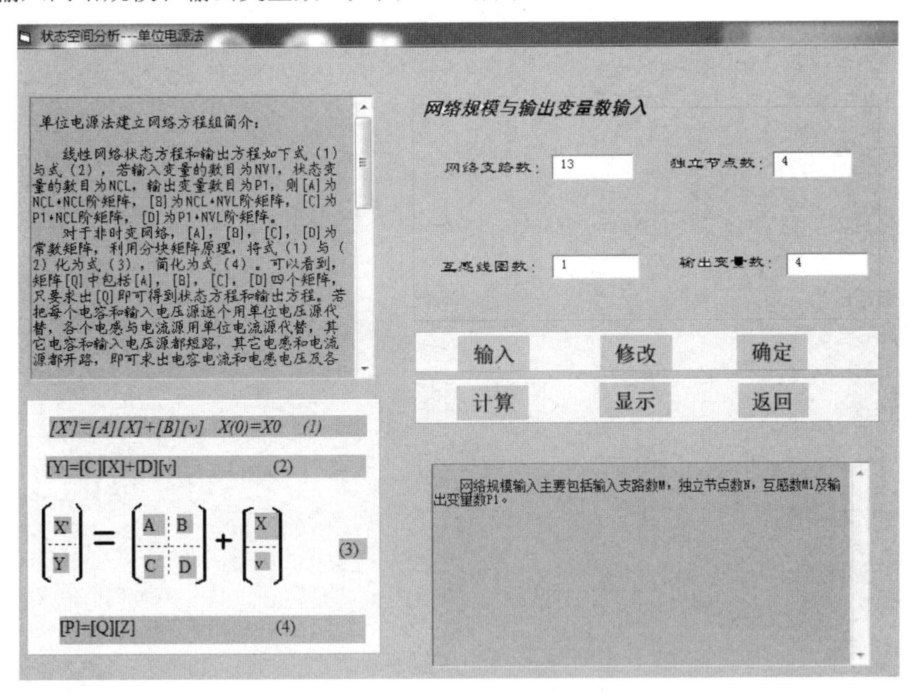

图 5-2-9 网络规模和输出变量数

输入网络拓扑和元件数据，如图 5-2-10 所示。

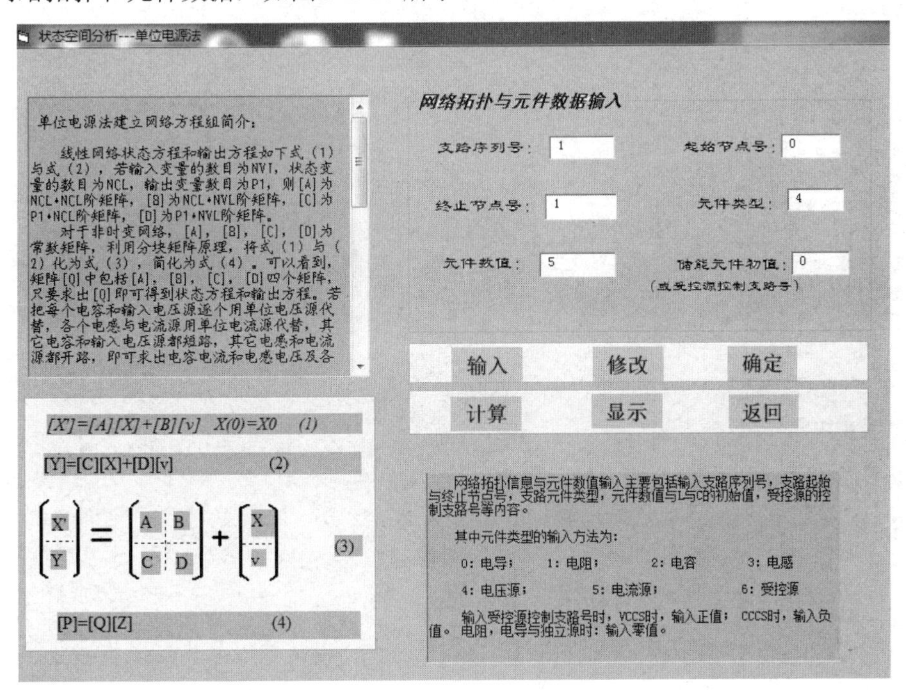

图 5-2-10 网络拓扑和元件数据

输入互感参数，如图 5-2-11 所示。

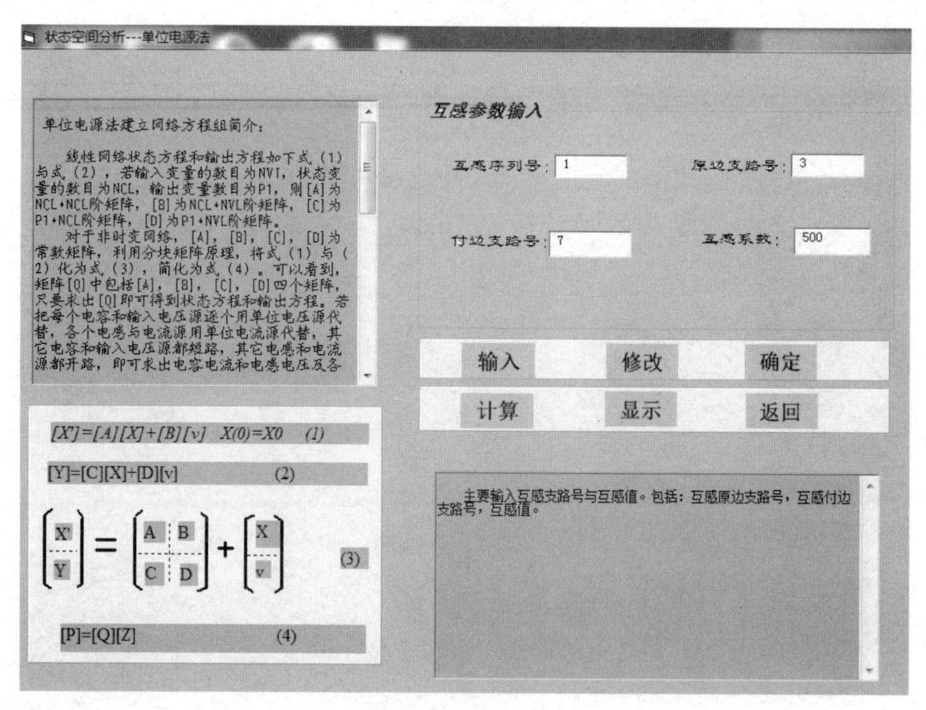

图 5-2-11　互感参数

输入输出变量信息，如图 5-2-12 所示。

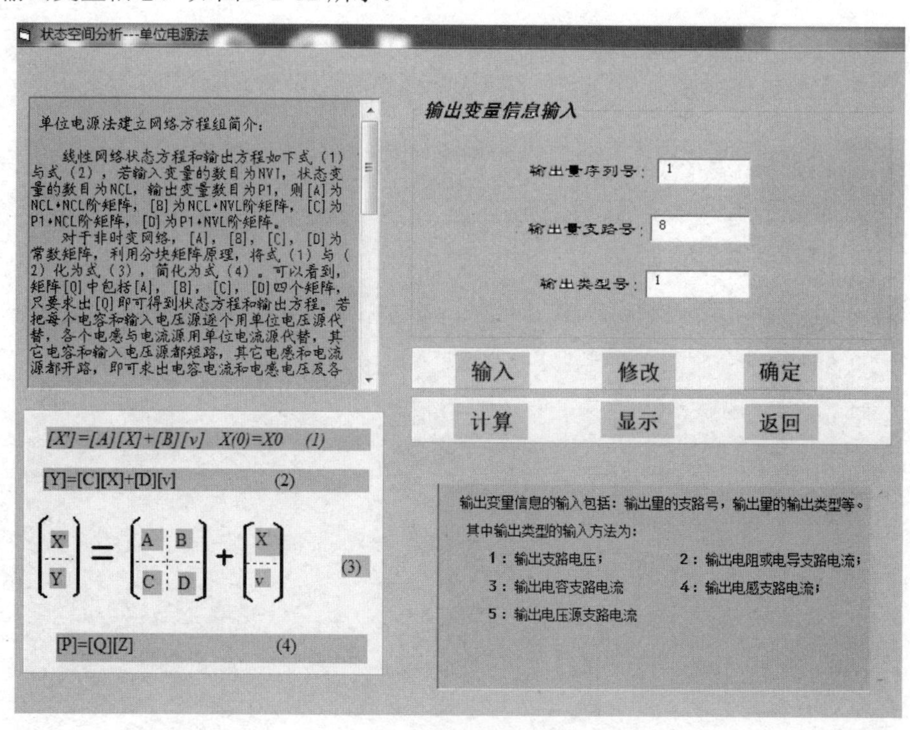

图 5-2-12　输出变量

经计算后，可依次显示状态变量，如图 5-2-13 所示。

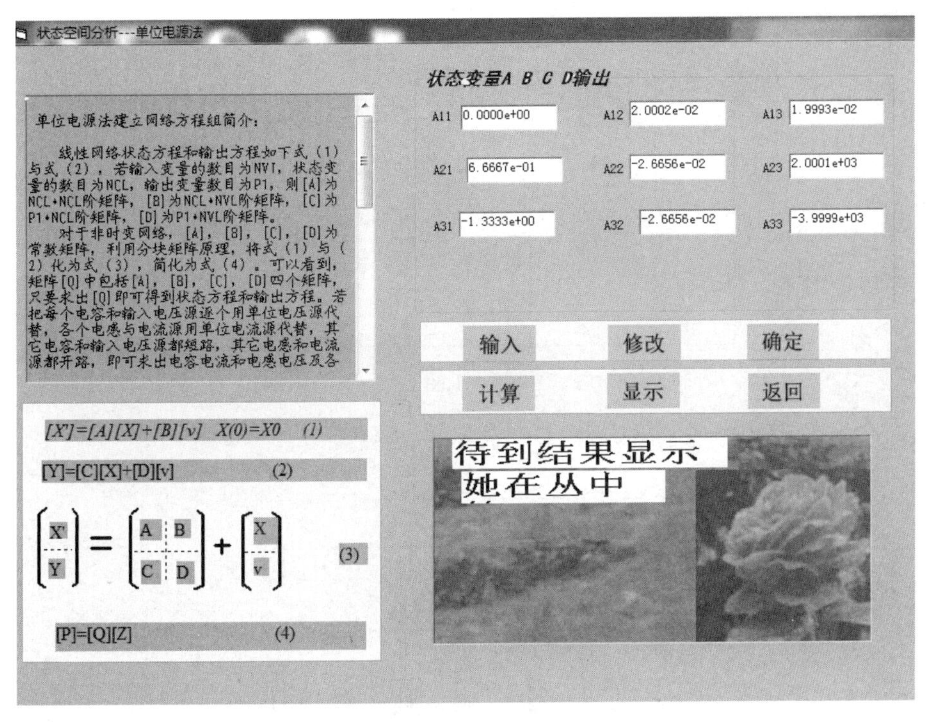

图 5-2-13　状态变量

运行结果汇总如下：

$$
\boldsymbol{A}=\begin{bmatrix} 0 & 2.0001\text{e}-02 & 1.9995\text{e}-02 \\ 6.6661\text{e}-01 & -2.6658\text{e}-02 & 2.0001\text{e}+03 \\ -1.3334\text{e}+00 & -2.6658\text{e}-02 & -3.9999\text{e}+03 \end{bmatrix}
$$

$$
\boldsymbol{B}=\begin{bmatrix} -2.5002\text{e}-06 \\ 3.3322\text{e}-06 \\ 3.3322\text{e}-06 \end{bmatrix}
$$

$$
\boldsymbol{C}=\begin{bmatrix} 0 & 0 & 3.0000\text{e}+03 \\ -3.9987\text{e}-08 & -1.9993\text{e}-05 & 7.9973\text{e}-05 \\ -9.9974\text{e}-05 & 2.0001\text{e}-01 & 1.9995\text{e}-01 \\ -9.9980\text{e}-09 & -4.9923\text{e}-06 & 1.9999\text{e}-05 \end{bmatrix}
$$

$$
\boldsymbol{D}=\begin{bmatrix} 0.0000\text{e}+00 \\ 2.4992\text{e}-09 \\ -2.5002\text{e}-05 \\ 1.2500\text{e}-04 \end{bmatrix}
$$

习　　题

5-1　求题 5-1 图电路的结点电压。

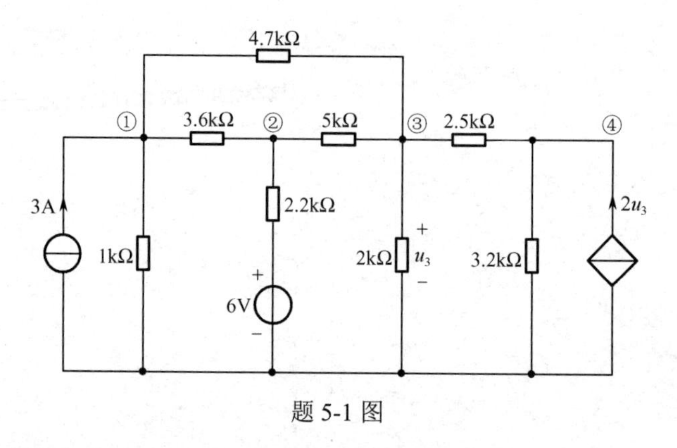

题 5-1 图

5-2　题 5-2 图电路中的各电阻均为 1Ω，求各结点电压。

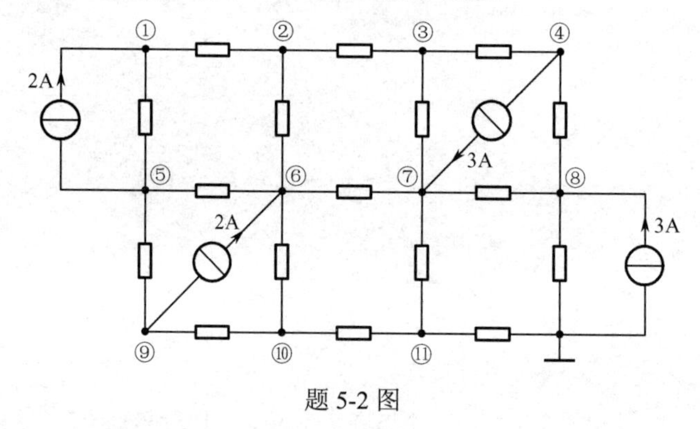

题 5-2 图

5-3　题 5-3 图电路中的电流 I 和电压 U。

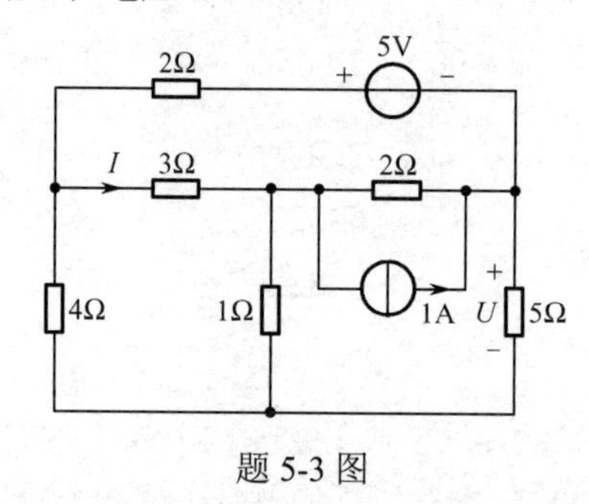

题 5-3 图

5-4　求题 5-4 图所示电路中电压源中的电流和 12Ω电阻中的电流。

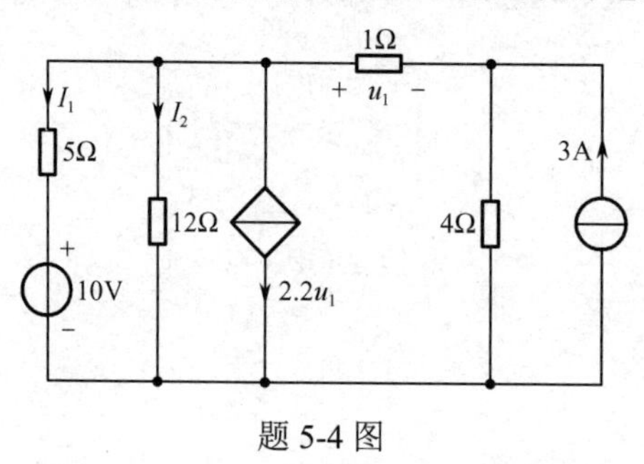

题 5-4 图

5-5　求题 5-5 图电路中的支路电流、电压及功率。

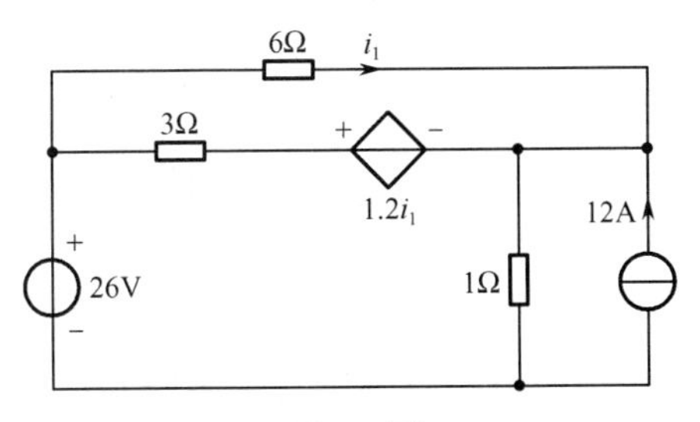

题 5-5 图

5-6 电路如题 5-6 图（a）所示，已知 $R_1=1\Omega$，$R_2=0.5\Omega$，$R_3=1/3\Omega$，$C_1=C_2=1\text{F}$，$L=1/6\text{H}$，$u_{C_1}(0)=u_{C_2}(0)=i_L(0_-)=0$，$u_i=9\text{V}$，电路的图如图题 5-6 图（b）所示，列写电路的状态方程和以 2、3、7 支路电流为输出变量的输出方程。

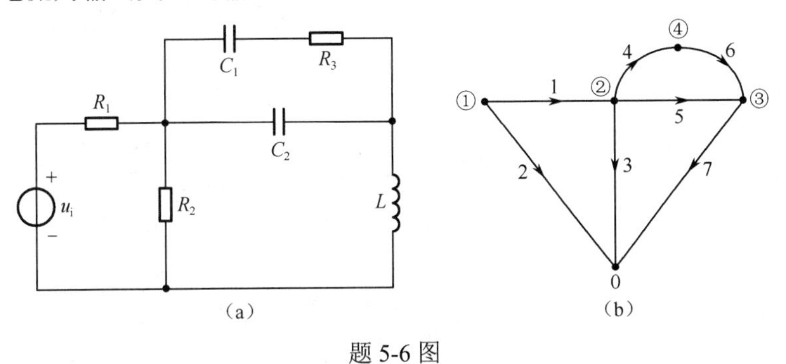

题 5-6 图

5-7 列写题 5-7 图示状态方程和以 i_1、u_2 为输出变量的输出方程，其中 $i_L(0)=3\text{A}$、$u_C(0)=2\text{V}$。

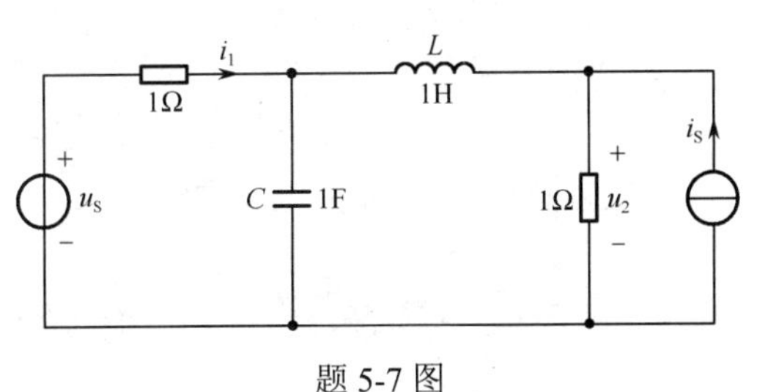

题 5-7 图

5-8 列写题 5-8 图示状态方程，以 u_1、i_2 为输出变量，求输出方程。

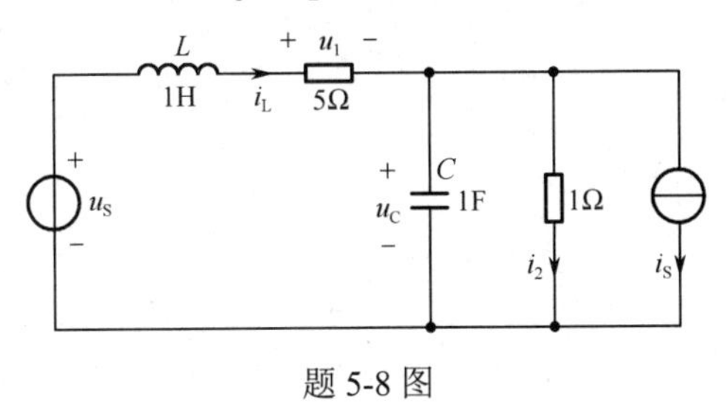

题 5-8 图

第6章 基于MATLAB的电路计算机辅助分析

MATLAB 具有强大的运算和作图功能。MATLAB 中的变量与常量都是矩阵，其元素可以是实数和复数等形式的表达式，而且具有元素群运算能力，使编程更简便，运算效率更高，可以轻松地实现 C、Fortran 语言的全部功能，同时提供齐全的数学函数，绘图功能强大，有利于分析计算电路的各种问题。MATLAB 除提供可以直接输入命令进行交互的命令窗口外，还提供了解决复杂和多次重复输入性问题的 M 文件编辑器，方便了用户集中编写和调试程序，提高了编程和解决问题的效率，是基于原始算法步骤的仿真方法，利用 MATLAB 强大的数值计算能力可进行各种电路方程求解。

MATLAB/Simulink 是用于系统仿真的交互式图形系统，它允许用户通过绘制方框图进行建模，适用于各种线性系统、非线性系统、连续系统、离散系统和多变量系统，是 MATLAB 非常重要的共生产品，模型库集成了电力系统模型集（Power Systems Blockset），可用于电路分析。MATLAB/Simulink 相比于其他电路分析软件在电路分析、层次化建立电路模型、数值计算、绘图分析等方面具有显著优势。

MATLAB/GUI 设计工具是一个能快速产生各种图形对象的开发环境，可以帮助用户方便地设计出符合各种功能要求的人机交互界面，尤其在计算电路响应、绘制图形方面有着其他软件不可比拟的优势。MATLAB 提供的大量内部函数能满足电路计算的各种需要，允许复数直接参与运算，可以分析交流电路，同时可以直接绘制电压、电流的相量图，处理复杂电路的电压、电流、功率等物理量。利用 MATLAB/GUI 提供的可接收数据的编辑框、可激发事件的按钮、可显示图形的坐标轴等控件，就可以设计开发出界面友好、使用方便的计算平台，为电路的计算机辅助分析提供了有力工具。

本章介绍 MATLAB 编程法、MATLAB/Simulink、MATLAB/GUI 等辅助分析电路的方法。

6.1 应用 MATLAB 编程法辅助分析电路

6.1.1 MATLAB 的特点及应用方法

1．MATLAB 的特点

MATLAB 是一个包含众多工程计算和仿真功能的庞大系统，是目前世界上最流行的仿真和计算软件。MATLAB 语言具有不同于其他高级语言的特点，它被称为第四代计算机语言，MATLAB 语言最大的特点就是简单和直接。正如第三代计算机语言（如 Fortran 语言与 C 语言）使人们摆脱了对计算机硬件操作一样，MATLAB 语言使人们从烦琐的程序代码中解放出来。它丰富的函数使开发者无须重复编程，只要简单调用和使用即可。MATLAB 语言的主要特点可概括如下：

（1）编程效率高。

MATLAB 是一种面向科学与工程计算的高级语言，允许数字形式的语言编写程序，与 BASIC、Fortran 和 C 等语言相比，更加接近书写计算公式的思维方式，用 MATLAB 编写程序犹如在演算纸上排列公式与求解问题，因此，也通俗地称 MATLAB 语言为演算纸式科学算法语言，它编写简单，程序设计效率高，易学易懂。

（2）使用方便。

MATLAB 语言是一种解释执行的语言，它灵活、方便，调试程序手段丰富，调试速度快。编写程序和调试程序一般要经过 4 个步骤：编辑、编译、链接及执行。各个步骤之间是顺序关系，编程的过程就是在它们之间做瀑布形的循环。MATLAB 语言与其他语言相比，较好地解决了上述问题，把编辑、编译、链接和执行融为一体。它能在同一画面中灵活地操作，快速排除输入程序的书写错误、语法错误甚至语意错误，从而加快了用户编写、修改和调试程序的速度。

（3）扩充能力强，交互性好。

高版本的 MATLAB 语言具有丰富的库函数，在进行复杂数学运算的时候可以直接调用，而且 MATLAB 的库函数同用户文件在形式上一样，所有用户文件也可作为 MATLAB 的库函数调用。因而，用户可以根据自己的需要方便地建立和扩充新的库函数，提高 MATLAB 的使用效率和扩充它的功能。

（4）语句简单，内涵丰富。

MATLAB 语言中最基本、最重要的成分是函数，其一般形式为[a, b, c,…] = fun(d, e, f,…)，即一个函数由函数名、输入变量和输出变量组成。同一函数名 fun，不同数目的输入变量（包括无输入变量）及不同数目的输出变量，代表着不同的含义。这不仅使 MATLAB 的库函数功能更丰富，而且大大减少了需要的磁盘空间，使得 MATLAB 编写的 M 文件简单、短小而高效。

（5）矩阵和数组运算高效方便。

MATLAB 语言像 BASIC、Fortran 和 C 语言一样规定了矩阵的算术运算符、关系运算符、逻辑运算符、条件运算符及赋值运算符，而且这些运算符大部分可以毫无改变地照搬到数组间的运算中，有些运算符只要增加“•”就可用于数组间的运算。另外，它不需要定义数组的维数，并给出矩阵函数、特殊矩阵专用的库函数，使之在求解诸如信号处理、建模、系统识别、控制、优化等领域的问题时，显得大为简单、高效、方便，这是其他高级语言所不能相比的。在此基础上，高版本的 MATLAB 已经逐步扩展到科学及工程计算的很多领域。

（6）绘图功能便捷强大。

MATLAB 的绘图功能是十分方便的，它有一系列绘图函数（命令），例如线性坐标、对数坐标、半对数坐标和极坐标，只需调用不同的绘图函数（命令），即可在图上标出图题、*XY* 轴标注，格（栅）绘制也需要调用相应的命令，简单易行。另外，在调用绘图函数时调整自变量可以绘出不同颜色的点、线、复线或多重线。这种为科学研究着想的设计是通用的编程语言所不具备的。

（7）功能强大，工具箱设计简捷。

MATLAB 提供了许多面向应用问题求解的工具箱函数，从而大大方便了各个领域专家学者的使用，目前，MATLAB 提供了 30 多个工具箱函数，如信号处理、最优化、神经网络、图像处理、控制系统、系统识别、模糊系统和小波等。它们提供了各个领域应用问题求解的便利函数，使系统分析和设计变得更加简捷。

2. MATLAB 的应用方法

启动 MATLAB 后显示如图 6-1-1 所示的 MATLAB 集成环境，包括命令窗口、工作空间、命令历史窗口和 M 文件编辑窗口。

（1）MATLAB 命令窗口。

MATLAB 命令窗口用于输入命令和输出结果，在这里输入的命令会立即得到执行并显示出执行结果，这非常适用于编写短小的程序，对编写大型、复杂程序应采用 M 文件编程方法。

在 MATLAB 命令窗口的菜单条中提供了 File（文件）、Edit（编辑）、View（显示）、Graphics（图形）、Debug（调试）、Desktop（桌面）、Window（窗口）和 Help（帮助）菜单命令。利用 File

菜单可以对文件进行操作，包括新建、打开、输入数据等；利用 Edit 菜单可以完成编辑操作，包括剪切、复制、粘贴、特殊粘贴等；利用 View 菜单可以控制窗口显示；利用 Graphics 菜单可以根据变量方便地画出图形；利用 Desktop 可以控制当前窗口的视图；利用 Window 菜单可以在各个窗口之间进行切换；使用 Help 菜单可以获得使用 MATLAB 的帮助信息，采用 File 菜单中的 Preferences 命令，可以设置各个窗口的显示特性。另外，在 MATLAB 集成环境中，还提供了快捷操作按钮。

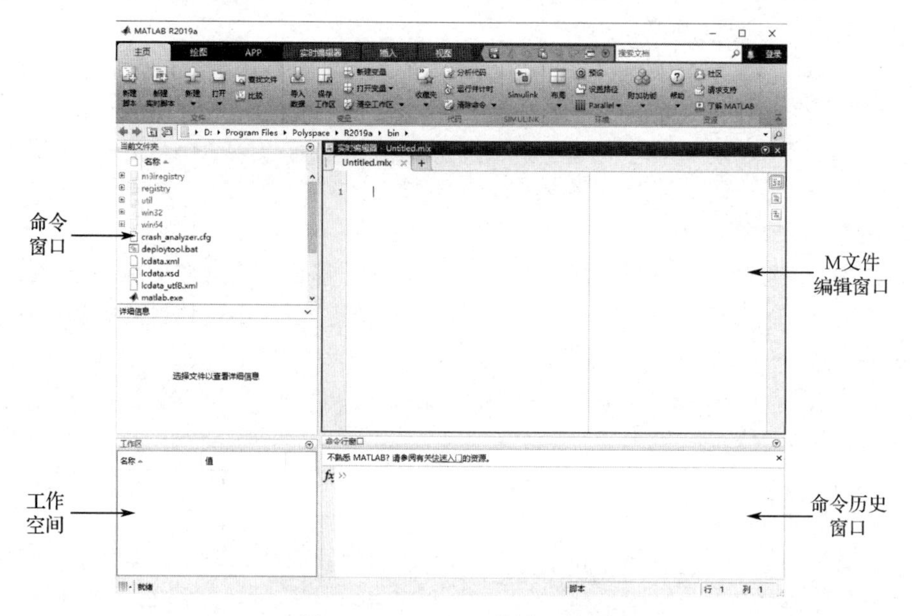

图 6-1-1　MATlAB 集成环境图

（2）MATLAB 工作空间。

MATLAB 工作空间包含着本次 MATLAB 任务过程中所建立的变量，MATLAB 提供了一组命令来管理、处理这些变量，同时还提供了专门的工作空间浏览器。

① 工作空间浏览器及数组编辑。

在 MATLAB 环境下，输入命令可以在工作空间中建立一些变量，如图 6-1-2 所示，它直观地显示出变量名、尺寸、占用的存储空间及变量的类型。在工作空间的菜单条中，按钮依次为“创建新的数据变量”“打开变量的显示”“装入数据文件”“保存工作空间”“打印”“删除数据”“数据图形化”。

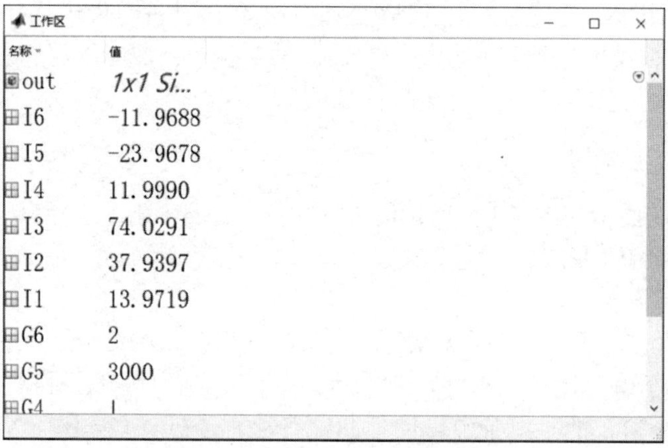

工作区

名称	值
out	1x1 Si...
I6	-11.9688
I5	-23.9678
I4	11.9990
I3	74.0291
I2	37.9397
I1	13.9719
G6	2
G5	3000
G4	1

图 6-1-2　工作空间浏览器图

通过工作空间浏览器可以直接查看当前工作空间中的所有变量，并且可以对变量进行编辑，如图 6-1-2 所示。在工作空间浏览器中列出变量名称、大小、字节数和变量类型，与 who 命令中所列出的信息相同，选择其中一个变量，单击 delete 则可删除这个变量，单击 open 则可打开编辑器和调试器，以表格的形式对数组进行编辑。通过这种方法可以对数组的大小及每个元素进行编辑，但是不可以改变数组的类型，例如在数值型数组中输入字符串，系统就会自动给出错误的提示。

② 显示、清除变量。

who 和 whos 命令可在命令窗口中显示出工作空间的变量列表。clear 命令可清除工作空间中的所有变量，如果在 clear 之后加上变量名，则可以清除指定的变量，例如，clear b c 只清除变量 b 和变量 c。

③ 保存和恢复工作空间。

save 命令可用来保存整个工作空间或者其中一部分变量，相应的 load 命令可以恢复所保存的变量。例如，save entire 可将整个工作空间保存在 entire.mat 文件中，命令 save much x y z 可将变量 x、y、z 保存在 much.mat 文件中，这些文件均为二进制文件，可以直接由 load 命令恢复，例如 load entire，load much。

（3）命令历史窗口。

在 MATLAB 的命令历史窗口中，可以输入各个合法的 MATLAB 命令，生成 MATLAB 工作空间中的变量，与此同时，命令行保存在命令历史窗口中，在以后输入命令时，可以调出以前输入的命令并加以修改。MATLAB 提供窗口命令编辑快捷键，如表 6-1-1 所示，利用这些快捷键，可以方便地修改以前的命令。在命令历史窗口中直接利用鼠标可以将命令行拖拉到命令窗口，也可以直接双击命令行调出命令并进行执行。

表 6-1-1　MATLAB 窗口命令编辑快捷键

快　捷　键	功　　能	快　捷　键	功　　能
↑，Ctrl+P	重新调入上一命令行	Home，Ctrl+A	光标移到行首
↓，Ctrl+N	重新调入下一命令行	End，Ctrl+A	光标移到行尾
←，Ctrl+B	光标左移一个字符	Esc	清除命令键
→，Ctrl+F	光标右移一个字符	Del，Ctrl+D	删除光标处字符
Ctrl+←	光标左移一个字	BackSpace	删除光标坐标
Ctrl+→	光标右移一个字	Ctrl+K	删除至行尾

（4）M 文件编辑窗口。

将 MATLAB 语句按特定的顺序组合在一起就可得到 MATLAB 程序，其文件名的后缀为 M，故也称为 M 文件。MATLAB 7.x 提供了 M 文件的专用编辑/调试器，在编辑器中，会以不同的颜色表示不同的内容：命令、关键字、不完整字符串、完整字符串及其他文本，这样就可以发现输入错误，缩短调试时间。

启动编辑器的方法有两种：

① 在工作空间中输入 edit，这时启动编辑器，并打开空白的 M 文件；

② 在命令窗口的 File 菜单或工具栏上选择 New 命令或 NewFile 图标。

编辑器窗口如图 6-1-3 所示，它提供了一组菜单和快捷键，提供了编辑 M 文件和调试 M 文件的两大功能。

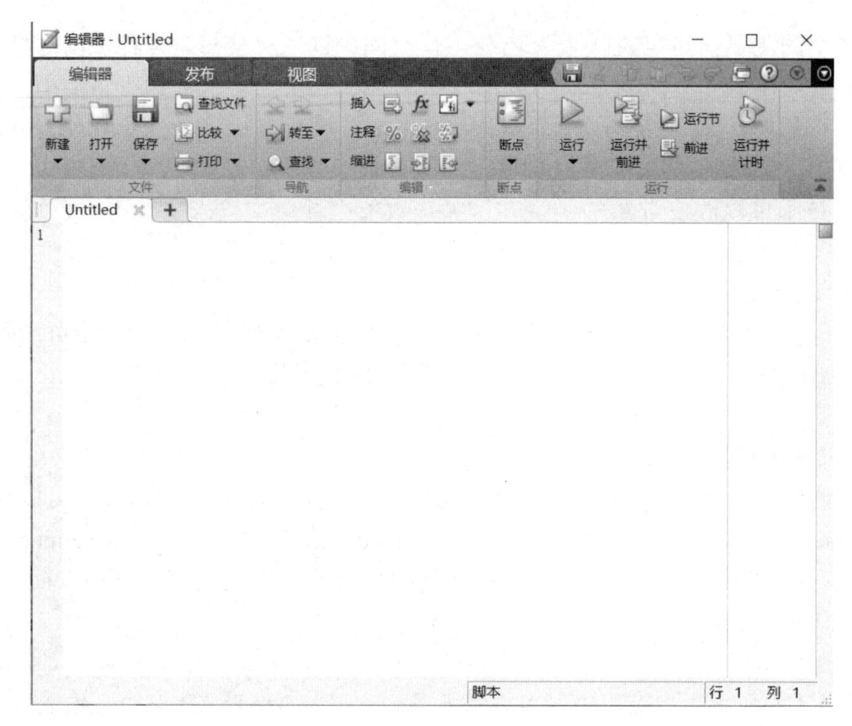

图 6-1-3　编辑器窗口

6.1.2　直流电路分析

对于直流电路而言，在进行电路的稳态分析时，由结点电压法列写的电路方程组都是线性代数方程组。线性方程组的求解有直接法和迭代法，直接法中的高斯消去法和 LU 分解法算法简单，计算量小，得到了广泛应用。迭代法虽然算法简单，程序容易编制，但需要系数矩阵具有某种适用于迭代法的性质，否则不能收敛，或即便收敛，如果迭代初值选择不当，会造成计算速度慢。所以，在这里我们选取高斯消去法中精度最高的列主元高斯消去法对直流电路的结点电压方程进行求解。

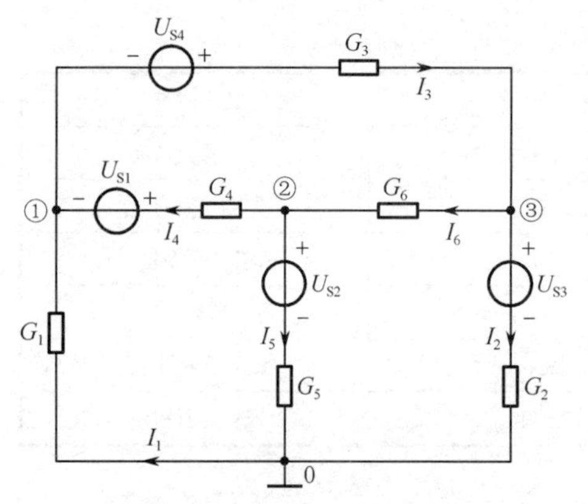

图 6-1-4　例 6-1-1 题电路图

【例 6-1-1】 如图 6-1-4 所示的电路图，已知 $U_{S1}=6\text{V}$，$U_{S2}=18\text{V}$，$U_{S3}=12\text{V}$，$U_{S4}=25\text{V}$，$G_1=2000\text{S}$，$G_2=5000\text{S}$，$G_3=2\text{S}$，$G_4=1\text{S}$，$G_5=3000\text{S}$，$G_6=2\text{S}$，利用结点电压法求各支路电流。

解：（1）列写电路结点电压方程。

$$\begin{bmatrix} G_1+G_3+G_4 & -G_4 & -G_3 \\ -G_4 & G_4+G_5+G_6 & -G_6 \\ -G_3 & -G_6 & G_2+G_3+G_6 \end{bmatrix}\begin{bmatrix} U_{10} \\ U_{20} \\ U_{30} \end{bmatrix}=\begin{bmatrix} -G_4U_{S1}-G_3U_{S4} \\ G_4U_{S1}+G_5U_{S2} \\ G_3U_{S4}+G_2U_{S3} \end{bmatrix}$$

各电流与结点电压的关系：

$I_1=-G_1U_{10}$， $I_2=G_2(U_{30}-U_{S3})$， $I_3=G_3(U_{S4}+U_{10}-U_{30})$，

$I_4=-G_4(U_{S1}+U_{10}-U_{20})$， $I_5=G_5(U_{20}-U_{S2})$， $I_6=G_6(U_{30}-U_{20})$

（2）利用列主元高斯消去法求解电路方程。

利用函数 Guassian_columnPP(A,b)进行列主元高斯消去法。

```
clc
clear
US1=6;  US2=18;  US3=12;  US4=25;
G1=2000; G2=5000; G3=2; G4=1; G5=3000; G6=2;
G=[G1+G3+ G4,       -G4,      -G3;
     -G4,        G4+G5+G6,    -G6;
     -G3,           -G6,    G2+G3+G6];
US=[-G4*US1-G3*US4;  G4*US1+G5*US2;  G3*US4+G2*US3];
U=Guassian_columnPP(G,US)
% 由结点电压计算支路电流
I1=-G1*U(1)
I2=G2*(U(3)-US3)
I3=G3*(US4-(U(1)-U(3)))
I4=-G4*(US1+(U(1)-U(2)))
I5=G5*(U(2)-US2)
I6=G6*(U(3)-U(2))
% End
```

（3）计算结果。

```
U= -0.0070
   17.9920
   12.0076
I1= 13.9719
I2= 37.9397
I3= 74.0291
I4= 11.9990
I5= -23.9678
I6= -11.9688
```

列主元高斯消去法可以减小舍入误差，精度比较高，是解决小型稠密矩阵的一个较好的算法。

6.1.3 暂态电路分析

对于线性一阶、二阶甚至高阶动态电路，先列写待求变量的输入-输出方程，求出该方程的初始值，瞬态分析就转化为常系数微分方程的求解，应用 MATLAB 可以实现微分方程求解，但对于高阶动态电路列写高阶微分方程和求解，都比一阶电路更困难。状态变量分析法建立一组联系状态变量与激励函数的状态方程和一组联系响应函数、状态变量与激励函数的输出方程，状态方程是一组一阶微分方程，输出方程是一组代数方程。当微分方程建立以后，可用 MATLAB 函数求得微分方程的解析解或数值解。在求解出电容电压和电感电流后，将电容用电压源替代，将电感用电流源替代，采用一般电阻电路的分析方法，就可以求出电路的其他变量参数。也可将其他变量作为输出变量，列写输出方程进行求解。在求解暂态电路的过程中，有一些 MATLAB 函数经常会用到。

1. 常用函数

（1）roots 函数：求多项式函数等于零的根。可用来求解特征方程的根、网络函数的极点和零点。

调用格式：r = roots(p)

p 是多项式系数形成的行相量，系数按降幂排列。

r 是函数的根，是一个列相量。

（2）plot 函数：MATLAB 中的二维画图函数。

调用格式：

① plot(y) 当 y 为相量时，以 y 的分量为纵坐标，以元素序号为横坐标，用直线依次连接数据点，绘制曲线。若 y 为实矩阵，则按列绘制每列对应的曲线。

② plot(x,y) 若 y 和 x 为同维相量，则以 x 为横坐标，y 为纵坐标绘制连接图。若 x 是相量，y 是行数或列数与 x 长度相等的矩阵，则绘制多条不同颜色的连接图，x 被作为这些曲线的共同横坐标。若 x 和 y 为同型矩阵，则以 x，y 对应的元素分别绘制曲线，曲线条数等于矩阵列数。

③ plot(x1,y1,x2,y2,…) 在此格式中，每对 x，y 必须符合 plot(x,y)中的要求，不同对之间没有影响，命令将对每一对 x，y 绘制曲线。

（3）trapz 函数：利用梯形公式计算数值积分，对矩阵使用 trapz()函数时，相当于将行或列相邻元素相加除以 2（即相邻元素的平均值）再求和。

设 A 为 m 行 n 列矩阵，trapz(A,1)对列进行处理，输出为 n 个分量的行相量；trapz(A,2)对行进行处理，输出为 m 个分量的列相量。

（4）dsolve 函数：求微分方程解析解。

调用格式：dsolve（'eqn1', 'eqn2',…, 'inition', 'disp_var1', 'disp_var2',…）

其中'eqn1','eqn2' ,…是描述微分方程（组）的字符串，可以是函数名或微分方程表达式。每个'eqni'可以包含一个和多个微分方程，例如：'Du = v, Dv = w, Dw = −u'。

（5）ezplot 函数：是一个易用的一元绘图函数。特别是在绘制含有符号变量的函数图像时，ezplot 要比 plot 更方便。因为 plot 绘制图形时要指定自变量的范围，而 ezplot 无须数据准备，直接绘出图形。

ezplot(fun)在默认区间 $-2\pi < x < 2\pi$ 绘制函数 fun(x)的图像，其中 fun(x)是 x 的一个显函数。fun 可以是一个函数句柄或者字符。

ezplot(fun, [xmin, xmax])在区间 xmin<x<xmax 绘制函数 fun(x)。

对于一个隐函数 fun2(x,y)：

ezplot(fun2)在默认区间 $-2\pi < x < 2\pi$，$-2\pi < y < 2\pi$ 绘制 fun2(x,y) = 0。

ezplot(fun2, [xymin, xymax]) 在 xymin<x<xymax 和 xymin<y<xymax 范围内绘制 fun2(x,y) = 0 图像。

ezplot(fun2, [xmin, xmax,ymin,ymax]) 在 xmin<x<xmax 和 ymin<y<ymax 范围内绘制 fun2(x,y) = 0 图像。

ezplot(funx, funy)在默认区间 $0 < t < 2\pi$ 绘制参数定义的平面曲线 funx(t)和 funy(t)。

ezplot(funx, funy, [tmin, tmax])在默认区间 tmin<*t*<tmax 绘制参数定义的平面曲线 funx(t)和 funy(t)。

ezplot(…, figure_handle)在句柄图像定义的图像窗口绘制特定区间的给定函数图像。

ezplot(axes_handle, …)用坐标轴句柄绘制而不是当前坐标轴句柄（gca）绘制函数图像。

2．应用实例

【例 6-1-2】 电路如图 6-1-5 所示，$U_S = 10V$，$I_S = 2A$，$L = 4H$，R 分别取 2Ω、1Ω、0.5Ω。求 S 闭合后电路中电流 i_L，并画出波形。

解：（1）电流 i_L 求解。

由三要素法可得

$$i_L(t)=\left(\frac{U_S}{R}-I_S\right)+\left[-I_S-\left(\frac{U_S}{R}-I_S\right)\right]e^{-\frac{Rt}{L}}$$

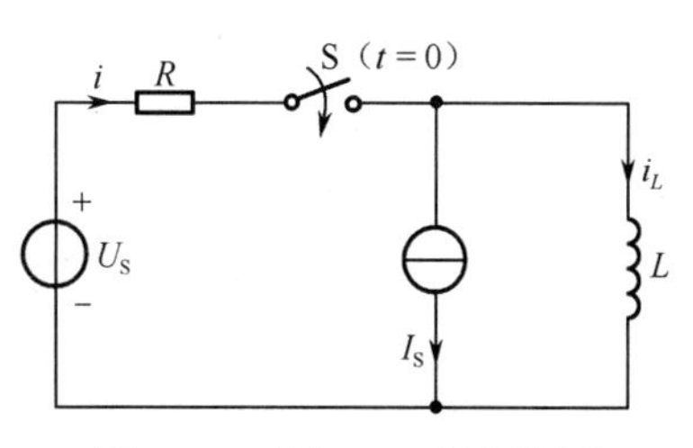

图 6-1-5　例 6-1-2 题电路图

当 $R=2\Omega$ 时，　$i_{L1}(t)=3-5e^{-\frac{t}{2}}$

当 $R=1\Omega$ 时，　$i_{L2}(t)=8-10e^{-\frac{t}{4}}$

当 $R=0.5\Omega$ 时，　$i_{L3}(t)=18-20e^{-\frac{t}{8}}$

（2）编写 MATLAB 程序。

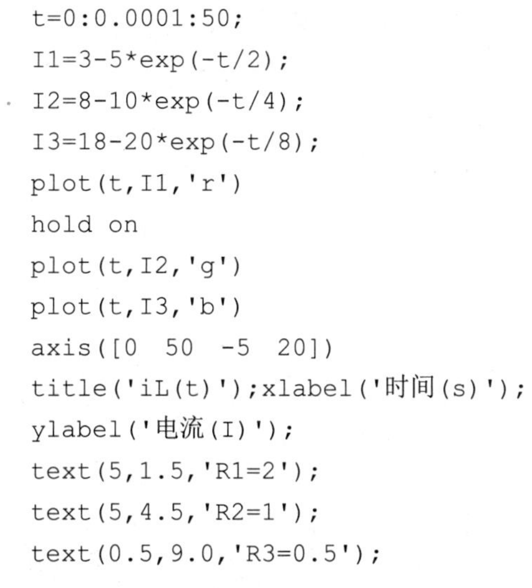

```
t=0:0.0001:50;
I1=3-5*exp(-t/2);
I2=8-10*exp(-t/4);
I3=18-20*exp(-t/8);
plot(t,I1,'r')
hold on
plot(t,I2,'g')
plot(t,I3,'b')
axis([0  50  -5  20])
title('iL(t)');xlabel('时间(s)');
ylabel('电流(I)');
text(5,1.5,'R1=2');
text(5,4.5,'R2=1');
text(0.5,9.0,'R3=0.5');
```

（3）仿真结果分析。

如图 6-1-6 所示为电感电流随时间变化曲线。可以清楚地看到时间常数对过渡过程的影响。时间常数越大，曲线上升越慢，达到稳态值的时间越长。

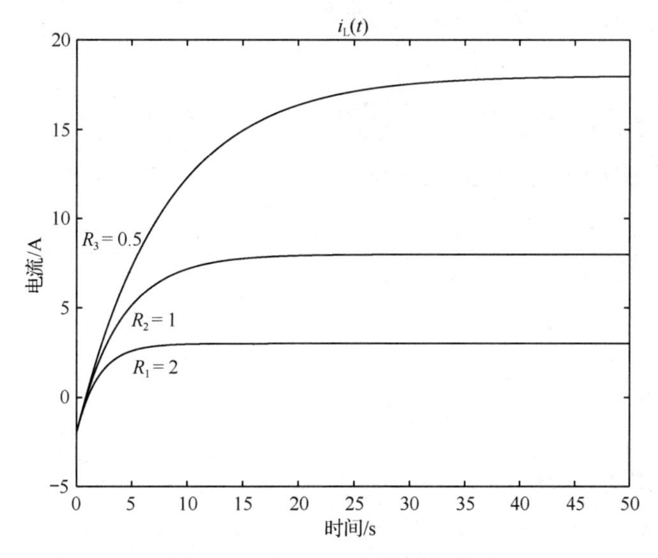

图 6-1-6　例 6-1-2 题仿真结果图

【例 6-1-3】 电路如图 6-1-7 所示，$t=0$ 时 S 打开，求 $i_L(t)$和 $u_C(t)$。

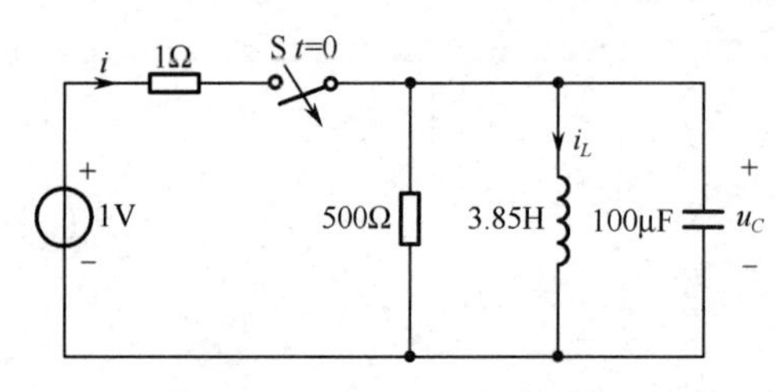

图 6-1-7　例 6-1-3 题电路图

解： 1．列写电路方程。

以 i_L 作为变量，列写电路方程

$$3.85\times10^{-4}\frac{\mathrm{d}^2 i_L(t)}{\mathrm{d}t^2}+0.0077\frac{\mathrm{d}i_L(t)}{\mathrm{d}t}+i_L(t)=0$$

整理得

$$\frac{\mathrm{d}^2 i_L(t)}{\mathrm{d}t^2}+20\frac{\mathrm{d}i_L(t)}{\mathrm{d}t}+2597.4 i_L(t)=0$$

特征方程为：$\lambda^2+20\lambda+2597.4=0$

2．应用 MATLAB 求解微分方程。

（1）求特征方程特征根

```
p=[1  20  2597.4];
lambda=roots(p)
lambda =
 -10.0000 +49.9740i
 -10.0000 -49.9740i
```

写出电流解表达式为

$$i_L(t)=A_1\mathrm{e}^{(-10+49.974\mathrm{j})t}+A_2\mathrm{e}^{(-10-49.974\mathrm{j})t}$$

（2）方程求解。

由初始条件 $i_L(0_+)=1\mathrm{A}$，$i_L'(0_+)=0\mathrm{A/s}$，得

$$\begin{cases}A_1+A_2=1\\A_1(-10+49.974\mathrm{j})+A_2(-10-49.974\mathrm{j})=0\end{cases}$$

```
A=[1, 1; -10+49.974i, -10-49.974i ];
B=[1;0];
A1A2=A\B
```

运行得：

```
A1A2 =
   0.5000 - 0.1001i
   0.5000 + 0.1001i
```

（3）作出 $i_L(t)$ 和 $u_C(t)$ 的波形。

① MATLAB 程序。

```
t=0:1e-4:0.2;
iLt=(0.5-0.1001*j).*exp((-10+49.974*j)*t)+(0.5+0.1001*j).*exp((-10-49.974*j)*t);
```

```
figure(1);
plot(t,iLt);
xlabel('Time(s)');
ylabel('Current(A)');
hold on
uCt2=3.85*diff(iLt)./diff(t)
uCt2(2001)=0
figure(2);
plot(t,uCt2);
xlabel('Time(s)');
ylabel('Voltage(V)');
```

② 仿真结果分析。

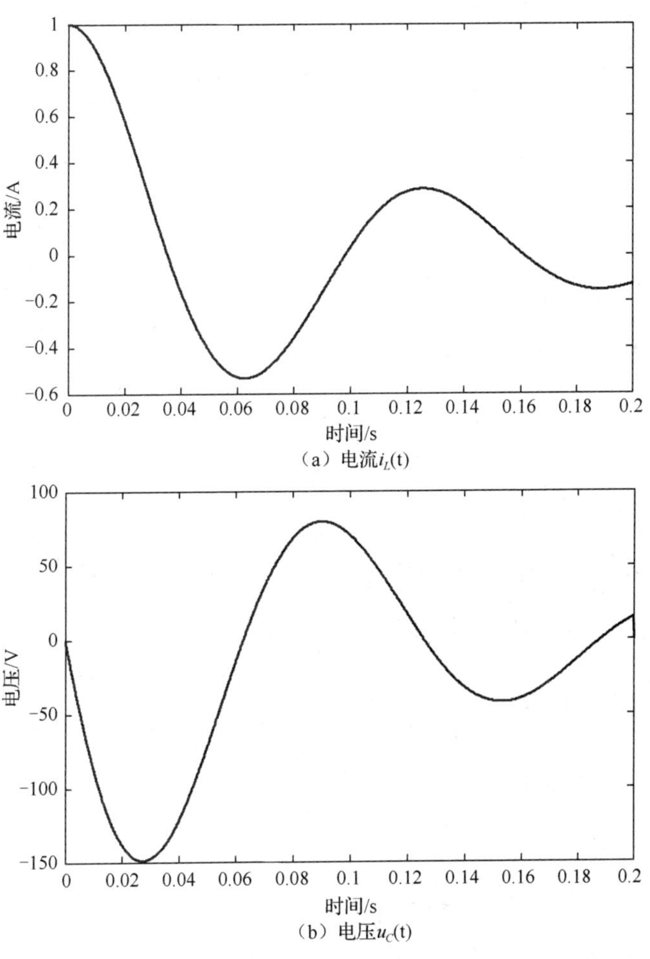

图 6-1-8　例 6-1-3 题仿真结果图

电感、电容的电压和电流的约束关系存在积分形式和微分形式，如果知道动态元件电压、电流中的一个量，另一个量就可以用数值微分或数值积分求得。数值微分用 diff 函数求得，数值积分采用 trapz 和 quad 函数。

diff 函数：求向量相邻元素的差，则数值微分可用差商求得，例如 UL = L*diff(iL)./diff(t)。

电流行向量为已知，求电感电压。需要注意，在差商运算后，元素数量减少 1 个，如果需要画出曲线，需要在末尾补 1 个点。针对例 6-1-3 中，时间 t 从 0 到 0.2 以 1e-4 为一个步长，总共有

2000 个点，在末尾补充一个点 $u_{Ct_2}(2001)=0$，程序就可以运行了。

【例 6-1-4】 电路如图 6-1-9 所示，已知 $R_1=100\Omega$，$R_2=200\Omega$，$u_S(t)=10\varepsilon(t)\text{V}$，$L_1=100\text{mH}$，$L_2=200\text{mH}$，$C_1=0.1\mu\text{F}$，动态元件初始能量为零，画出零状态响应电流 $i_1(t)$ 的曲线。

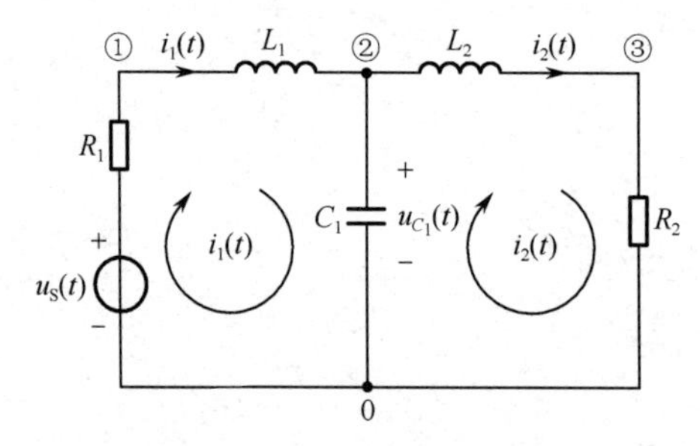

图 6-1-9　例 6-1-4 题电路图

解：（1）采用直接法列写电路的状态方程。

$$\begin{cases}L_1\dfrac{\mathrm{d}i_1(t)}{\mathrm{d}t}+u_{C_1}(t)+R_1i_1(t)=u_S(t)\\L_2\dfrac{\mathrm{d}i_2(t)}{\mathrm{d}t}-u_{C_1}(t)+R_2i_2(t)=0\\C_1\dfrac{\mathrm{d}u_{C_1}(t)}{\mathrm{d}t}=i_1(t)-i_2(t)\end{cases}$$

代入电路参数，化简后得

$$\begin{cases}0.1\dfrac{\mathrm{d}i_1(t)}{\mathrm{d}t}+100i_1(t)+u_{C_1}(t)=10\varepsilon(t)\\0.2\dfrac{\mathrm{d}i_2(t)}{\mathrm{d}t}+200i_2(t)-u_{C_1}(t)=0\\0.1\times10^{-6}\dfrac{\mathrm{d}u_{C_1}(t)}{\mathrm{d}t}-i_1(t)+i_2(t)=0\end{cases}$$

将常微分方程组改写为状态方程的标准形式，采用 ode 函数求解。

$$\begin{cases}\dfrac{\mathrm{d}i_1(t)}{\mathrm{d}t}=-1000i_1(t)-10u_{C_1}(t)+100\varepsilon(t)\\\dfrac{\mathrm{d}i_2(t)}{\mathrm{d}t}=-1000i_2(t)+5u_{C_1}(t)\\\dfrac{\mathrm{d}u_{C_1}(t)}{\mathrm{d}t}=10^7i_1(t)-10^7i_2(t)\end{cases}$$

初始条件：

$$i_1(0_+)=0\text{A},\quad i_1'(0_+)=\frac{u_{L_1}(0_+)}{L_1}=100\text{A/s}$$

$$i_2(0_+)=0\text{A},\ i_2'(0_+)=0\text{A/s}$$

$$u_{C_1}(0_+)=0\text{V},\ u_{C_2}'(0_+)=0\text{V/s}$$

（2）编写 MATLAB 程序。

① 写出函数文件 vdp1.m。

```
function dydt = vdp1(t,y)
dydt=[-1000*y(1)-10*y(3)+100;-1000*y(2)+5*y(3);1e7*y(1)-1e7*y(2)];
```

② 求解微分方程。

```
[t,y]=ode45('vdp1',[0 1e-2],[0;0;0]);
plot(t,y(:,1),'-')
```

（3）仿真结果。

仿真结果如图 6-1-10 所示。

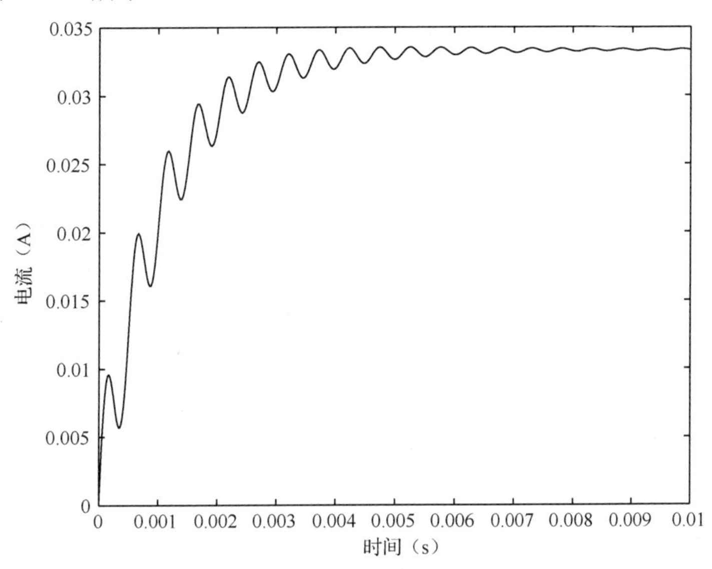

图 6-1-10　例 6-1-4 仿真结果图

ode45 是数值解法，许多微分方程不能用 dsolve 求解析解，但可以用 ode 算法求数值解。ode45 表示采用四阶-五阶龙格-库塔算法，它用四阶方法提供候选解，五阶方法控制误差，是一种自适应步长的常微分方程数值解法。

6.1.4　正弦交流电路分析

1. 常用函数

（1）复数矩阵生成的方式。

① 直接的复数矩阵输入。

② 用“*”构造复数虚部。

③ 分别构造复数矩阵实部和虚部后相加。注意虚数单位“i”或“j”不能用大写。

（2）常用的复数运算函数有 real、imag、abs、conj、angle、compass、fminbnd、fminunc、fminsearch、fun。

① real（A）：求复数或复数矩阵 A 的实部。

② imag（A）：求复数或复数矩阵 A 的虚部。

③ abs（A）：求复数或复数矩阵 A 的模。

④ conj（A）：求复数或复数矩阵 A 的共轭。

⑤ angle(A)：求复数或复数矩阵 A 的相角，单位为弧度。需要注意 MATLAB 中三角函数（sin、cos、tan 等）传递参数、反三角函数（asin、acos、atan 等）返回参数的单位均是弧度。在频域分析中，常常需要进行复指数式和代数式的转换，将复指数 $10\angle 30^\circ$ 转换为代数式的方法是 10*exp(i*30/180*pi)；求复数的代数形式 a+bj 的辐角用指令 angle(a+bj)/pi*180。

⑥ compass 函数：在正弦稳态电路的频域分析过程中，经常需要作相量图，compass 函数可实现该功能。调用格式：compass（[I1,I2,I3,⋯]），引用参数为相量构成的行向量。

⑦ fminbnd、fminunc、fminsearch 分别用于单变量、多变量的非线性优化问题求解。fminbnd 求单变量非线性函数极小值点，fminunc 用拟牛顿法求多变量函数极小值点，fminsearch 采用 Nelder-Mead 单纯形法求多变量函数极小值点。

fminbnd 函数调用格式：

```
[x,fval,exitflag,output]=fminbnd(fun,x1,x2,options,p1,p2,…)
```

fminunc 函数调用格式：

```
[x,fval,exitflag,output,grad,hessian]=fminunc(fun,x0,options,p1,p2,…)
```

fminsearch 函数调用格式：

```
[x,fval,exitflag,output]=fminsearch(fun,x0,options,p1,p2,…)
```

以上三个函数用于求解搜索区间内或给定搜索初值的最小值。

⑧ fun 为目标函数，[x1,x2]为求解区间，x0 为搜索初值，若 exitflag>0，则 x 为解，否则，x 不是最终解。fval 为最优解处的目标函数值。若搜索初值 x0 给定不当，可能得到局部极小值。

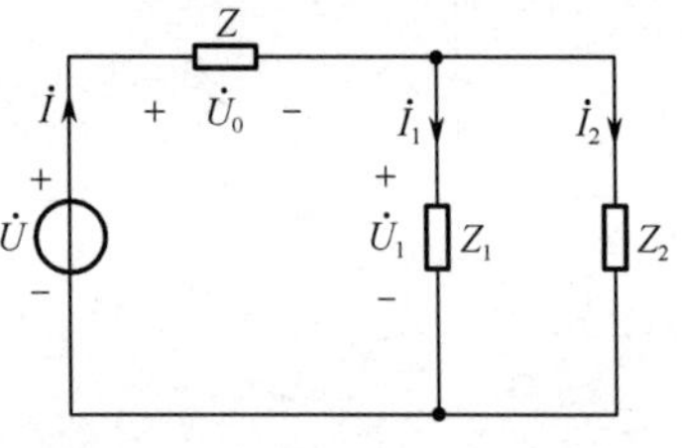

图 6-1-11　例 6-1-5 题电路图

2．应用实例

【例 6-1-5】 电路如图 6-1-11 所示，已知电源电压 $\dot{U}=220\angle 0^\circ$ V，$Z=30\,\Omega$，$Z_1=(10+\mathrm{j}20)\,\Omega$，$Z_2=-\mathrm{j}20\,\Omega$，求电流 $\dot{I}$、$\dot{I}_1$、$\dot{I}_2$，电压 $\dot{U}_0$、$\dot{U}_1$，电压源的平均功率、无功功率和视在功率，并画出相量图。

解：（1）电路分析。

由电路理论知识可知

$$\dot{I}=\frac{\dot{U}}{Z+\dfrac{Z_1Z_2}{Z_1+Z_2}}$$

$$\dot{I}_1=\frac{Z_2}{Z_1+Z_2}\dot{I}$$

$$\dot{I}_2=\frac{Z_1}{Z_1+Z_2}\dot{I}$$

$$\dot{U}_0=Z\dot{I}$$

$$\dot{U}_1=Z_1\dot{I}_1$$

$$\overline{S}=\dot{U}\dot{I}^*$$

$$P=\mathrm{Re}[\overline{S}]$$

$$Q=\mathrm{Im}[\overline{S}]$$

$$S=\sqrt{P^2+Q^2}$$

（2）使用 MATLAB 编程。

```
clear;
U=220;
```

```
I=2.9057+0.8302*j;
I1=1.6604-5.8113*j;
I2=1.2453+6.6415*j;
U0=87.1698+24.9057*j;
U1=132.83-24.9*j;
subplot(1,2,1);
compass([U,U0,U1]);
text(220,0,'U');text(real(U0),imag(U0),'U0');text(real(U1),imag(U1),'U1');
subplot(1,2,2);
compass([I,I1,I2]);
text(real(I),imag(I),'I');text(real(I1),imag(I1),'I1');text(real(I2),imag(I
    2),'I2');
disp('U  I  I1  I2  U0  U1')
disp('幅值'), disp(abs([U, I, I1, I2, U0, U1]))
disp('相角'), disp(angle([U, I, I1, I2, U0, U1])*180/pi)
Sm=U*conj(I);
AvePower=real(Sm)
Reactive=imag(Sm)
ApparentPower=abs(Sm)
```

（3）仿真结果。

```
U   I   I1   I2   U0   U1
幅值:
220.0000    3.0220    6.0439    6.7572   90.6580  135.1437
相角:
      0   15.9454  -74.0543   79.3802   15.9454  -10.6173
AvePower =
639.2540
Reactive =
-182.6440
ApparentPower =
664.8342
```

仿真结果如图 6-1-12 所示。

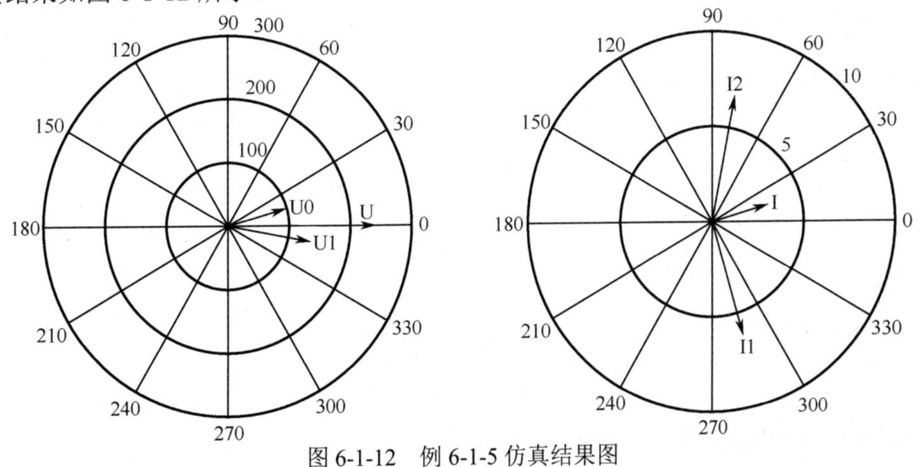

图 6-1-12　例 6-1-5 仿真结果图

【例 6-1-6】 电路如图 6-1-13 所示，已知 $i_S=\cos 2t\ \text{A}$，$u_S=10\cos(2t-90^\circ)\ \text{V}$，求 u_{10}、u_{20}、i_1 和 i_2。

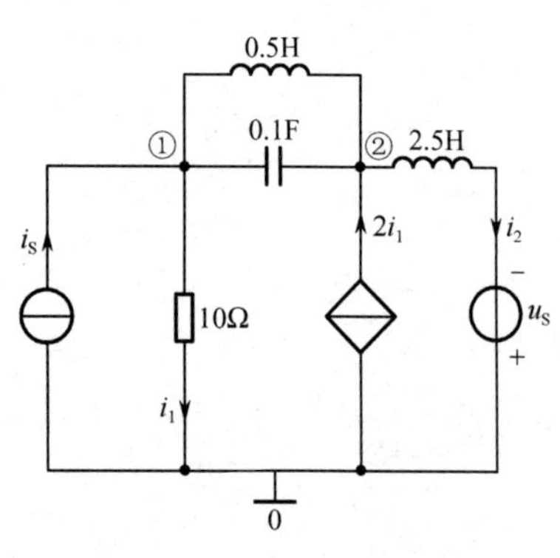

图 6-1-13 例 6-1-6 电路图

解：（1）用结点分析法列写电路方程。

$$\begin{cases}\left(\dfrac{1}{10}+\dfrac{1}{\text{j}1}+\dfrac{1}{-\text{j}5}\right)\dot{U}_1-\left(\dfrac{1}{\text{j}1}+\dfrac{1}{-\text{j}5}\right)\dot{U}_2=1\angle 0^\circ \\ -\left(\dfrac{1}{\text{j}1}+\dfrac{1}{-\text{j}5}\right)\dot{U}_1+\left(\dfrac{1}{\text{j}5}+\dfrac{1}{\text{j}1}+\dfrac{1}{-\text{j}5}\right)\dot{U}_2=2\dot{I}_1-\dfrac{10\angle -90^\circ}{\text{j}5} \\ \dot{I}_1=\dfrac{\dot{U}_1}{10}\end{cases}$$

整理得
$$\begin{cases}(0.1-\text{j}0.8)\dot{U}_1+\text{j}0.8\dot{U}_2=1 \\ (-0.2+\text{j}0.8)\dot{U}_1-\text{j}\dot{U}_2=2\end{cases}$$

（2）使用 MATLAB 编程。

```
clear
A=[0.1-i*0.8 i*0.8; -0.2+i*0.8 -i];
B=[1;2];
Z1=i*5;
Us=-i*10;
U=inv(A)*B
I1=U(1)/10
I2=(U(2)+Us)/Z1;
disp('u1  u2  i1 i2 ')
disp('幅值'), disp(abs([U(1), U(2), I1, I2]))
disp('相角'), disp(angle([U(1), U(2),I1, I2])*180/pi)
```

（3）仿真结果。

```
u1   u2   i1   i2
幅值
15.2153   14.2387    1.5215    1.4989
相角
110.5560  120.0184  110.5560   71.8962
```

【例 6-1-7】 电路如图 6-1-14 所示，已知 $i_S=\sqrt{2}\cos 100t\ \text{A}$，$R=100\,\Omega$，$L=1\,\text{H}$，$C=100\,\mu\text{F}$，$u_S=(10+20\sqrt{2}\cos 300t)\text{V}$，求 u_R。

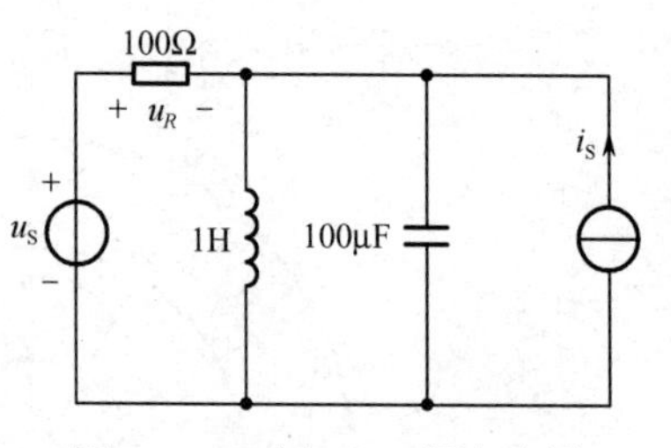

图 6-1-14 例 6-1-7 题电路图

解：（1）电路分析。由电路理论知识可知

$$Z_R=100\,\Omega,\quad Z_L=\text{j}\omega L,\quad Z_C=-\text{j}\frac{1}{\omega C}$$

由图 6-1-15 计算电压源单独作用时的电压 u_{R1}。

$$\dot{U}_{R1}=\frac{\dot{U}_S Z_R}{Z_R+\dfrac{Z_L Z_C}{Z_L+Z_C}}$$

由图 6-1-16 计算电流源单独作用时的电压 u_{R2}。

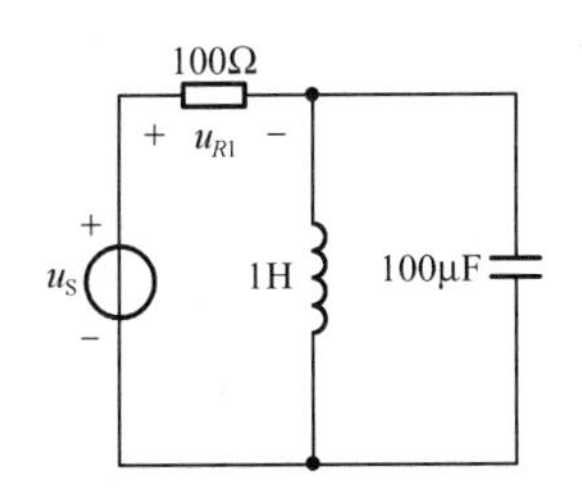

图 6-1-15　电压源单独作用电路图

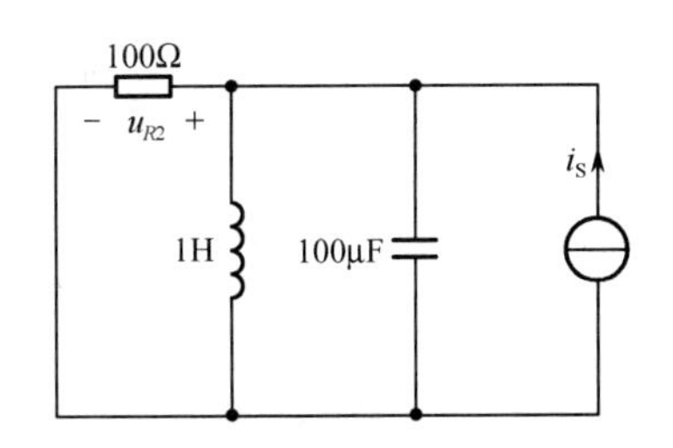

图 6-1-16　电流源单独作用电路图

$$Z_{\mathrm{eq2}}=\frac{1}{\dfrac{1}{Z_R}+\dfrac{1}{Z_L}+\dfrac{1}{Z_C}}=\frac{Z_R Z_L Z_C}{Z_L Z_C+Z_R Z_C+Z_R Z_L}$$

$$\dot{U}_{R2}=\dot{I}_{\mathrm{S}}\cdot Z_{\mathrm{eq2}}$$

由叠加定理计算电压。

$$\dot{U}_R=\dot{U}_{R1}-\dot{U}_{R2}$$

（2）使用 MATLAB 编程。

```
clear
format compact
w=[eps,100,300];
Us=[10,0,28.28];
Is=[0,1.414,0];
zR=[100,100,100];
zC=1./(0.0001*w*j);
zL=1*w*j;
UR1=Us./(zR+zL.*zC./(zL+zC)).*zR;
zeq=zR.*zL.*zC./(zL.*zC+zR.*zC+zR.*zL);
U=UR1-Is.*zeq;
disp('w  Um   phi')
disp([w',  abs(U'),  angle(U')*180/pi])
```

（3）仿真结果。

```
w     Um     phi
0.0000     10.0000    0.0000
100.0000   141.4000   180.0000
300.0000   26.4794    -20.5560
```

这是一个含有直流分量和 2 个频率正弦交流量的非正弦周期电路的求解问题。可利用 MATLAB 的元素群计算特性，把直流及不同频率的交流分量，以及它们所产生的相应的阻抗电压、电流等看作多元素的行数组，每一个元素对应相应的激励及响应，用叠加定理求解。

6.2　应用 MATLAB\Simulink 辅助分析电路

Simulink 是一种图形化的仿真工具，用于对动态系统建模和控制规律的研究。由于支持线性、非线性、连续、离散、多变量和混合式系统结构，Simulink 几乎可以分析任何一种类型的真实动态系统；利用 Simulink 可视化的建模方式，可迅速地建立动态系统的框图模型。Simulink 元件库拥有超过 150 种，可用于构成各种不同种类的动态模型系统，模块包括输入信号源、动力学元件、代数函数和非线性函数、数据显示模块等。Simulink 模块可以被设定为触发和使能的，用于模拟大型系统中存在条件作用的子模型的行为；Simulink 的示波器可通过动画和图像显示数据，运行中可调整模型参数进行 What-if 分析，能够在仿真运算进行时监视仿真结果。这种交互式的特征可以帮助用户快速评估不同的算法，进行参数优化，从而进行电路的分析和计算。

6.2.1 Simulink 应用基础

1. Simulink 的工作平台

（1）单击 MATLAB 窗口工具栏中的 Simulink 图标，或在命令行窗口直接输入命令“simulink”，或在 MATLAB 窗口工具栏上选择新建 Simulink Model 选项，均可启动 Simulink 浏览器。启动 Simulink 后，弹出如图 6-2-1 所示的 Simulink Start Page 浏览器窗口。Simulink 主要是由浏览器和模型窗口组成的。浏览器为用户提供了展示 Simulink 标准模块库和专业工具箱的界面，模型窗口是用户创建模型方框图的主要地方。使用第三种打开方法，或在 Simulink 起始页窗口单击 Blank Model，将弹出 Simulink 建模窗口，如图 6-2-2 所示。

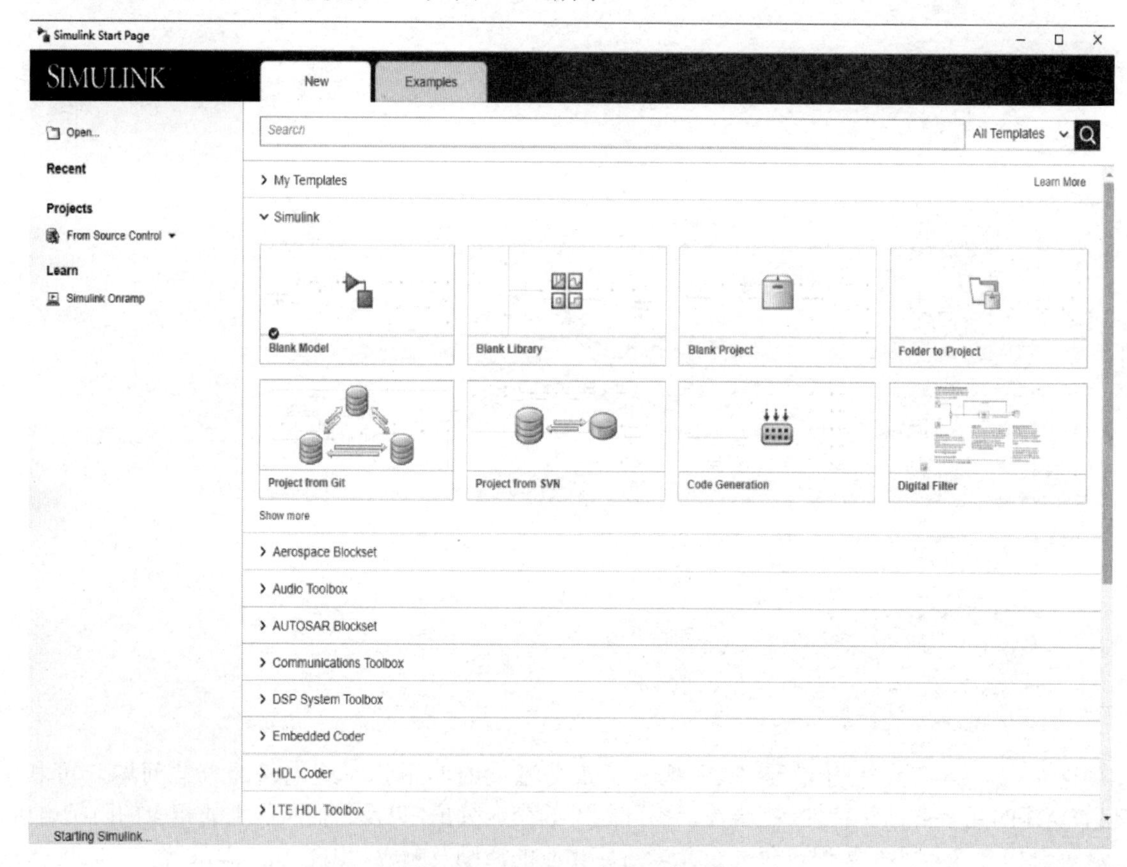

图 6-2-1 Simulink 起始页窗口图

（2）一个典型的仿真系统模型包括输入、状态和输出 3 个部分，如图 6-2-3 所示。

输入模块：即信号源模块，包括信号源、信号发生器和自定义信号。

状态模块：即被模拟的系统模块，是仿真模型的核心。

输出模块：即信号显示模块，以图形的形式输出，也可以输出数据文件或输出到 Workspace。

创建模型文件大致有以下 3 个步骤：

① 建立模型文件，并以.slx 为扩展名保存。

② 选择功能模型放置到模型窗中，设置模型参数。

③ 连接各模型，构成需要的系统。

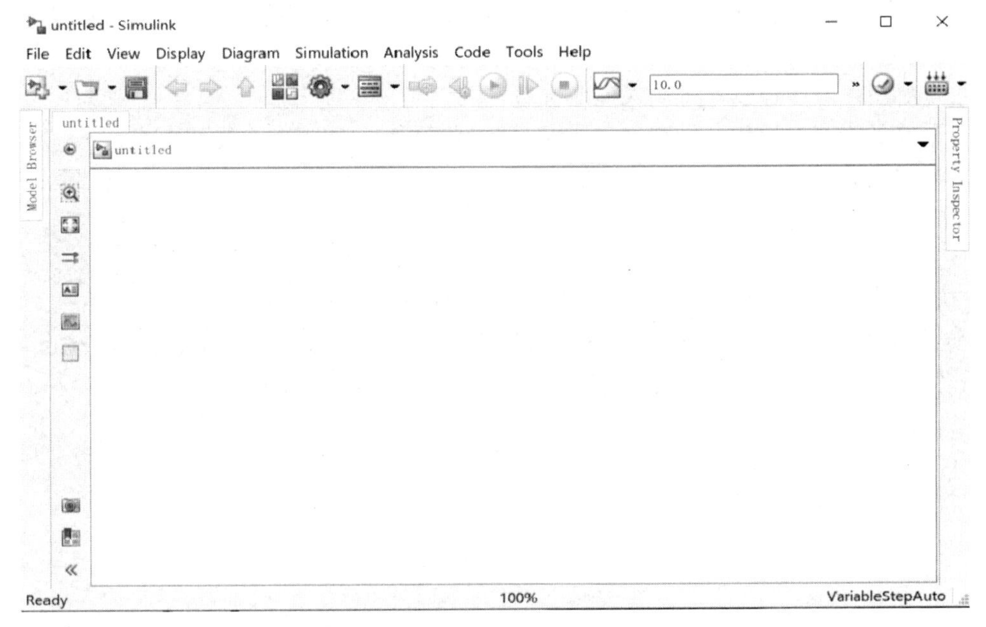

图 6-2-2　Simulink 建模窗口图

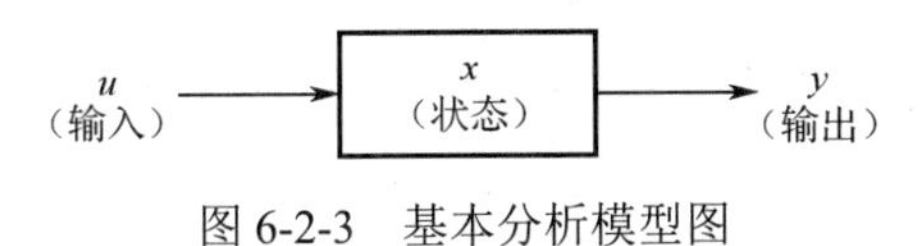

图 6-2-3　基本分析模型图

2. Simulink 的基本操作

（1）模型的操作。

模型的基本操作，包括模型的移动、复制、删除、转向、改变大小、模型命名、颜色设定、参数设定等。模型库中的模型可以用鼠标拖到模型窗口。

在模型窗口中选中模型，其 4 个角会出现黑色标记，此时可以对模型进行以下基本操作。

① 移动：按住鼠标左键将其拖到所需要的位置即可。

② 复制：选中模型，然后按住鼠标右键进行拖动即可复制同样的一个模型。

③ 删除：选中模型，按 Delete 键。若要删除多个模型，按住 Shift 键的同时，再用鼠标选中多个模型，按 Delete 键；或用鼠标选取某区域，再按 Delete 键就可以删除该区域中的所有模型和线。

④ 转向：为了能够顺序连接功能模型的输入端和输出端，功能模型有时需要转向。在菜单“Diagram”中选择“Rotate&Flip”中的“Flip Block”旋转 180°，选择“Rotate Block”顺时针旋转 90°。

⑤ 改变大小：选中模型，对模型出现的四个黑色标记进行拖动即可。

⑥ 模型命名：先用鼠标在需要更改的名称上单击一下，然后直接更改。模型名称相对于模型的位置也可以变换 180°，用菜单“Diagram”→“Rotate&Flip”→“Flip Block Name”实现，也可以直接通过鼠标进行拖动。“Hide Name”可以隐藏模型名称。

⑦ 颜色设定：“Format”菜单中的“Foreground Color”“Background Color”可以改变模型的前景颜色和背景颜色；而模型窗口的颜色可以通过“Canvas Color”来改变。

⑧ 参数设定：用鼠标双击模型，就可以进入模型的参数设定窗口，从而对模型进行参数设定。

（2）信号线的操作。

仿真系统模型是通过信号线将各种功能模型连接形成的。所画的信号线可以设定标签，也可以折弯或引出分支。

① 设定标签：双击连线，可输入说明标签。

② 信号线的折弯：按住鼠标左键，选中并拖动信号线，即可改变线的形状。

③ 信号线的分支：按住鼠标右键，在需要分支的地方拉出即可；或者按住 Ctrl 键，在要建立分支的地方用鼠标左键拉出。

（3）运行仿真的操作。

运行仿真分成三个步骤：设置仿真参数、启动仿真和仿真结果分析。

① 仿真参数设置和仿真算法选择：在模型编辑窗口选择“Simulation→Configuration Parameters”命令，弹出仿真参数设置对话框，如图 6-2-4 所示。

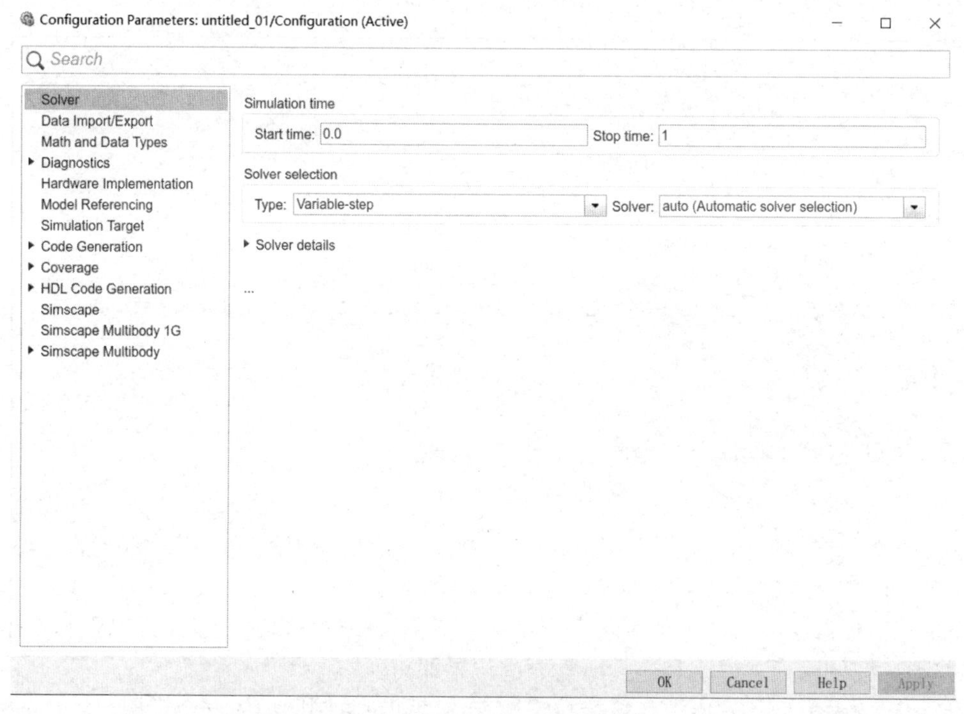

图 6-2-4　仿真参数设置对话框图

其中，“Solver”页包含以下内容。

“Simulation time”区：设置仿真开始时间和结束时间，单位为 s。

“Solver selection”区：选择仿真类型（Type）和仿真算法（Solver）后，会出现对应的参数设置界面。

“Data Import/Export”页：管理模型从 MATLAB 工作空间的输入和输出，即模型可以从工作空间获取输入信号和状态变量的初始值，也可以将仿真结果送到工作空间中。

“Diagnostics”页：允许用户选择 Simulink 在仿真中显示警告信息的等级，包括忽略、在“Command Window”窗口中给出警告信息、终止仿真并给出出错信息。

② 执行主菜单“Simulation→Run”命令或单击工具栏上的“▶”图标，可启动仿真。如果模型中有些参数没有定义，则会出现错误信息提示。仿真结束时系统会发出鸣叫声。

③ 最后进行仿真结果分析。

6.2.2 电路分析常用的元件库

1. 元件库的特点

使用 Simulink 建模的过程，可以简单地理解为从元件库里选择合适的模块，进行连接，最后进行调试仿真。在 Simulink 建模窗口中，单击菜单栏中的“View/Library Browser”选项，进入 Simulink 的元件库浏览器（Library Browser），如图 6-2-5 所示。Simulink 元件库浏览器的作用就是提供各种基本模块，并将它们按应用领域及功能进行分类管理，以方便用户查找。元件库浏览器将各种元件库按树状结构进行罗列，以方便用户快速地查询所需模块，同时它还提供了按名称查找的功能。

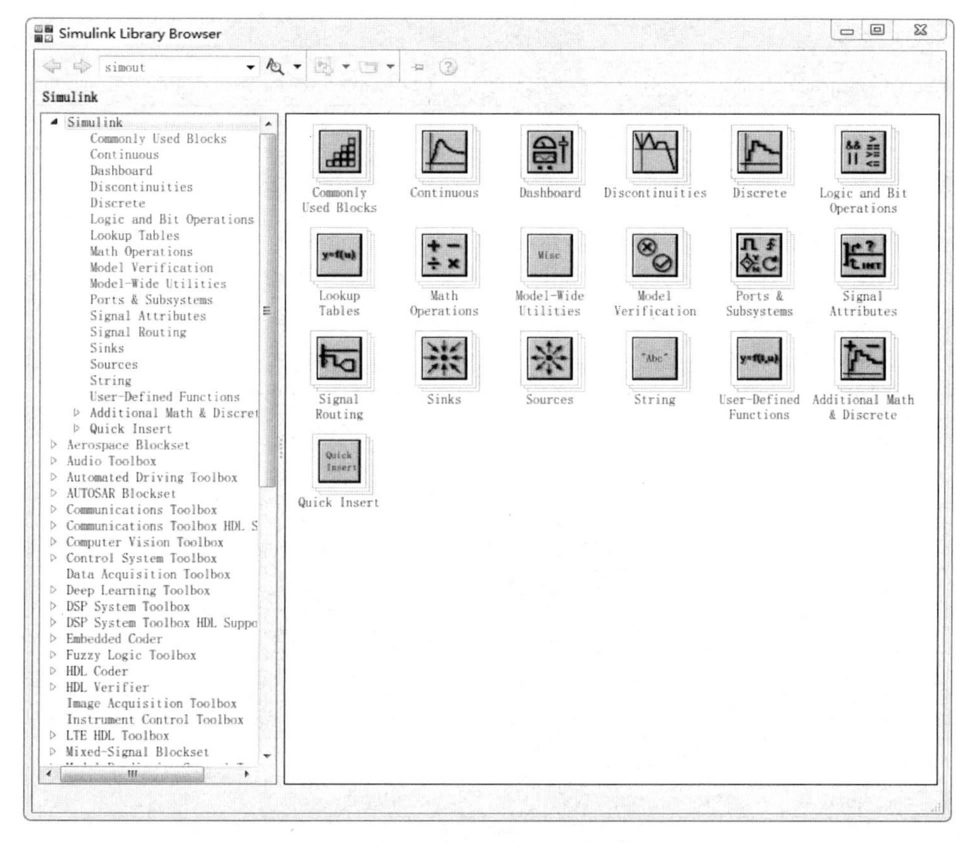

图 6-2-5　Simulink 元件库浏览器图

元件库的特点：

（1）使用标准的电气符号进行电力系统的拓扑图形建模和仿真；

（2）标准的 AC 和 DC 电机模型模块、变压器、输电线路、信号和脉冲发生器及大量设备模型；

（3）使用 Simulink 强有力的变步长积分器和过零点检测功能，给出高度精确的电力系统仿真计算结果；

（4）利用 Powergui 交互式工具模块可以修改模块的初始状态，从任何起始条件开始进行仿真分析，例如，计算电路的状态空间表达式、计算电流和电压的稳态解、设定或回复初始电流/电压状态；

（5）提供了扩展的电力系统设备模块，如电力机械、功率电子元件、控制测量模块；

（6）提供大量功能演示模型，可直接运行仿真或进行案例学习。

2. Simulink 的模块

模块是 Simulink 建模的基本要素，了解各个模块的作用是熟练掌握 Simulink 的基础。元件库中各个模块的功能可以在库浏览器中查到。下面详细介绍 Simulink 元件库中几个常用子库中常用模块的功能。如表 6-2-1～表 6-2-4 所示。

（1）Electrical Sources 模块库。

Electrical Sources 模块库位于 Simulink Library Browser→Simscape→Electrical→Specialized Power Systems→Fundamental Blocks→Electrical Sources 中，包括 7 个电源模块，如表 6-2-1 所示。

表 6-2-1　Electrical Sources 库模块功能列表

名　称	功能说明	名　称	功能说明
AC Current Source	交流电流源	AC Voltage Source	交流电压源
Controlled Current Source	受控电流源	Controlled Voltage Source	受控电压源
DC Voltage Source	直流电压源	Three-Phase Source	三相电源
Three-Phase Programmable Voltage Source	三相可编程电压源		

（2）Electrical Elements 模块库。

Electrical Elements 模块库位于 Simulink Library Browser→Simscape→Electrical→Specialized Power Systems→Fundamental Blocks→Elements 中，包含 32 个模块，如表 6-2-2 所示。

表 6-2-2　Elements 模块库功能列表

名　称	功能说明	名　称	功能说明
Breaker	断路器	Connection	连接器
Distributed Parameters Line	分布参数线路	Ground	（电气）地
Grounding Transformer	接地变压器	Linear Transformer	线性变压器
Multi-Winding Transformer	多绕组变压器	Mutual Inductance	互感
Neutral	中性点	Parallel RLC Branch	并联 RLC 支路
Parallel RLC Load	并联 RLC 负载	Pi Section Line	Pi 段电路
Saturable Transformer	饱和变压器	Series RLC Branch	串联 RLC 支路
Series RLC Load	串联 RLC 负载	Surge Arrester	防止过载放电器
Three-Phase Breaker	三相断路器	Three-Phase Fault	三相故障
Three-Phase Transformer 12 Terminals	三相变压器（12 端）	Three-Phase Transformer Inductance Matrix Type（Three Windings）	三相变压器电感矩阵型（三绕组）
Three-Phase Transformer Inductance Matrix Type （Two Windings）	三相变压器电感矩阵型（两绕组）	Three-Phase Dynamic Load	三相动态负载
Three-Phase Harmonic Filter	三相谐波滤波器	Three-Phase Mutual Inductance	三相互感
Three-Phase Parallel RLC Branch	三相并联 RLC 支路	Three-Phase Parallel RLC Load	三相并联 RLC 负载
Three-Phase Pi Section Line	三相 Pi 段电路	Three-Phase Series RLC Branch	三相串联 RLC 支路
Three-Phase Series RLC Load	三相串联 RLC 负载	Three-Phase Transformer（Three Windings）	三相变压器（三绕组）
Three-Phase Transformer（Two Windings）	三相变压器（两绕组）	Zigzag Phase-Shifting Transformer	锯齿移相变压器

（3）Commonly Used Block 模块库。

Commonly Used Block 模块库位于“Simulink→Commonly Used Block”中，其功能列表如表 6-2-3 所示。

表 6-2-3　Commonly Used Block 模块库功能列表

名　称	功能说明	名　称	功能说明
Bus Creator	总线输入	Bus Selector	总线选择器
Constant	连续性	Data Type Conversion	数据类型转换
Delay	延时器	Demux	多路分配器
Discrete-Time Integrator	离散时间积分器	Gain	增益
Ground	（电气）地	In1	输入
Integrator	积分器	Logical Operator	逻辑运算器
Mux	多路调制器	Out1	输出
Product	乘积	Relational Operator	关系运算器
Saturation	饱和度模块	Scope	示波器
Subsystem	子系统模块	Sum	加法器
Switch	（电路的）开关、转换器	Terminator	终结器
Vector Concatenate	矢量连接器		

（4）Measurements 模块库。

Measurements 模块库位于“Simscape→Electrical→Control→Measurements”中，其功能列表如表 6-2-4 所示。

表 6-2-4　Measurements 模块库功能列表

名　称	功能说明	名　称	功能说明
Power Measurement	功率测量	Three-Phase Power Measurement	三相功率测量
RMS Measurement	有效值测量	Sinusoidal Measurement（PLL）	锁相环正弦测量
Three-Phase Sinusoidal Measurement （PLL）	三相锁相环正弦测量		

6.2.3　基于 MATLAB\Simulink 的电路仿真实例

【例 6-2-1】 利用 Simulink 构造图 6-2-6 所示电路的仿真模型，并测量电流 I 和电压 U_x 。

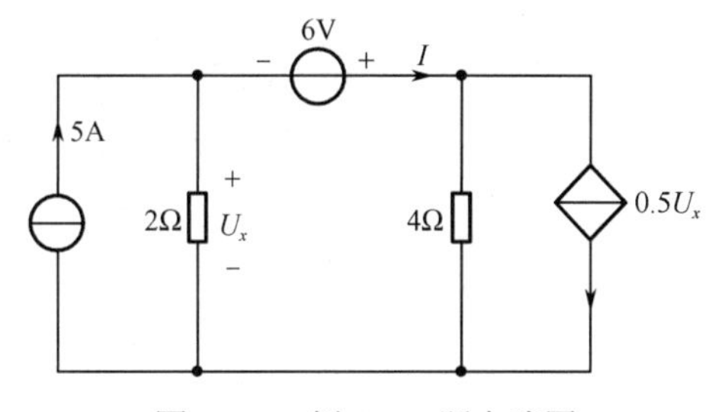

图 6-2-6　例 6-2-1 题电路图

解：（1）主要模型及其参数设置。

在 Simulink 中对图中的电路元件进行建模。

① 直流电流源：直流电流源要通过修改交流电流源得到。选用“Simulink Library Browser→Simscape→Electrical→Specialized Power Systems→Fundamental Blocks→Electrical Sources”库中的“AC Current Source”模型，其输出表达式为 $i(t)=I_{\mathrm{m}}\sin(2\pi ft+\phi)$ 的正弦交流电流，将其参数“Peak amplitude”设置为 5，“Frequency(Hz)”设置为 0。注意：必须设置“Phase（deg）”为 90，得到 5A 的直流电流源。

② 直流电压源：选用“Simulink Library Browser→Simscape→Electrical→Specialized Power Systems→Fundamental Blocks→Electrical Sources”库中的“DC Voltage Source”模型，将其参数

“Amplitude”设置为6。

③ 电阻元件：电阻元件要通过修改“Series RLC Branch”模型得到。选用“Simulink Library Browser→Simscape→Electrical→Specialized Power Systems→Fundamental Blocks→Elements”库中的“Series RLC Branch”模型，分别设置 R、L、C 参数。“Resistance”设置为所需要的电阻阻值，“Inductance”设置为 0，“Capacitance”设置为 inf（注意：不要误设为 0），图标也会由图 6-2-7（a）变为图 6-2-7（b）。

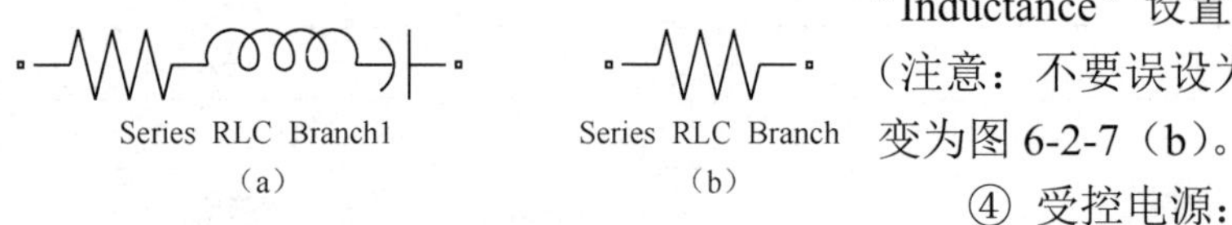

图 6-2-7　电阻元件模型图

④ 受控电源：电压控制电流源模块 VCCS 由“Voltage Measurement”“Gain”和“Controlled Current Source”模块构成。由“Voltage Measurement”在 2Ω 电阻支路取得电压 U_x，经“Gain”0.5 倍放大后接入“Controlled Current Source”的输入端，受控电流源另有一对标有“+”“-”符号的端口为 VCCS 的输出端，其中，测量电压模块（Voltage Measurement）位于“Simulink Library Browser→Simscape→Electrical→Specialized Power Systems→Fundamental Blocks→Measurements”库中，用于获取电压信号，该模型有两个输入端，分别标有“+”“-”，与被测量电压相连，输出端接显示模块；“Gain”模块位于“Simulink Library Browser→Simulink→Math Operations”库中，其作用是将输入的信号按设定的比例放大；被控电流源模块（Controlled Current Source）位于“Simulink Library Browser→Simscape→Electrical→Specialized Power Systems→Fundamental Blocks→Electrical Sources”库中。

⑤ 测量电流模块（Current Measurement）：位于“Simulink Library Browser→Simscape→Electrical→Specialized Power Systems→Fundamental Blocks→Measurements”库中，用于获取电流信号，该模块标有“+”“-”，与被测量电流相连，输出端接显示模块。

⑥ 显示模块：选用“Simulink Library Browser→Simulink→Sinks”库中的“Display”模块，需要两个“Display”模块，它们的输入端分别与“Voltage Measurement”模块输出端和“Current Measurement”模块输出端相连。

⑦ Powergui 模块（电力系统图形化用户接口）：位于“Simulink Library Browser→Simscape→Electrical→Specialized Power Systems→Fundamental Blocks”库中，它的功能是实现电路图形和状态空间方程的转换。在本例题中，双击“Powergui”模块进行参数设置，“Simulation type”设置为“Discrete”，“Sample time(s)”设置为“1e-6”。

（2）仿真模型及仿真结果如图 6-2-8 所示。

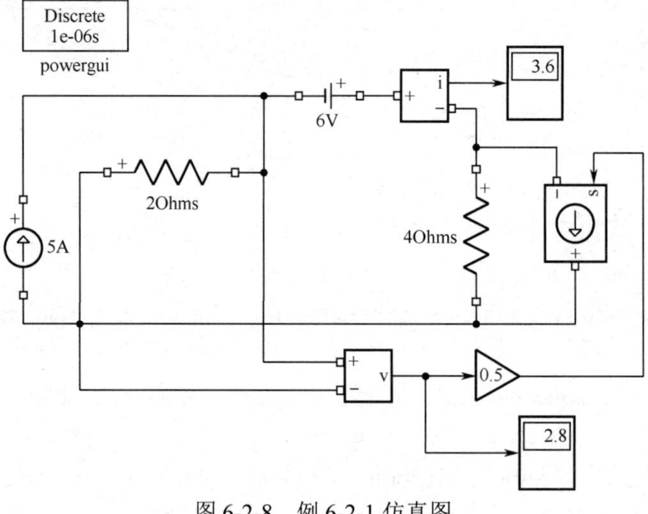

图 6-2-8　例 6-2-1 仿真图

【例 6-2-2】 图 6-2-9 中电路初始能量为 0，画出 $t \geqslant 0$ 时电感支路上的电流 $i_L(t)$ 的波形图。

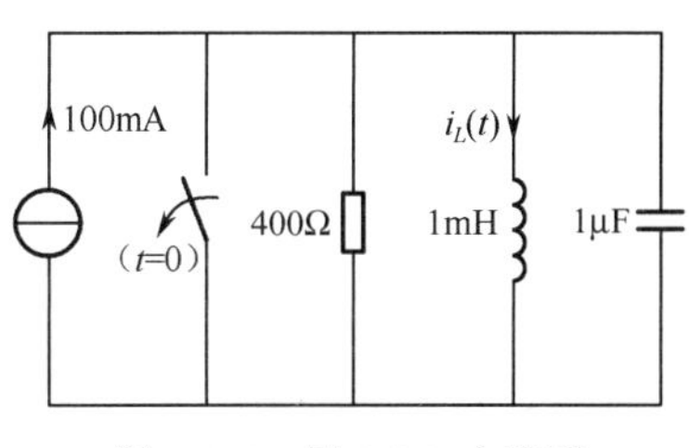

图 6-2-9 例 6-2-2 电路图

解：（1）用状态变量法求解。

设 u_C 和 i_L 为状态变量，电路状态方程为

$$\begin{cases} \dfrac{du_C}{dt} = -2.5\times10^6 u_C - 10^9 i_L + 10^9 i_S \\ \dfrac{di_L}{dt} = 1000 u_C \end{cases}$$

设 $x_1 = u_C$， $x_2 = i_L$，矩阵形式状态方程为

$$\begin{bmatrix} \dot{x}_1 \\ \dot{x}_2 \end{bmatrix} = \begin{bmatrix} -2.5\times10^6 & -10^9 \\ 10^3 & 0 \end{bmatrix} \begin{bmatrix} x_1 \\ x_2 \end{bmatrix} + \begin{bmatrix} 10^9 \\ 0 \end{bmatrix} i_S$$

$$y = \begin{bmatrix} 0 & 1 \end{bmatrix} \begin{bmatrix} x_1 \\ x_2 \end{bmatrix} + 0 i_S$$

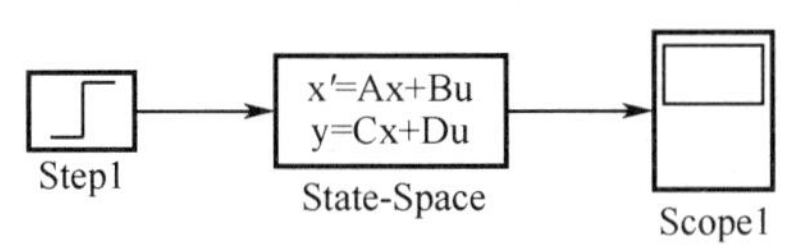

图 6-2-10 根据网络状态方程建立的模型图

采用网络状态方程模型“State Space”建立分析模型，如图 6-2-10 所示。

各模型说明及其参数设置如下：

“Step”模型：在“Simulink Library Browser”元件库中，选用“Simulink Library Browser→Simulink→Sources”库中的“Step”模型，设置 Step time = 0，Initial value = 0，Final value = 0.1。

“State Space” 模型：定义状态方程，位于“Simulink Library Browser→Simulink→Continuous”库中，设置 A = [−2.5e6 −1e9；1e3 0]，B = [1e9；0]，C = [0 1]，D = 0，运行即可。

（2）仿真模型及仿真结果如图 6-2-11 所示。

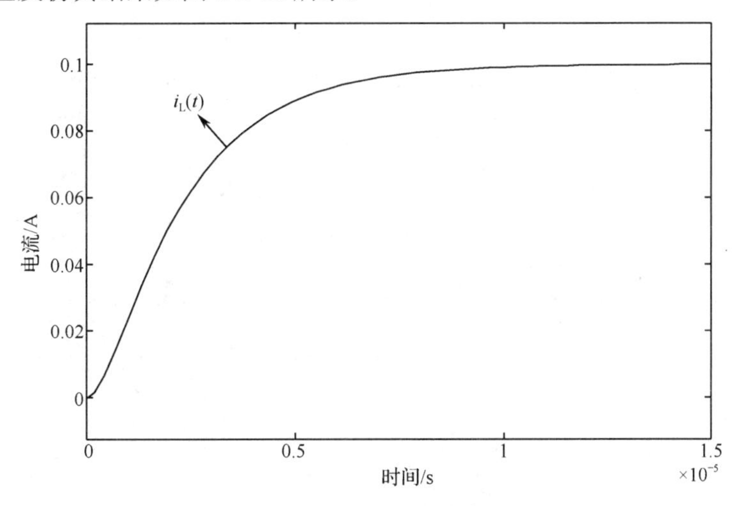

图 6-2-11 例 6-2-2 仿真图

【例 6-2-3】 在题图 6-2-12 所示电路中，已知 $\omega = 314$ rad/s，$R_1 = R_2 = 10\Omega$，$L_1 = 0.106$H，$L_2 = 0.0133$H，$C_1 = 5$F，$C_2 = 8$F，$u_S(t) = 20\sqrt{2}\sin(\omega t)$V。利用 Simulink 构造仿真模型观察 $i_1(t)$ 及 $i_2(t)$ 的波形。

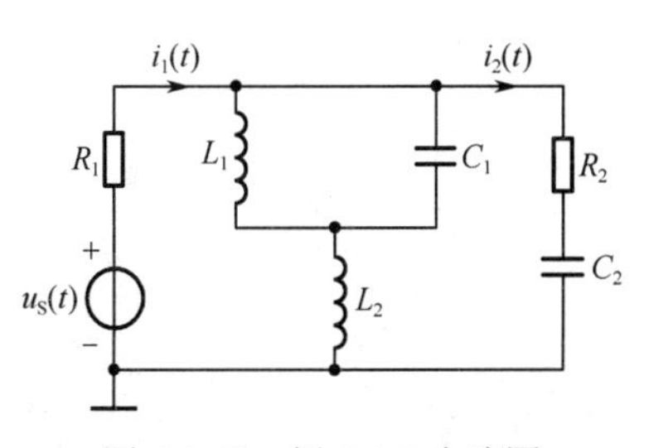

图 6-2-12 例 6-2-3 电路图

解：（1）主要模型及参数设置。

① 电压源模块：选用“Simulink Library Browser→

Simscape→Electrical→Specialized Power Systems→Fundamental Blocks→Electrical Sources”库中的“AC Voltage Source”模块，设置 Peak amplitude = 20*sqrt(2)，Phase = 0,Frequency = 314/(2*pi)，Sample time = 0。

② 电感元件：电感元件要通过修改“Series RLC Branch”模型得到。选用“Simulink Library Browser→Simscape→Electrical→Specialized Power Systems→Fundamental Blocks→Elements”库中的“Series RLC Branch”模型，分别设置 R、L、C 参数。“Resistance”设置为 0，“Inductance”设置为所需要的电感值，“Capacitance”设置为“inf”（注意：不要误设为 0），图标也会由图 6-2-13（a）变为图 6-2-13（b）。

图 6-2-13　电感元件模型图

③ 电容元件：电容元件要通过修改“Series RLC Branch”模型得到。选用“Simulink Library Browser→Simscape→Electrical→Specialized Power Systems→Fundamental Blocks→Elements”库中的“Series RLC Branch”模型，分别设置 R、L、C 参数。“Resistance”设置为 0，“Inductance”设置为 0，“Capacitance”设置为所需要的电容值，图标也会由图 6-2-14（a）变为图 6-2-14（b）。

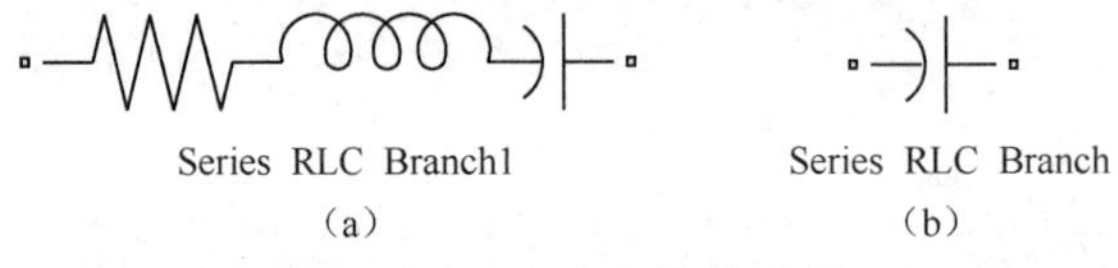

图 6-2-14　电容元件模型图

④ 显示模块：选用“Simulink Library Browser→Simulink→Sinks”库中的“Scope”模块。

⑤ 多路调制器（Mux）：选用“Simulink Library Browser→Simulink→Commonly Used Blocks”库中的“Mux”模块。输入端接 $i_1(t)$ 和 $i_2(t)$，输出端接示波器。

⑥ Powergui 模块（电力系统图形化用户接口）：位于“Simulink Library Browser→Simscape→Electrical→Specialized Power Systems→Fundamental Blocks”库，它的功能是实现电路图形和状态空间方程的转换。在本例题中，Powergui 模块中的参数为默认的。

（2）仿真模型及仿真结果如图 6-2-15 所示。

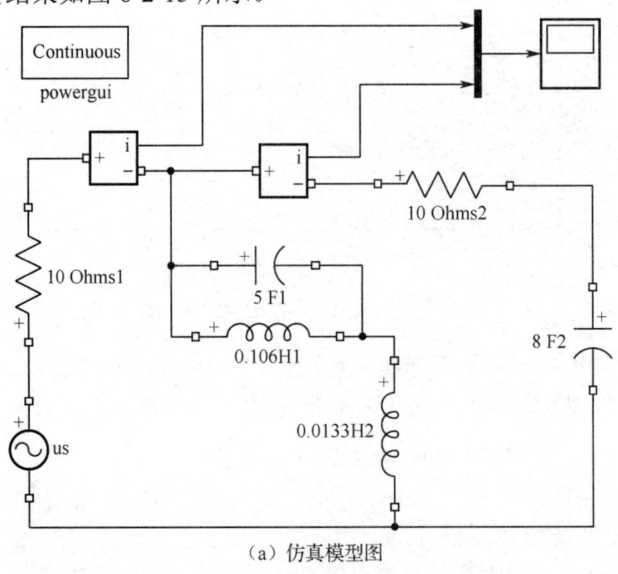

（a）仿真模型图

图 6-2-15　例 6-2-3 仿真模型及仿真结果图

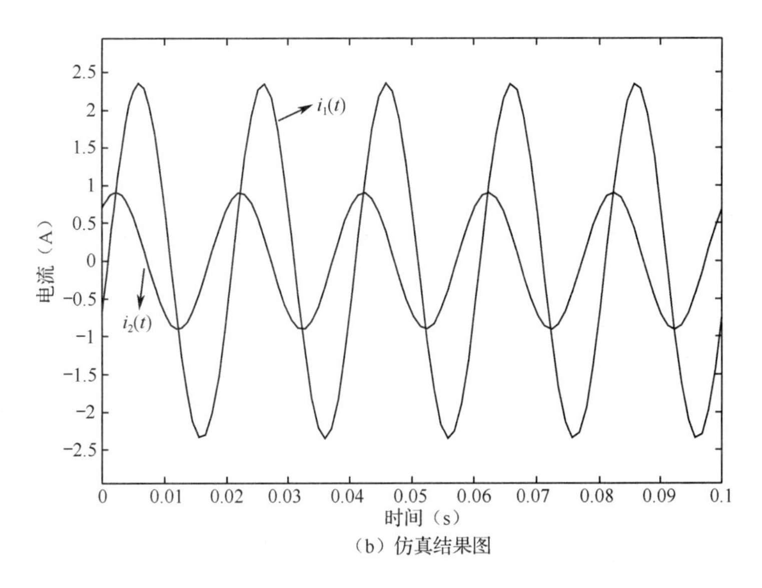

（b）仿真结果图

图 6-2-15　例 6-2-3 题仿真模型及仿真结果图（续）

6.3　应用 MATLAB\GUI 辅助分析电路

6.3.1　MATLAB\GUI 简介

GUI（Graphical User Interfaces）是一种图形用户界面，主要包括窗口、按键、菜单、对话框和文本等图形对象。GUI 作为可视化软件显示平台，用户只需要通过鼠标单击等方式就可以选择、激活图形对象，即可使计算机产生如计算或者绘图等各种动作响应，具有良好的人机互动性。

6.3.2　MATLAB\GUI 应用方法

GUI 的设计过程包括组件布局和组件编程两个方面。首先，用户通过 GUIDE 生成一个 FIG 文件，该文件可以包括 GUI 的图像窗口和用户空间及坐标轴在内的所有子对象的属性。其次，通过 GUIDE 生成一个 M 文件，可以用来发布控制界面和回调函数。

在本书中，应用 GUI 辅助分析电路，经常要涉及 GUI 的打开、保存等基本操作，并用到按钮、可编辑文本、静态文本、轴等，下面分别进行介绍。

1．GUI 打开

在 MATLAB 软件中，GUI 是通过 GUIDE 工具箱完成的，用户可以直接在 MATLAB 中输入 guide 来激活 GUI 工具箱，弹出窗口如图 6-3-1 所示。此时可以选择新建一个空白的 GUI，也可以打开已有的 GUI。

假如创建一个空白的 GUI，单击“OK”按钮即可生成对应的 FIG 文件，如图 6-3-2 所示。在 GUI 设计界面中，左侧有两列代表不同功能的按钮，通过拖动这些按钮可以实现界面设计。

2．GUI 保存

当用户单击菜单栏中的 file→save as，即可以实现 GUI 保存操作，而且同时会自动生成一个 M 文件，如图 6-3-3 所示。如果用户想要设计某功能，在 M 文件中对应的函数下编写程序即可实现。

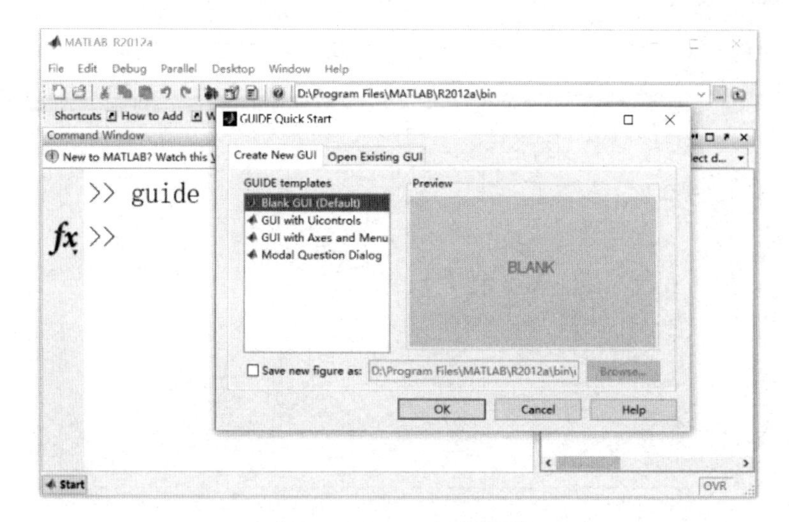

图 6-3-1　GUI 启动界面

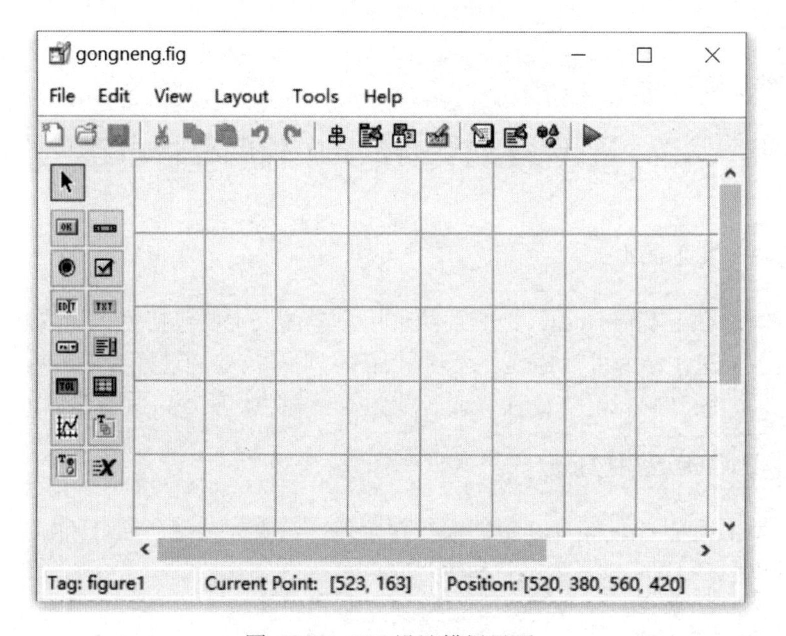

图 6-3-2　GUI 设计模板界面

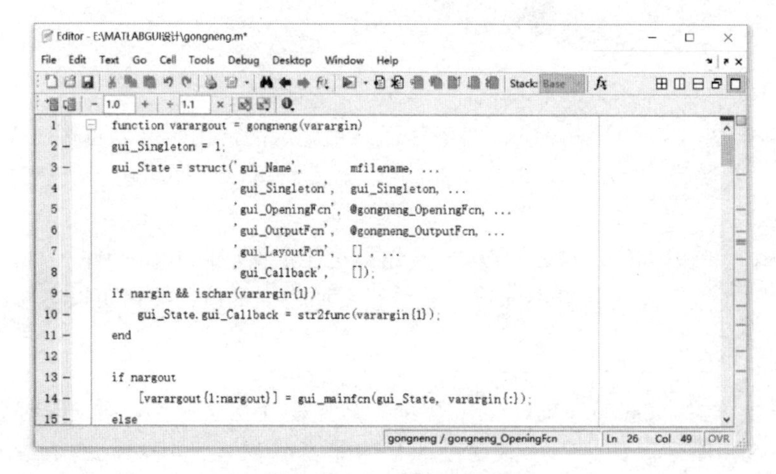

图 6-3-3　M 文件编辑器

3. GUI 按钮

在电路分析中，经常涉及各类计算，通常在设计 GUI 界面的时候要通过单击“按钮”来实现某种计算的功能。前面提到过，在 GUI 界面的左侧有两列不同功能的按钮，其中，图标代表的就是“按钮”，拖动到界面合适位置，此时界面上会出现“Push Button”，如图 6-3-4 所示。鼠标移至图标边缘呈双箭头状时，单击拖动可改变大小，双击图标可得其属性，其中可以修改如颜色、字体、字号、名称等信息，如图 6-3-5 所示。

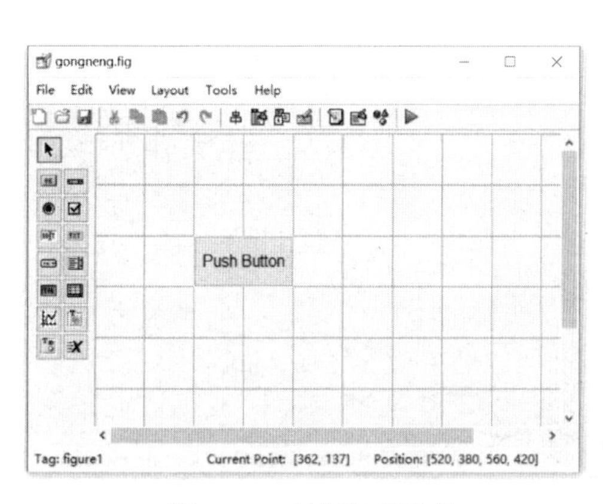

图 6-3-4 绘制按钮控件

图 6-3-5 属性查看器

4. GUI 可编辑文本框

在 GUI 界面左侧的按钮区，代表可编辑文本，拖动其至界面合适位置，会显示“Edit Text”，同理可以单击鼠标改变图标的大小，双击鼠标可改变其属性。可编辑文本框可以动态显示文本，通常情况下作为模型可变参数的输入对话框或者作为模型数值计算结果的输出显示。

5. GUI 静态文本框

代表静态文本，拖动其至界面合适位置，会显示“Static Text”，同理可以单击鼠标改变图标的大小，双击鼠标可改变其属性。静态文本框通常用来提示用户某个功能的代称。

下面通过一个实例说明静态文本框、可编辑文本框和按钮的设计过程。

【例 6-3-1】 设计一个 GUI，包括一个按钮，静态文本框 a、b 和 c，并对应三个可编辑文本框，手动输入 a、b 对应的两个数值，单击按钮，实现 c = a+b 的计算功能。

解： 具体设计过程分为 4 个步骤。

第 1 步：新建一个 GUI，拖动“按钮”“可编辑文本”“静态文本”至空白区，并修改其属性，界面设计如图 6-3-6 所示。

第 2 步：保存文件，修改文件名为 gongneng.fig，此时自动生成对应的 M 文件。

第 3 步：单击”计算”按钮，右击“View Callbacks”，选择“Callback”，此时自动指向了”计算”按钮所在的函数区，在回调函数中写入计算程序，如图 6-3-7 所示。

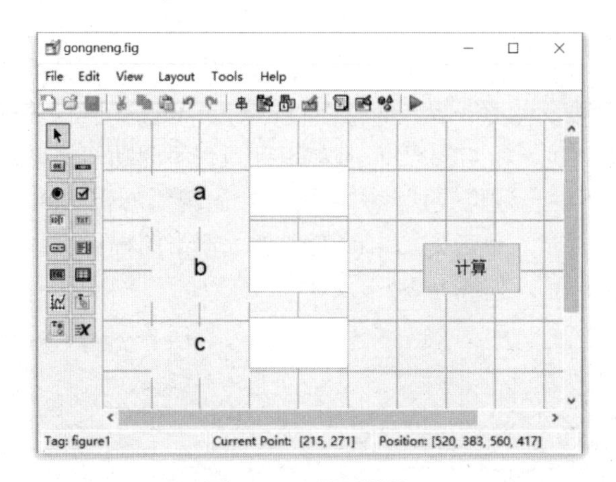

图 6-3-6 界面设计

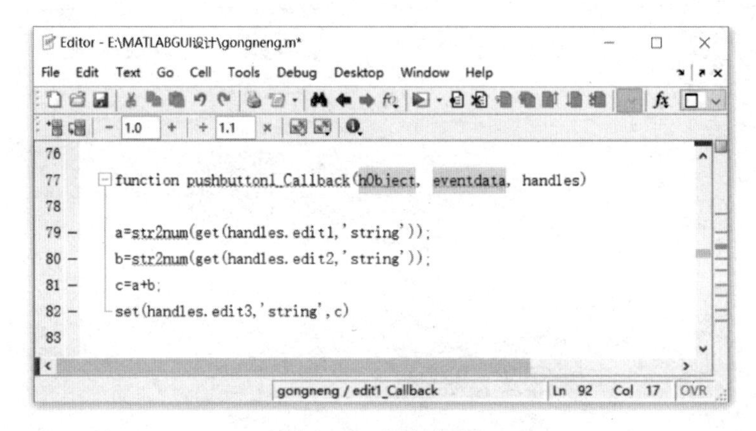

图 6-3-7 添加代码

第 4 步：单击“保存”，并运行 GUI，手动在文本框内分别输入两组数字，单击“计算”按钮，即可实现计算功能，并在对应文本框中显示相应结果，如图 6-3-8 所示。

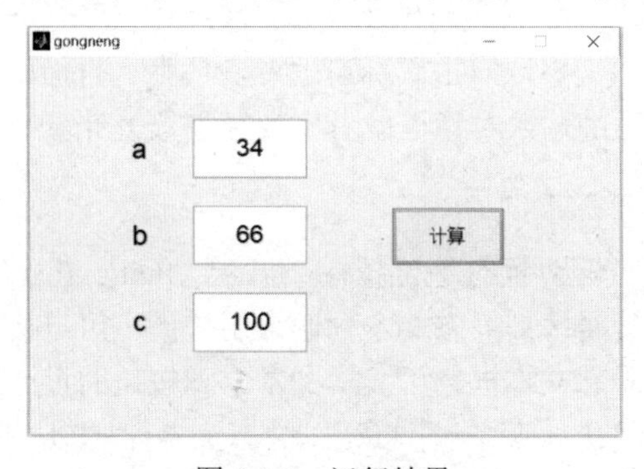

图 6-3-8 运行结果

6．GUI 轴

代表轴，也就是图形的坐标轴，可以用来显示各种图像。同理可以单击鼠标改变坐标轴的大小，双击鼠标可改变其属性，通常在属性中轴 Tag 依次用 axes1,axes2,axes3,…进行标号。

下面通过一个实例说明 GUI 轴的设计过程。

【例 6-3-2】 设计一个 GUI，包括一个按钮，静态文本框 a、b 和 c，并对应三个可编辑文本框，手动输入 a、b、c 对应的数值，单击按钮，显示函数 y = asin(bx+c)的图像。

解：具体设计步骤如下。

第 1 步：设计 GUI 界面布局，并修改属性，如图 6-3-9 所示。

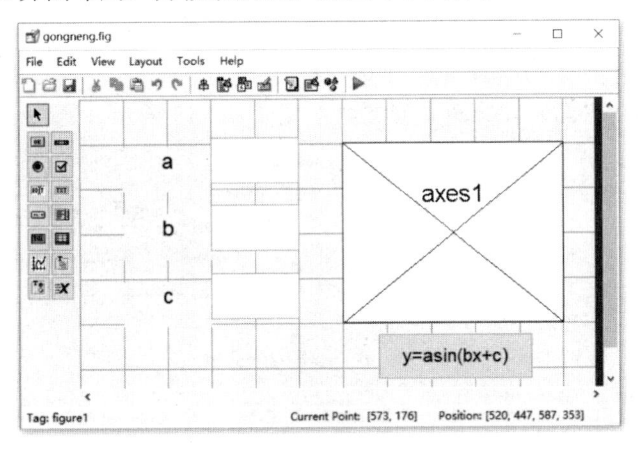

图 6-3-9　界面设计

第 2 步：单击鼠标选择“y = asin(bx+c)”，右击打开回调函数，编写代码，如图 6-3-10 所示。

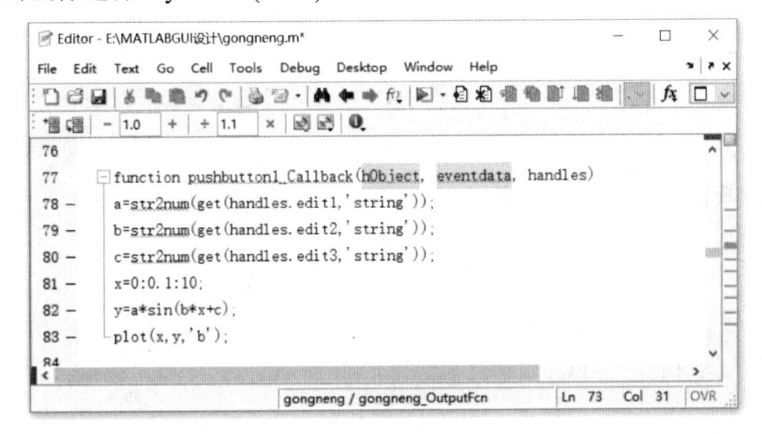

图 6-3-10　添加代码

第 3 步：保存并运行 GUI，单击“y = asin(bx+c)”，运行结果如图 6-3-11 所示。

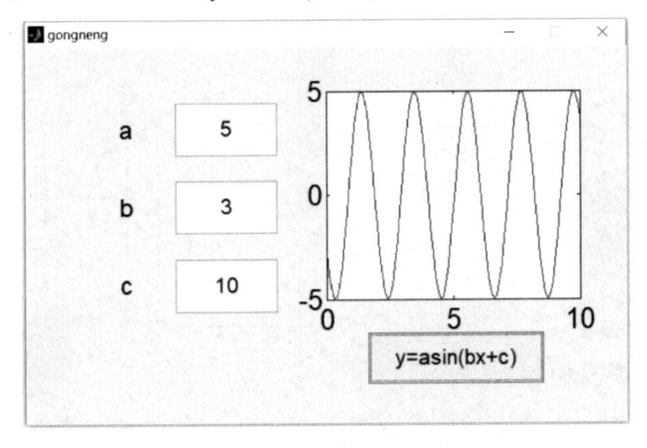

图 6-3-11　运行结果

6.3.3　基于 MATLAB\GUI 的电路计算分析平台

电路求解过程中，电路方程和定理推导严谨，公式复杂，电路图和各种波形图较多。而 GUI 在绘制图形、计算电路响应等多方面都有着得天独厚的优势，能够快速产生符合电路计算分析要求的人机交互界面。

【例 6-3-3】 设计一个 GUI，对于给定的电路图，如图 6-3-12 所示，用户输入基本参数 R、X_{L1}、X_{L2}、X_C、I_S、U_S，能够自动计算出 $\dot{I}_1$ 和 $\dot{I}_2$。

解：（1）布局 GUI 界面，并修改主要参数，如图 6-3-13 所示。

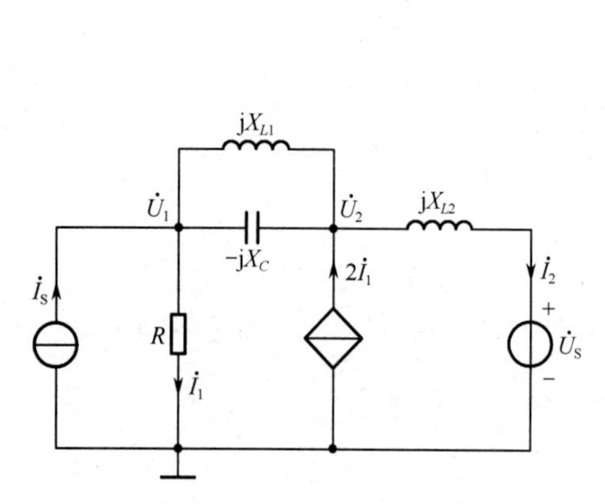

图 6-3-12　例 6-3-3 电路图

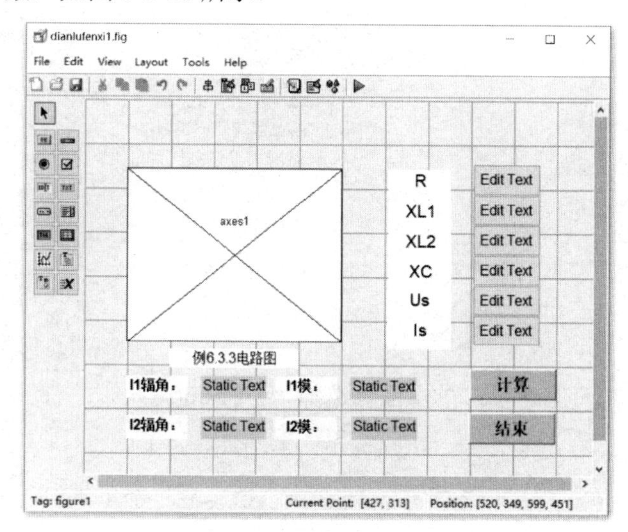

图 6-3-13　界面设计

（2）建立数学模型，列出矩阵形式的电路方程。

$$\left(\frac{1}{R}+\frac{1}{\mathrm{j}X_{L1}}+\frac{1}{-\mathrm{j}X_C}\right)\dot{U}_1-\left(\frac{1}{\mathrm{j}X_{L1}}+\frac{1}{-\mathrm{j}X_C}\right)\dot{U}_2=\dot{I}_S$$

$$-\left(\frac{1}{\mathrm{j}X_{L1}}+\frac{1}{-\mathrm{j}X_C}\right)\dot{U}_1+\left(\frac{1}{\mathrm{j}X_{L1}}+\frac{1}{\mathrm{j}X_{L2}}+\frac{1}{-\mathrm{j}X_C}\right)\dot{U}_2=2\dot{I}_1+\frac{\dot{U}_S}{\mathrm{j}X_{L2}}$$

$$\dot{I}_1=\frac{\dot{U}_1}{R}$$

$$\dot{I}_2=\frac{\dot{U}_2-\dot{U}_S}{\mathrm{j}X_{L2}}$$

整理得

$$\begin{bmatrix}\frac{1}{R}+\frac{1}{\mathrm{j}X_{L1}}+\frac{1}{-\mathrm{j}X_C} & -\frac{1}{\mathrm{j}X_{L1}}-\frac{1}{-\mathrm{j}X_C} & 0 & 0\\ -\frac{1}{\mathrm{j}X_{L1}}-\frac{1}{-\mathrm{j}X_C} & \frac{1}{\mathrm{j}X_{L1}}+\frac{1}{\mathrm{j}X_{L2}}+\frac{1}{-\mathrm{j}X_C} & -2 & 0\\ 1 & 0 & -R & 0\\ 0 & 1 & 0 & -\mathrm{j}X_{L2}\end{bmatrix}\begin{bmatrix}\dot{U}_1\\ \dot{U}_2\\ \dot{I}_1\\ \dot{I}_2\end{bmatrix}=\begin{bmatrix}\dot{I}_S\\ \frac{\dot{U}_S}{\mathrm{j}X_{L2}}\\ 0\\ \dot{U}_S\end{bmatrix}$$

（3）打开 M 文件，编写相应代码。

① 设置界面背景图和给定的电路图。

```
function dianlufenxi1_OpeningFcn(hObject, eventdata, handles, varargin)
I=imread('1.jpg');%读取电路图
image(I)
axis off;
```

```
set(handles.edit1,'string','10');
set(handles.edit2,'string','1');
set(handles.edit3,'string','5');
set(handles.edit4,'string','5');
set(handles.edit5,'string','-10i');
set(handles.edit6,'string','1');
ha=axes('units','normalized','pos',[0 0 1 1]);
uistack(ha,'down');
ii=imread('E:\a1.jpg');%设置程序的背景图为a1.jpg
image(ii);
colormap gray
set(ha,'handlevisibility','off','visible','off');
handles.output=hObject;
guidata(hObject,handles);
```

② 编写“计算”按钮的回调函数，计算电路中的电流大小。

```
function jisuan_Callback(hObject, eventdata, handles)
R=str2num(get(handles.edit1,'String'));
XL1=str2num(get(handles.edit2,'String'));
XL2=str2num(get(handles.edit3,'String'));
XC=str2num(get(handles.edit4,'String'));
Us=str2num(get(handles.edit5,'String'));
Is=str2num(get(handles.edit6,'String'));
z11=1/R+1/(i*XL1)+1/(-i*XC);
z12=-1/(i*XL1)-1/(-i*XC);
z13=0;
z14=0;
z21=-1/(i*XL1)-1/(-i*XC);
z22=1/(i*XL2)+1/(i*XL1)+1/(-i*XC);
z23=-2;
z24=0;
z31=1;z32=0;z33=-R;z34=0;
z41=0;z42=1;z43=0;z44=-i*XL2;
zz=[z11,z12,z13,z14;z21,z22,z23,z24;z31,z32,z33,z34;z41,z42,z43,z44];
Y=[Is;Us/(i*XL2);0;Us];
X=zz\Y;
I1=X(3);
I2=X(4);
I11=(angle(I1))*360/(2*pi);
I12=abs(I1);
I21=(angle(I2))*360/(2*pi);
I22=abs(I2);
set(handles.textI11,'String',I11)
set(handles.textI12,'String',I12)
set(handles.textI21,'String',I21)
set(handles.textI22,'String',I22)
```

③ 编写“关闭”按钮回调函数。

```
function jieshu_Callback(hObject, eventdata, handles)
close
```

④ 保存、运行，结果如图 6-3-14 所示。

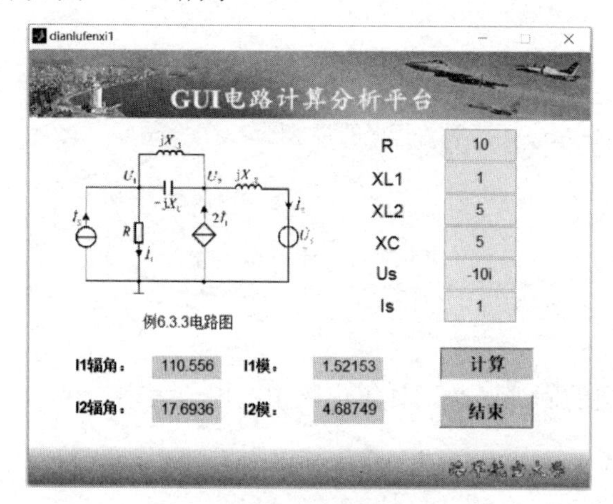

图 6-3-14　运行结果

【例 6-3-4】 一阶动态电路如图 6-3-15 所示，激励为正弦电压 $u_s(t) = 10\cos 5t$ V，用户手动输入参数，电阻 $R = 3\Omega$、电容 $C = 0.6$F、电容初始电压 $u_C(0_+) = 5$V。当 $t = 0$ 时，闭合开关，求解电容电压的响应并画出波形图。

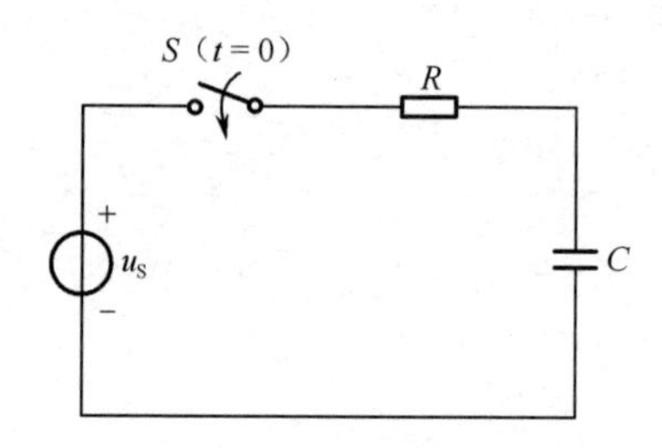

图 6-3-15　例 6-3-4 图

解：（1）布局 GUI 界面，并修改主要参数如图 6-3-16 所示

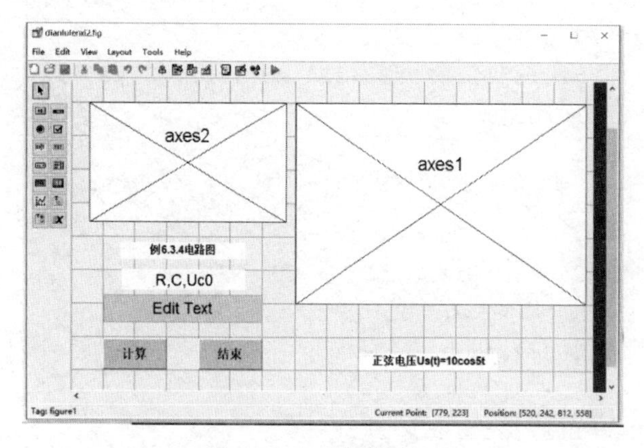

图 6-3-16　界面设计

（2）建立数学模型，根据三要素法求解 $u_C(t)=u'_C(t)+[u_C(0_+)-u'_C(0_+)]\mathrm{e}^{-\frac{t}{\tau}}$。

（3）打开 M 文件，编写相应代码。

① 设置界面背景图片和给定的电路图，步骤同例 6-3-3。

② 编写【计算】按钮的回调函数，计算电容电压的响应，同时显示波形图。

```
function jisuan_Callback(hObject, eventdata, handles)
canshu=str2num(get(handles.canshu_edit,'String'));
R=canshu(1);C=canshu(2);Uc0=canshu(3);
T=R*C;
Usm=10;w=5;Zc=1/(i*w*C);
t=0:0.1:10;
Us=Usm*cos(w*t);
Ucp=Usm*Zc/(R+Zc);
r=abs(Ucp);
a=angle(Ucp);
Ucpp=r*cos(5*t+a);
Ucp0=Ucpp(1);
Uct=[Uc0-Ucp0]*exp(-t/T);
Uc=Uct+Ucpp;
axes(handles.axes1)
plot(t,Uc,':k',t,Uct,'-k',t,Ucpp,'--k')
grid
legend('Uc 全响应','Uct 暂态分量','Ucp 稳态分量')
```

③ 编写“关闭”按钮回调函数,同上题。

④ 保存、运行，结果如图 6-3-17 所示

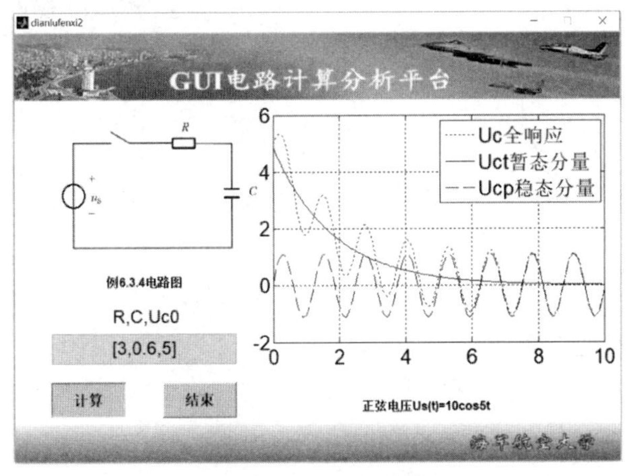

图 6-3-17　运行结果

6.3.4　基于 MATLAB\GUI 的电路仿真分析平台

前面介绍了 Simulink 能够快速直观地搭建系统模型，而 GUI 作为可视化软件显示平台，如果将 Simulink 融入 GUI 中，将极大地方便终端用户操控模型参数和显示仿真结果。

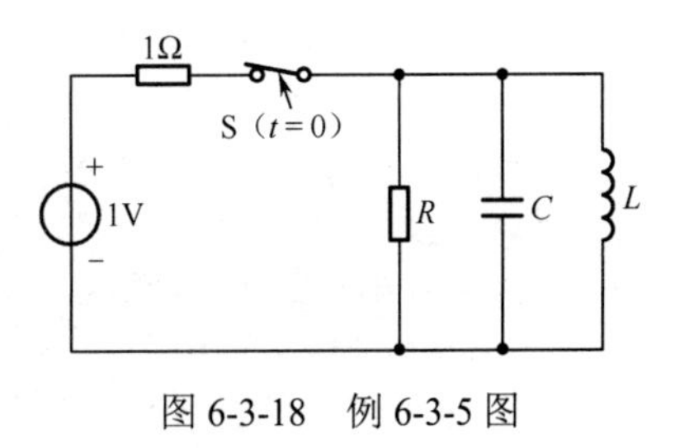

图 6-3-18　例 6-3-5 图

【例 6-3-5】 对如图 6-3-18 所示电路进行 Simulink 仿真，并设计 GUI 界面，实现对 Simulink 的调用与数据传输。已知 $C=100\mu F$，$L=3.85H$，换路前电路已稳定，$t=0$ 时，开关 S

断开。用户通过手动改变电路参数，绘制 R 取不同数值，使电路工作于不同状态下的电感电流与电容电压的曲线。

解：（1）Simulink 仿真电路如图 6-3-19 所示。

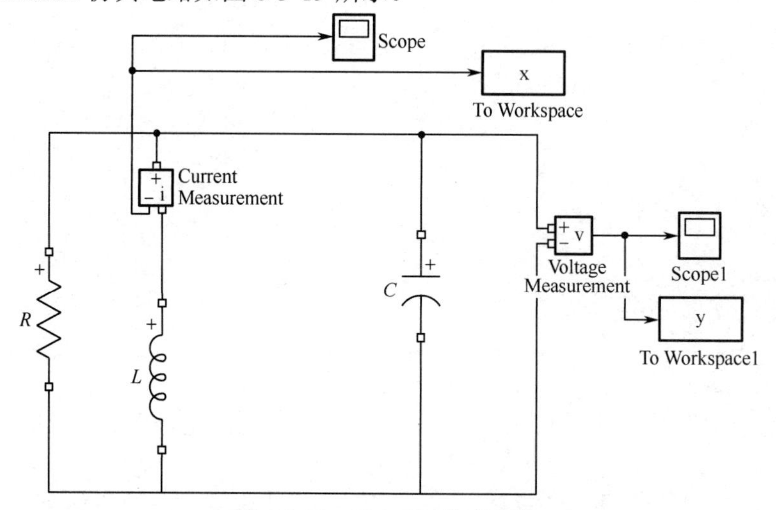

图 6-3-19　Simulink 仿真电路

（2）GUI 界面设计如图 6-3-20 所示。

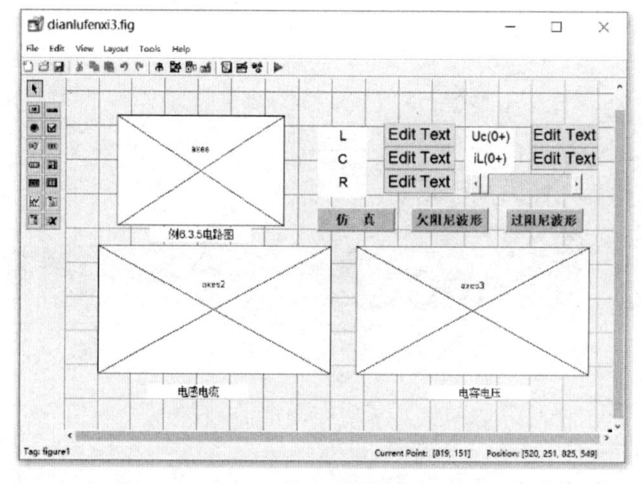

图 6-3-20　界面设计

（3）编写代码，实现仿真功能。

```
open('liti31')
sim('liti31')
R=get(handles.edit1,'string');
L=get(handles.edit2,'string');
C=get(handles.edit3,'string');
Uc=get(handles.edit4,'string');
iL=get(handles.edit5,'string');
options = simset('SrcWorkspace','current');
set_param('liti31/R','Resistance',R);
set_param('liti31/L','Inductance',L);
set_param('liti31/L','InitialCurrent',iL);
set_param('liti31/C','Capacitance',C);
```

```
set_param('liti31/C','InitialCurrent',Uc);
[t]=sim('liti31.mdl');
axes(handles.axes2);
plot(t,x);
axes(handles.axes3);
plot(t,y);
```

（4）GUI 仿真结果如图 6-3-21 所示，$R = 98\Omega$ 时电路处于临界阻尼工作状态。

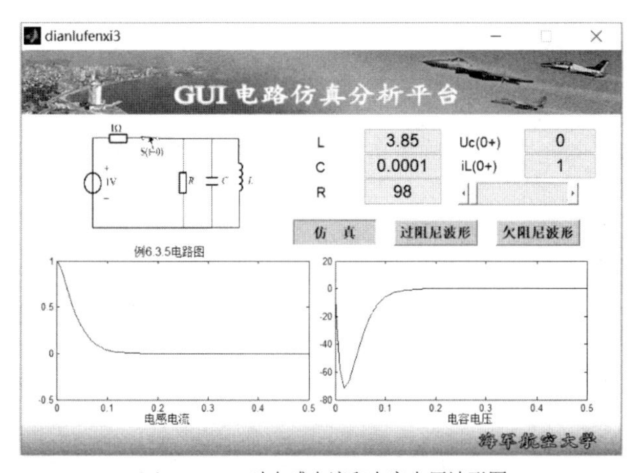

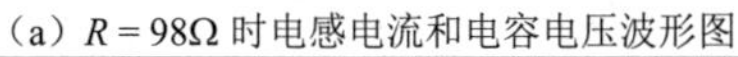

（a）$R = 98\Omega$ 时电感电流和电容电压波形图

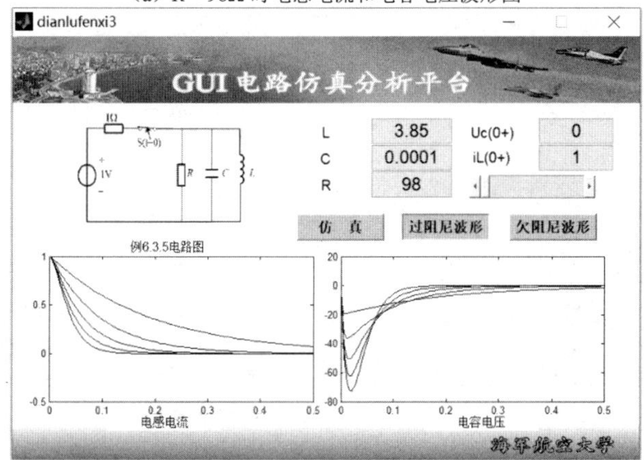

（b）过阻尼波形（R 分别取值 20Ω、40Ω、60Ω、80Ω、98Ω）

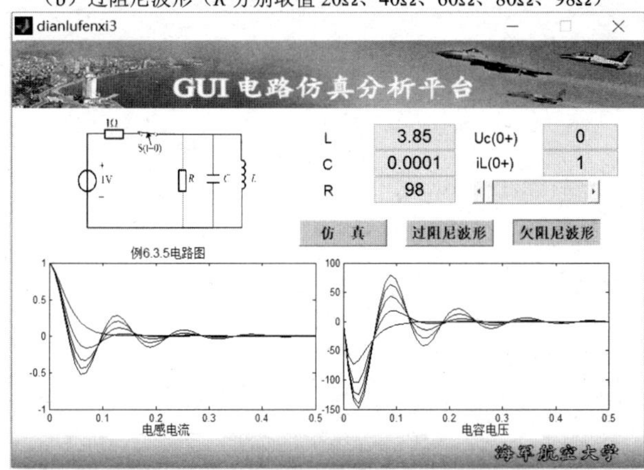

（c）欠阻尼波形（R 分别取值 98Ω、200Ω、300Ω、400Ω、500Ω）

图 6-3-21　例 6-3-5 的仿真结果

习　　题

6-1　电路如题 6-1 图所示，已知 $U_{S1}=10V$，$U_{S2}=6V$，$U_{S3}=8V$，$G_1=300S$，$G_2=1000S$，$G_3=5S$，$G_4=2S$，$G_5=500S$，$G_6=6S$，利用结点电压法求各支路电流。

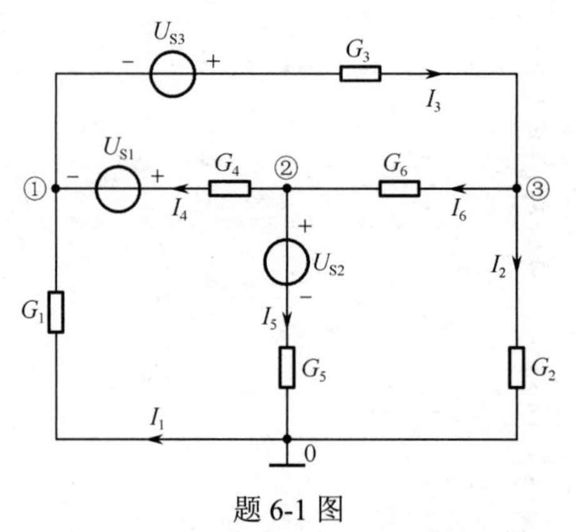

题 6-1 图

6-2　电路如题 6-2 图所示，在开关换路前已工作了很长的时间，试求开关换路后的电感电流 $i_L(t)$ 和电容电压 $u_C(t)$。

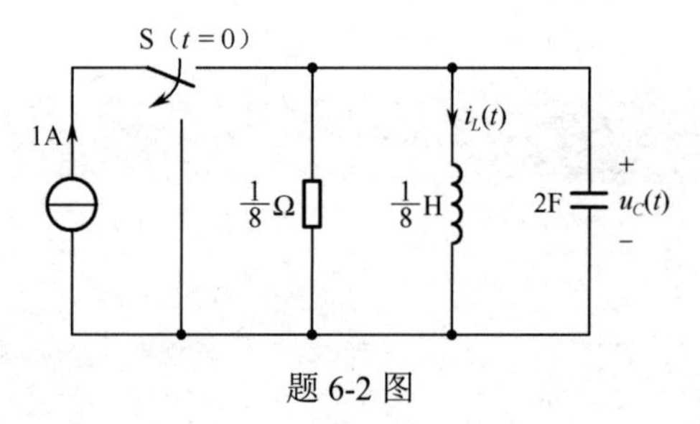

题 6-2 图

6-3　在题 6-3 图所示电路中，电容端电压相量为$100\angle 0^\circ$ V。试求 $\dot{U}$ 和 $\dot{I}$ 并绘出相量图。

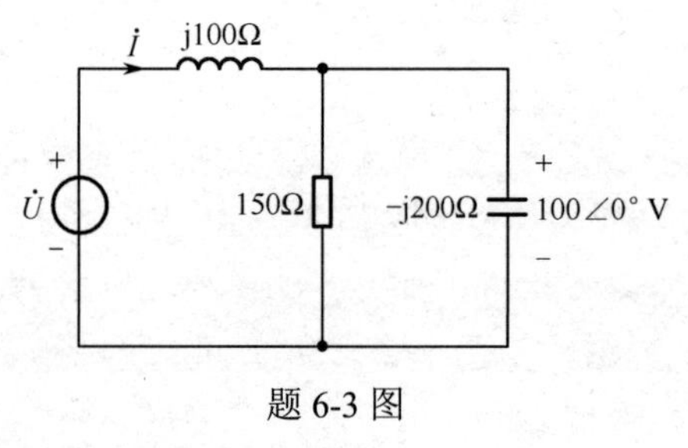

题 6-3 图

6-4　求题 6-4 图所示电路中的电压U 和电流I_x。

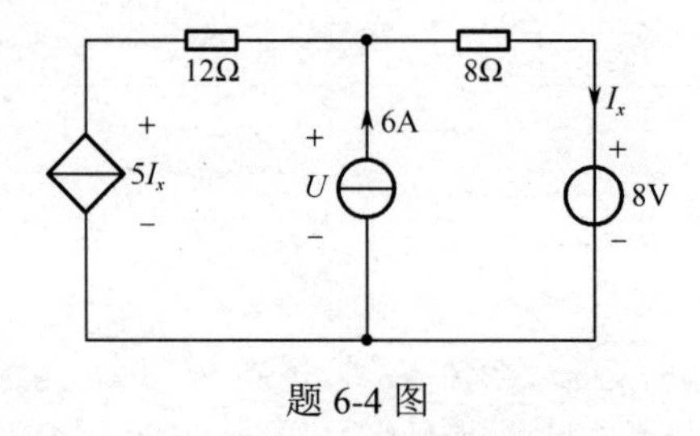

题 6-4 图

6-5　如题图 6-5 所示电路在换路前已经工作了很长时间，利用 Simulink 构造仿真模型，并用

Scope 观察换路后电感电流 $i_L(t)$ 的波形。

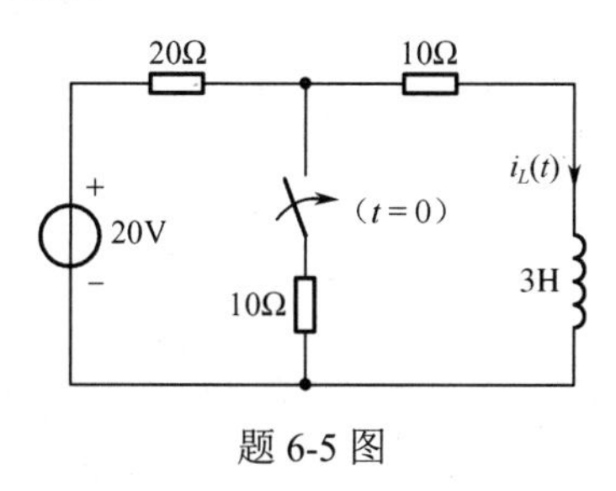

题 6-5 图

6-6 电路如题 6-6 图所示，试设计一个 GUI，对于给定的电路图，用户输入基本参数 R_1、R_2、R_3、R_4、I_S、α、β，能够自动计算出 I_1 和 I_2。

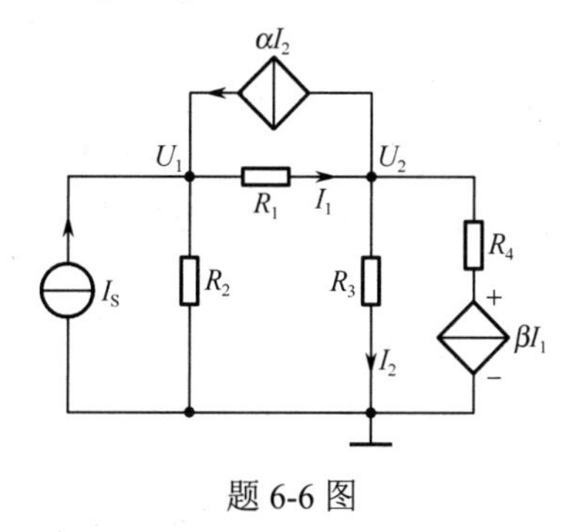

题 6-6 图

6-7 电路如题 6-7 图所示，对已知电路进行 Simulink 仿真，并设计 GUI 界面，实现对 Simulink 的调用与数据传输。已知 $u_C(0) = 0$，$i_L(0) = 1\text{A}$，求：（1）$C = 1\text{F}$，$L = 1\text{H}$，$R = 3\Omega$ 时的 $u_C(t)$；（2）$C = 1\text{F}$，$L = 1\text{H}$，$R = 1\Omega$ 时的 $u_C(t)$。

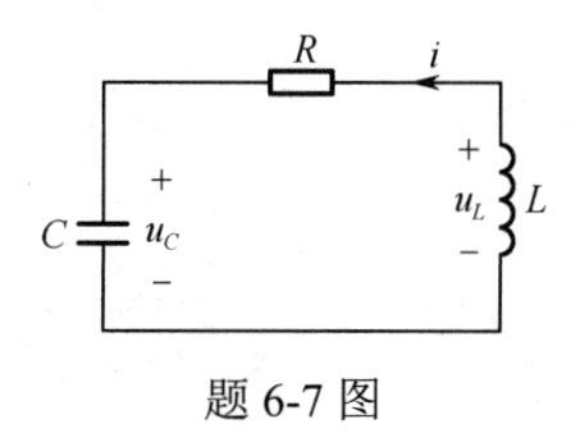

题 6-7 图

第 7 章　基于 Multisim 的电路计算机辅助分析与设计

Multisim 是 Electronics Workbench（简称 EWB）的升级版，是一款用于电路设计与仿真的虚拟电子工作台软件，集成了电路图编辑、高性能模拟数字电路及混合电路的仿真等功能，具有丰富的元件库。Multisim 生成的电路图可以使用集成的 Ultiboard 进行 PCB 的制作，实现了从原理图到 PCB 布线工具包的无缝链接。

Multisim 中的元件和仪器仪表与实际情况非常接近，元件选取使用方便，仪器操作如同使用真实仪器，便于掌握；仿真手段切合实际，而且可使电路工作于开路、短路和不同程度的漏电等故障状态，以观察故障情况下电路的工作状态；仿真分析直观便捷，软件可以存储测试点和测试仪器的所有数据，通过波形和图表的形式呈现，便于仿真分析。Multisim 主要用于电路的分析与设计、电路的虚拟实验等。本章基于 Multisim14 教育版介绍其在电路分析中的应用。

7.1　Multisim 14 操作使用方法

7.1.1　Multisim 14 基本操作

运行 Multisim 14 汉化版，即可出现如图 7-1-l 所示的用户界面，整个界面大致可分为菜单栏、工具栏、电路编辑工作区、设计工具箱、仪器仪表栏及电子表格视图等，就如同一个真实的实验台，可以完成电路元件的选取、电路搭建、电路实验及仿真。

图 7-1-1　Multisim 14 的用户界面

1. 菜单栏

Multisim 14 共有 11 项主菜单命令，操作方法基于 Windows 系统，便于掌握。

（1）编辑。

单击“编辑”，弹出如图 7-1-2 所示的菜单，可在绘制电路图时对电路及元件等进行编辑，其中撤销、重复、复制及粘贴等与 Office 相同，其他常用功能介绍如下。

① 选择性粘贴：粘贴支电路，将剪贴板中的电路设置为支电路粘贴到指定位置。

② 查找：寻找元件。

③ 注释：编辑电路注释，在使用了菜单“绘制”下的“注释”选项后被激活。

④ 图形注解：编辑图形注解。

⑤ 方向：调整元器件、仪表等的方向。

⑥ 字体：设置元器件标识、参数值等的字体。

⑦ 属性：设置电路编辑工作区的各种属性，包括设置是否显示元器件、网络名称、连接器、总线入口的各项参数，电路编辑工作区的背景和电路元件显示的颜色、电路的图纸格式，设置电路导线和总线的宽度、接地方式、电路板尺寸的单位（英制、公制）和层数等参数，也可以设置元件、引脚、注释等参数的字体。

（2）视图。

“视图”用于设置用户界面上的显示内容和电路图缩放等。单击“视图”菜单，如图 7-1-3 所示，主要功能如下。

① 全屏：全屏显示。

② 母电路图：显示本级支电路的上级（非最高级）母电路图。

③ 设计工具箱：显示/隐藏用户界面左方的设计工具箱窗口。

④ 电子表格视图：显示/隐藏用户界面下方的电子表格视图窗口。

⑤ 工具栏：在展开菜单中可选择显示/隐藏标准工具栏、元件工具栏、仪表工具栏等。

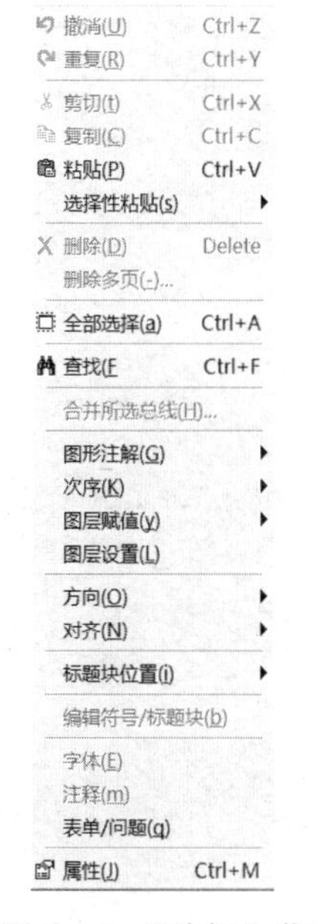

图 7-1-2 “编辑”菜单

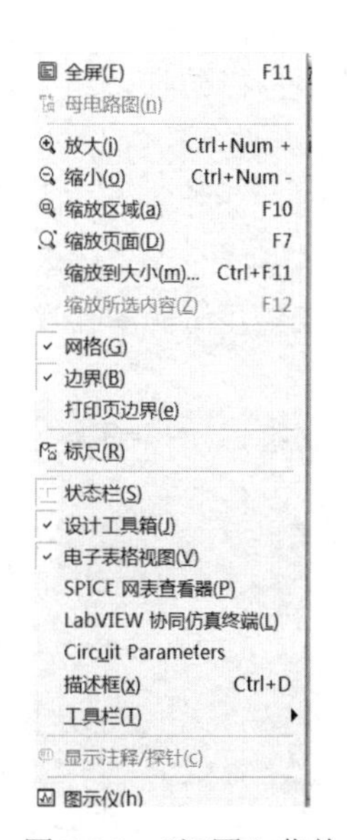

图 7-1-3 “视图”菜单

（3）绘制。

“绘制”用于在电路编辑窗口内放置电路元件、结点、连接导线、总线和文字等，如图 7-1-4 所示，常用功能介绍如下。

① 元器件：打开元件库，查找电路元件。

② 结：放置必要的结点。

③ 导线：放置导线。

④ 新建支电路：单击该选项后弹出窗口设置支电路文件名，然后电路编辑窗口出现支电路图标，双击该图标打开属性设置页。

⑤ 用支电路替换：将选中的支电路用新的支电路替换。

⑥ 多页：设置多页。

⑦ 注释：放置和编辑电路功能注释文本框。

⑧ 文本：为电路添加文字说明。

⑨ 图形：在电路编辑窗口放置图形。

⑩ 标题块：放置标题块。单击该选项后弹出标题块对话框，Multisim 14 提供 10 种备选标题块类型，可根据需要选择并进行编辑。

（4）仿真。

“仿真”用于设置电路仿真功能和条件，设置界面如图 7-1-5 所示，主要功能如下。

① Analyses and simulation：选择仿真分析方式。开始仿真前需对参数进行设置，如初始条件设置方式、仿真起止时间、数值计算步长等。

② 混合模式仿真设置：选择仿真环境。包括：

使用理想引脚模型：在进行电路仿真时采用理想化标准，能够实现快速仿真。

使用真实引脚模型：仿真所使用的元件和工作环境模拟实际情况，能够实现更高精度的仿真。

③ 后处理器：对分析结果进行后处理。

④ 仿真错误记录信息窗口：显示仿真错误记录信息窗口。

⑤ XSPICE 命令行界面：显示 XSPICE 命令行窗口。

⑥ 加载仿真设置：启用用户以前保存过的仿真设置。

⑦ 保存仿真设置：保存当前仿真设置。

⑧ 自动故障选项：在仿真电路中设置开路、短路、旁路等故障。

⑨ Probe settings：显示探针设置。

⑩ 反转探针方向：探针参考方向反转，选择探针时有效。

⑪ 清除仪器数据：清除虚拟仪表中的数据。

⑫ 使用容差：在交互仿真中使用元器件容差。

（5）选项。

“选项”用于定制电路接口和设定电路的某些功能，菜单如图 7-1-6 所示，主要功能如下。

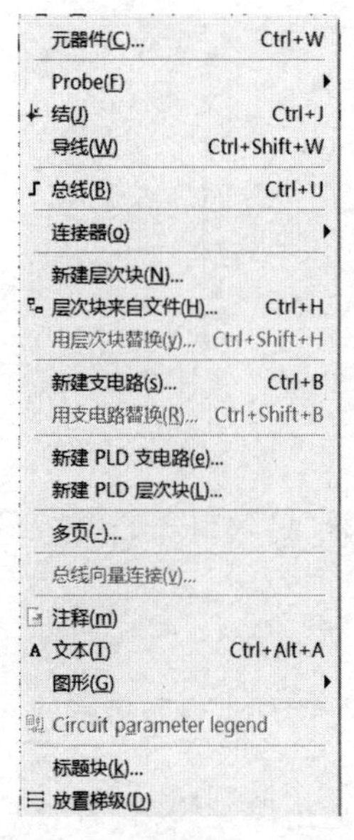

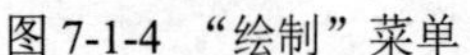

图 7-1-4 “绘制”菜单

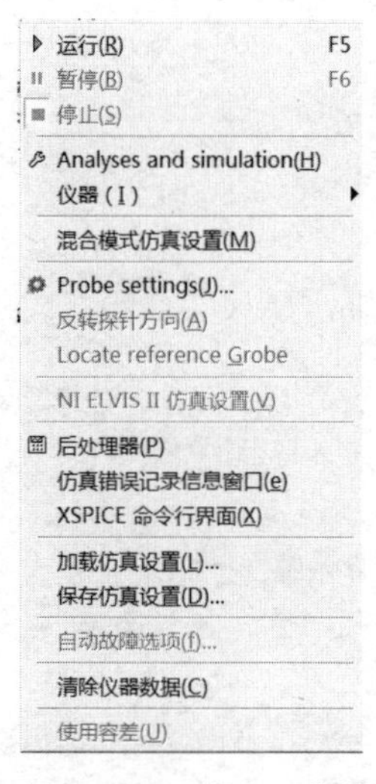

图 7-1-5 “仿真”菜单

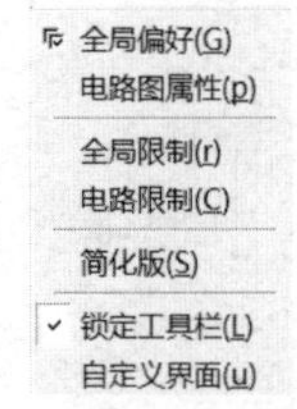

图 7-1-6 “选项”菜单

① 全局偏好：设置全局的电路参数，对用户创建的所有文件均适用。菜单如图 7-1-7 所示，

主要功能如下。

路径：设置电路文件、用户设置、数据库文件的存放路径。

消息提示：设置在何种情形下显示提示。

保存：设置电路文件、仿真结果数据的自动存储间隔时间。

元器件：设置元器件放置模式、元器件符号标准。ANSI Y32.2 为美国图形符号标准（汉化版显示为 ANSI），IEC 60617 为国际电工委员会图形符号标准（汉化版显示为 DIN）。本书采用 IEC 60617 标准，与我国国家标准图形符号基本相同。

常规：设置鼠标、布线等的属性。最下方 language 可选择语言，如已将汉化文件放入主目录内 stringfiles 目录下，可在此切换 Multisim 显示语言为简体中文。本书采用汉化版。

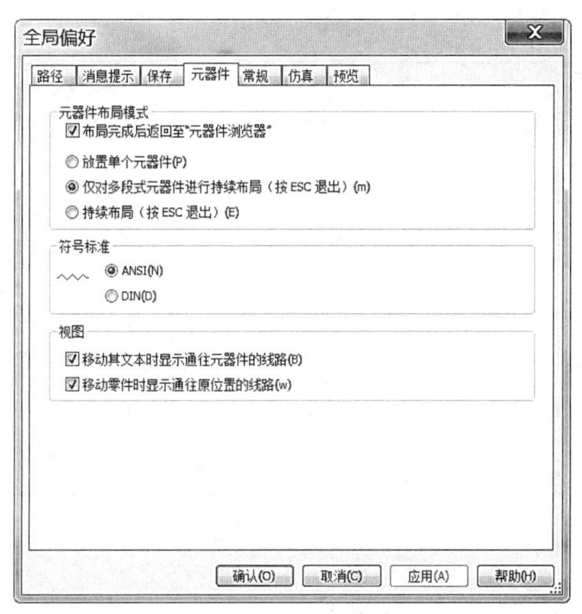

图 7-1-7　全局偏好

仿真：设置出现网络表错误默认选项、曲线图等背景色、正相移方向。

预览：设置窗口、缩略图、支电路是否预览。

② 电路图属性：与“编辑”菜单下的“属性”相同。

③ 全局限制：对全局电路参数的设置进行限制。

④ 电路限制：对当前所编辑电路的某些功能进行限制。

⑤ 简化版：提供简化的用户界面。

⑥ 自定义界面：用于设计个性化的用户界面，包括菜单栏、工具栏、用户界面的风格、键盘的快捷方式等。

2. 工具栏

Multisim 14 的工具栏可以很方便地完成相关操作，其中标准工具栏与 Office 相关功能相同，包括新建、打开、保存文件、打印、复制、粘贴等，这里主要介绍电路设计和仿真常用的工具栏。

（1）主工具栏。

该工具栏包括电路分析、设计、仿真中常用的功能按钮，如图 7-1-8 所示，主要功能依次为设计工具箱窗口显示/隐藏按钮，电子表格视图显示/隐藏按钮，SPICE 网表查看器显示/隐藏按钮，查看 3D 试验电路板，图示仪视图显示/隐藏按钮，后处理器视图显示/隐藏按钮，显示母电路图（如已在母电路此按钮为灰色），显示元器件向导，数据库管理窗口显示/隐藏按钮，使用中的元器件列表及电气规则校验窗口显示/隐藏按钮等。

图 7-1-8　主工具栏

（2）测量仪器工具栏。

测量仪器工具栏通常位于用户界面的右边，主要按钮如图 7-1-9 所示，从左到右分别是：数字万用表、函数信号发生器、瓦特表、双通道示波器、四通道示波器、波特图示仪、频率计、数字信号发生器、逻辑变换器、逻辑分析仪、IV 分析器、失真分析仪、光谱分析仪、网络分析仪、安捷伦函数信号发生器、安捷伦万用表、安捷伦示波器、泰克示波器、LabVIEW 仪表列表、NI ELVISmx 仪器和探针等，可直接单击拖动使用，详见 7.1.2 节“Multisim14 仪器仪表库”。

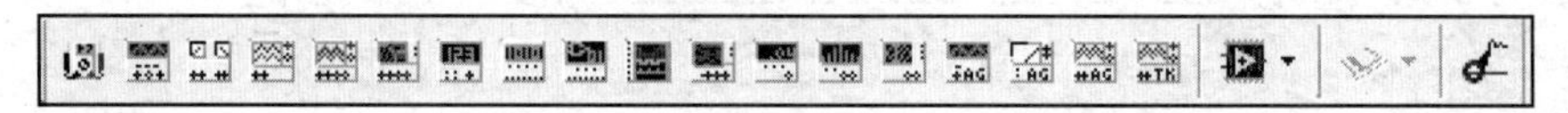

图 7-1-9　测量仪器工具栏

（3）元器件工具栏。

元器件工具栏由 20 个不同类型的元件库按钮组成，如图 7-1-10 所示，从左到右分别是：电源库、基本元件库、二极管库、晶体管库、模拟集成电路库、TTL 数字集成电路库、CMOS 元件库、其他数字元件库、数模混合集成电路库、指示元件库、功率元器件库、其他元器件库、键盘显示器库、射频元器件库、机电式元器件库、NI 库、连接器库、MCU 库、放置层次模块和放置总线。单击任一按钮，可出现该类元器件供选择，详见 7.1.3 节“Multisim 14 元件库”。

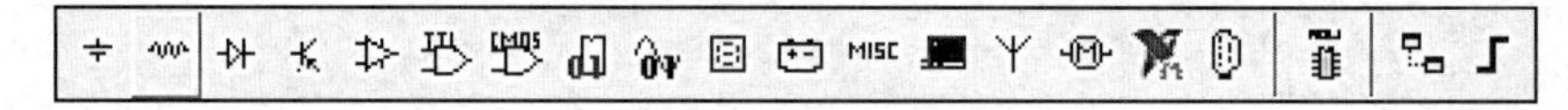

图 7-1-10　元器件工具栏

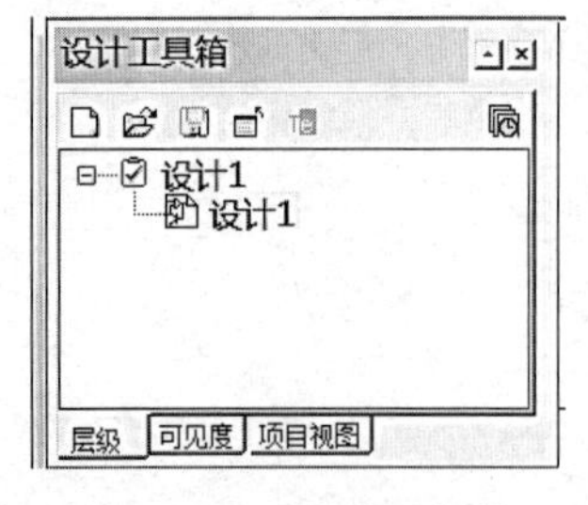

图 7-1-11　设计工具箱

3．设计工具箱

通常设计的电路系统包括多个文件，如电路图文件、电路描述文件、仿真输出文件、报告、PCB 文件等，这些文件通过设计工具箱管理。设计工具箱位于用户界面的左半部分，如图 7-1-11 所示，其中层级选项卡以树的形式显示设计文件间的依托关系；“可见度”选项卡可选择需要在电路编辑窗口显示的各层级；“项目视图”选项卡用于管理当前设计的电路系统。

4．电子表格视图

电子表格视图位于用户界面的底部，采用数据表格的形式显示当前设计电路中所有元件的属性，也可以通过该窗口对元件属性进行修改，或在检验电路和查找元件时显示操作结果。

7.1.2　Multisim 14 仪器仪表库

Multisim 14 测量仪器工具栏中有 19 种常用虚拟仪器仪表，可以用于电路分析，仿真和测试。使用时只要选择所需的仪器图标，然后单击拖动放置到电路编辑工作区，正确连接，双击该图标，弹出仪表控制面板，可进行仪表参数设置和读取数据。Multisim 14 中测量仪器的操作使用方法与实验室真实仪器基本相同，下面主要介绍在电路分析中常用的数字万用表、函数信号发生器、瓦特表和示波器。

1. 数字万用表

虚拟仿真数字万用表能够测量和显示交、直流电压、电流及无源二端网络的电阻，在其控制面板中可以对功能、量程等进行设置，如图 7-1-12（a）和（b）所示；电压、电流挡的内阻，以及电阻挡的电流可以通过“设置”按钮，在万用表设置窗口中设置，如图 7-1-12（c）所示。该数字万用表的使用方法与真实仪表完全相同，这里不再赘述。

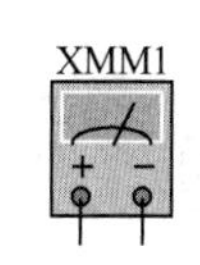

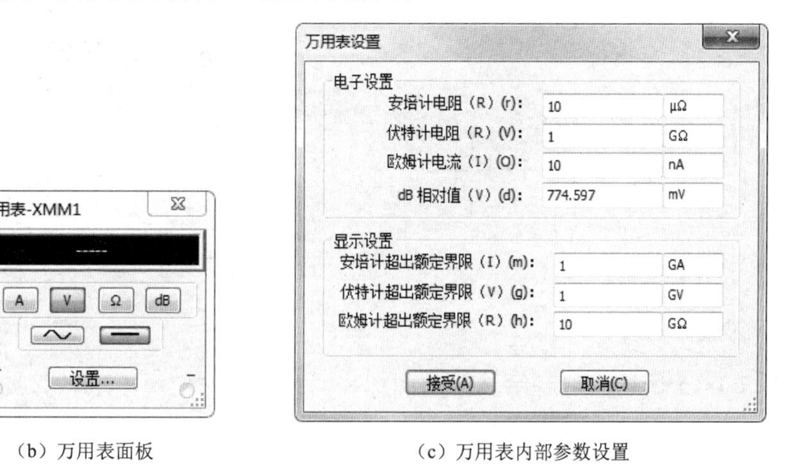

（a）万用表图标　　（b）万用表面板　　（c）万用表内部参数设置

图 7-1-12　数字万用表图标、面板和内部参数设置

2. 函数信号发生器

函数信号发生器用以产生正弦波、三角波或方波信号，其图标和面板如图 7-1-13（a）和（b）所示。

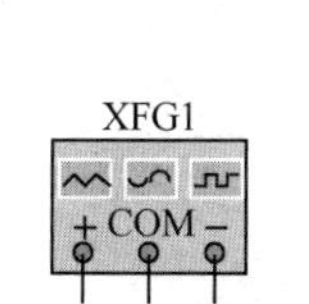

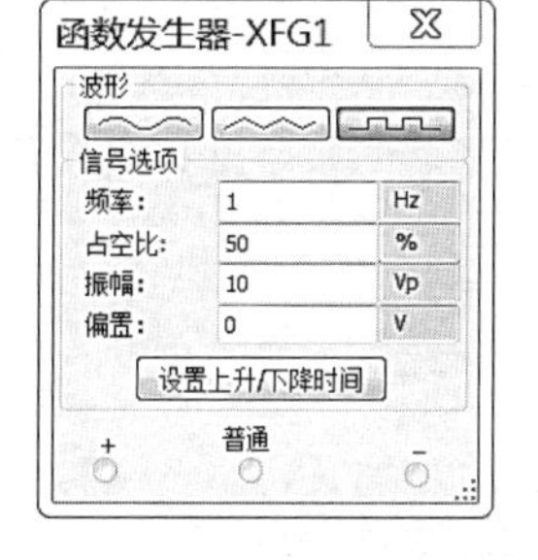

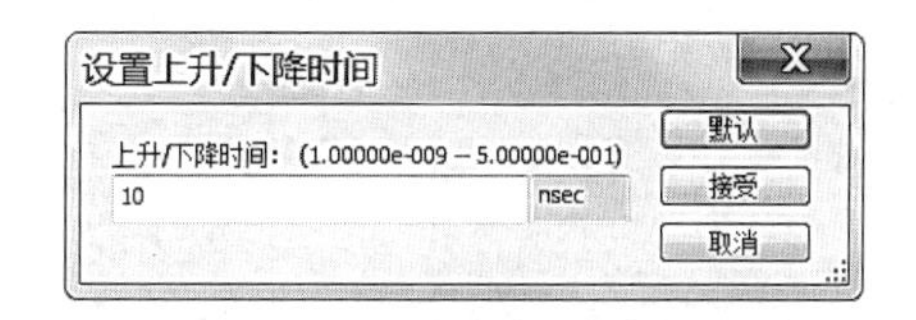

（a）函数信号发生器图标　　（b）函数信号发生器面板　　（c）函数信号发生器方波上升/下降时间设置

图 7-1-13　函数信号发生器图标、面板和方波上升/下降时间设置

函数信号发生器的图标上有三个接线端：“+”“COM”“-”，其中连接“+”和“COM”两个端子输出正极性信号，幅值等于图 7-1-13（b）中“振幅”设定的数值；连接“-”和“COM”两个端子输出负极性信号，幅值也等于“振幅”设定的数值；连接“+”和“-”两个端子，输出信号的幅值等于“振幅”设定的数值的两倍；同时连接“+”“COM”和“-”端子，并将“COM”与公共地符号相连，则输出两个幅值相同、极性相反的信号。

图 7-1-13（b）所示各项介绍如下。

频率：设置输出信号的频率。

占空比：设置锯齿波和方波的占空比（即高低电平所占的时间的比率）。

振幅：设置输出信号的幅值。

偏置：设置输出信号的偏置电压。

设置上升/下降时间：设置方波信号的上升时间和下降时间，如图 7-1-13（c）所示。

3．瓦特表

瓦特表可测量交、直流电路的功率，以及交流电路的功率因数，其图标和面板分别如图 7-1-14（a）和（b）所示。仪表连接方式与真实瓦特表完全相同。

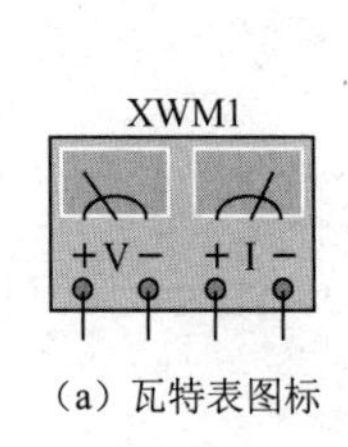

（a）瓦特表图标

（b）瓦特表面板

图 7-1-14　瓦特表图标和面板

4．示波器

如图 7-1-15 所示为双踪示波器的图标和面板，操作使用方法与真实示波器相同，下面简要说明。

① 测量数据显示区：在图 7-1-15（b）中波形显示区域下方，显示游标 T1、T2 测量波形的相应数据。

② 时基区：进行扫描速度控制。

③ 通道 A 区和通道 B 区：完成 A、B 通道的相关设置。

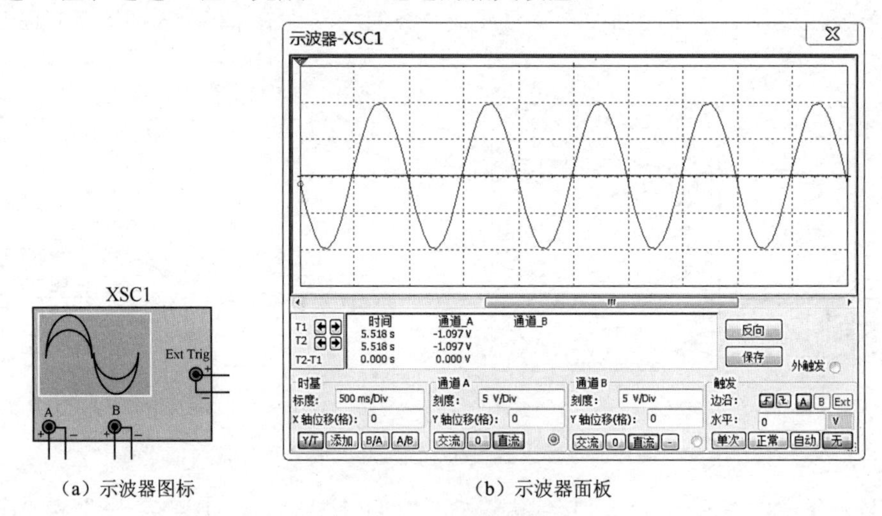

（a）示波器图标　　（b）示波器面板

图 7-1-15　示波器图标和面板

④ 触发区：设置示波器的触发方式。

示波器中的曲线以彩色方式显示。当多通道信号输入时，示波器中显示曲线的颜色与电路原理图编辑窗中该通道输入导线的颜色相同。为了区分显示的曲线，常需改变曲线颜色。设置信号波形颜色的方法是：停止仿真，分别右击连接 A、B 通道的导线，在弹出的对话框中单击“区段颜色”可选择导线的颜色，波形显示的颜色与相应导线颜色相同。

7.1.3　Multisim 14 元件库

Multisim 14 电路元件存放在元件库中，有三种方式可以打开元件库，一是单击元件工具栏中的图标，二是单击菜单栏“绘制”下的“元器件”项，三是在电路编辑窗口右击并选择“放置元器件”，元器件浏览器如图 7-1-16 所示，一般通过数据库→组→系列的顺序来查找元器件。

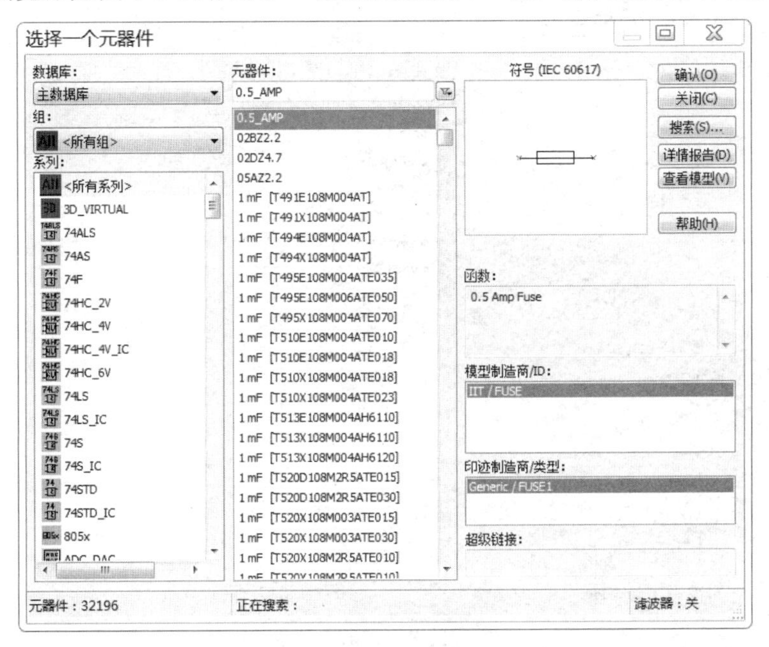

图 7-1-16　元器件浏览器

数据库包括主数据库、企业数据库和用户数据库，其中主数据库存放的元件对所有的 Multisim 用户开放，企业数据库中的元件是由一个工作组修改或创建的，元件仅适用于带有工程/团队模块的用户，而用户数据库中的元件是由当前用户修改或创建的，仅适用于该用户本人。

组为某一个元件库中的各种元件的集合，下拉列表框中有 19 种元器件库选项，分别是：电源/信号源库（Sources）、基本元件库（Basic）、二极管库（Diodes）、晶体管库（Transistors）、模拟集成电路库（Analog）、TTL 数字集成电路库（TTL）、CMOS 数字集成电路库（CMOS）、微控制单元库（MCU）、键盘显示器库（Advanced Peripherals）、数字器件库（Misc Digital）、模数混合元件库（Mixed）、指示器件库（Indicators）、功率元器件库（Power）、混合元件库（Misc）、射频元件库（RF）、机电元件库（Electro mechanical）、梯形图库（Ladder Diagrams）、连接器库（Connectors）和 NI 元件库（NI Components）。

系列指元器件的系列，每一系列中在元器件栏罗列了可使用的具体元件，选中某一个元件后，浏览器的右半部分的符号、函数等栏中会显示该元件的外形、功能、封装模式、引脚等信息。

Multisim 中的元件分为真实元件和虚拟元件，两种元件在系列中的颜色不同，灰色是真实元件，主要是国外相关公司的产品，如 Zetex 及 National 等，参数不能随意更改；绿色是虚拟元件，参数可以随意改变，仿真速度快，用于电路分析，其方便直观，但不能输出到 PCB 版绘制软件中。下面主要介绍电路分析常用的元件库。

1. 电源/信号源库（Sources）

Multisim 14 的主数据库的电源/信号源库中含有 7 种不同类型的电源，分别为电源（POWER SOURCES），电压信号源（SIGNAL VOLTAGE SOURCES）、电流信号源（SIGNAL CURRENT SOURCES）、受控电压源（CONTROLLED VOLTAGE SOURCES）、受控电流源（CONTROLLED CURRENT SOURCES）、控制函数模块（CONTROL FUNCTION）和数字信号源（DIGITAL SOURCES），电源/信号源库中的所有电源都是虚拟元件，可通过属性对话框对相关参数进行设置。

（1）直流电压源。

直流电压源位于“POWER SOURCES”中。图 7-1-17（a）为理想电压源（DC_POWER），可通过如图 7-1-17（b）所示对话框设置相关参数。

+
V1
12V
-

（a）直流电压源图标

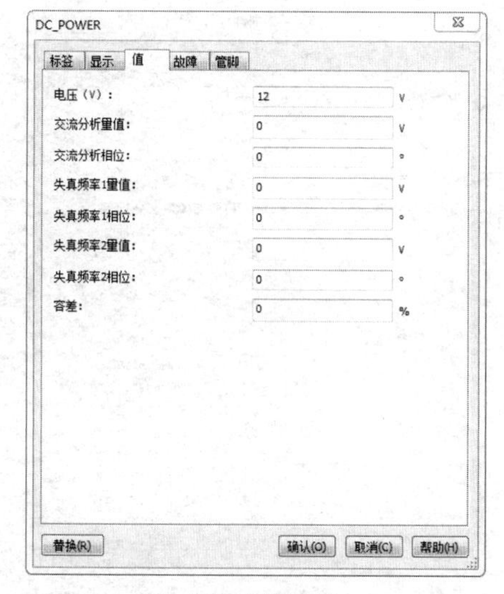

（b）直流电压源设置

图 7-1-17　直流电压源

（2）正弦交流电压源。

图 7-1-18（a）为交流电压源（AC POWER）图标，位于“POWER SOURCES”中；图 7-1-18（b）为交流电压信号源（AC_VOLTAGE）图标，位于“SIGNAL VOLTAGE SOURCES”中，皆为虚拟元件，双击图标可弹出对话框，设置相关参数，如图 7-1-18（c）所示，可设置交流电压源的有效值（RMS）、频率（Frequency）、初相位（Phase）等。电流源的取用和设置与电压源类似，不再详述。

+
V1
120V（rms）
~60Hz
0°
-

（a）交流电压源图标

V2
G +
~ -
1V（pk）
1kHz
0°

（b）交流电压信号源图标

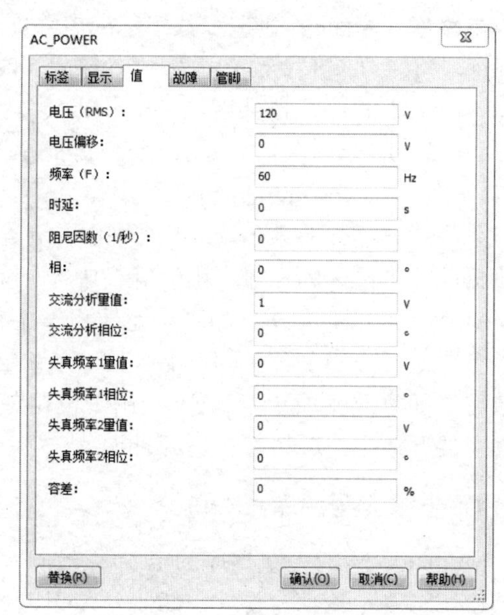

（c）交流电源设置

图 7-1-18　正弦交流电压源

（3）正弦三相交流电源。

Multisim 14 中有封装好的三相△形连接和三相 Y 形的对称三相正弦交流电源，如图 7-1-19 所示，图中标出的电压数值为相电压，电源参数值可通过双击图标打开属性对话框进行设置。

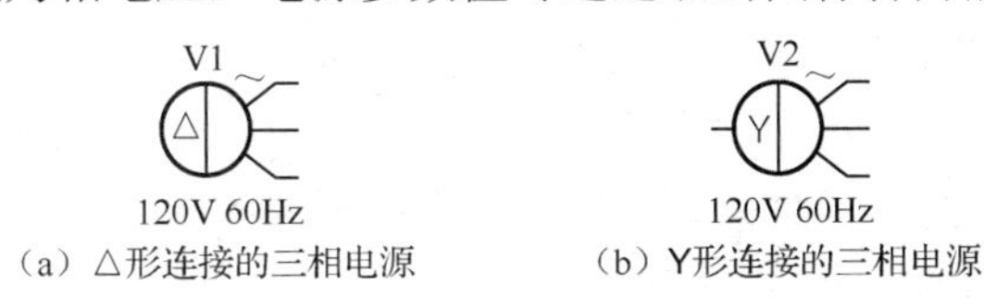

（a）△形连接的三相电源　（b）Y形连接的三相电源

图 7-1-19　对称三相正弦交流电源

（4）受控源。

在 Multisim14 中，四种受控源如图 7-1-20 所示，注意各受控源电路符号与国标不同。在使用受控源时，输入端必须和控制量相连。如果控制量为电压，则输入端与控制量并联；如果控制量为电流，则将输入端与控制量串联。注意输入端和输出端都设定了参考方向，连接时要与电路中变量的参考方向一致。双击图标打开属性对话框可设置控制参数。

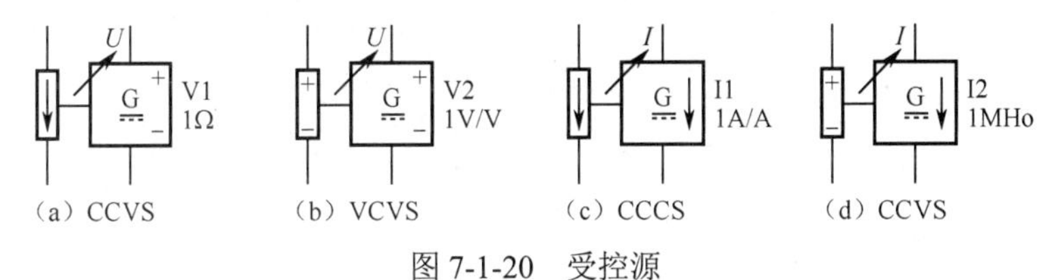

（a）CCVS　（b）VCVS　（c）CCCS　（d）CCVS

图 7-1-20　受控源

（5）接地端。

利用 Multisim 14 创建电路进行仿真分析时，采用结点分析法，要设定参考点，电路中各结点的电压均以该点为参考点，因此电路必须接“地”。Multisim 14 提供了一个地线和一个数字地（如图 7-1-21 所示），分别作为模拟电路和数字电路的参考点，若仅考虑电路原理分析，两种地没有区别，而要考虑 PCB 绘制，需要加以区分。

GND

（a）地线　（b）数字地

图 7-1-21　两种接地端

2. 基本元件库（Basic）

基本元件库中包含 3 个虚拟元件类型（绿色背景），具体为基本虚拟元件（BASIC_VIRTUAL）、RATED 虚拟元件（RATED_VIRTUAL）和 3D 虚拟元件（3D_VIRTUAL）；17 个元件类型（灰色背景），具体为封装电阻（RPACK）、开关（SWITCH）、变压器（TRANSFORMER）、非虚拟 RLC（NON IDEAL RLC）、Z 负载（Z_LOAD）、继电器（RELAY）、插座（SOCKETS）、图形符号（SCHEMATIC SYMBOLS）、电阻（RESISTOR）、电容（CAPACITOR）、电感（INDUCTOR）、电解电容（CAP ELECTROLIT）、可变电阻（VARIABLE RESISTOR）、可变电容（VARIABLE CAPACITOR）、变电感（VARIABLE INDUCTOR）、电位器（POTENTIONMETER）及带制造商信息的电容（MANUFACTURER CAPACITOR）。下面简单介绍电路分析中常用电路元件的使用方法。

（1）电阻。

在“Basic”的“RESISTOR”中存放着成百上千种电阻元件，用户可根据需要进行选择，非常方便。

如果在元件库中找不到所需的电阻，就需要自行创建，方法有两种：一是单击菜单栏“工具”→“元器件向导”，根据提示操作，一般涉及元素多，相对复杂；二是在 Multisim 提供的元件库中找到一个与所需要元件性能相近的元件，修改部分参数，将其编辑为适合要求的元件。

第二种方法的具体操作步骤如下。

① 把拟修改的电阻元件放置在电路编辑区，单击元件后右击，选择“将元器件保存到数据库”，保存至“用户数据库”；

② 从“用户数据库”将保存的电阻元件放置到电路编辑区，双击电阻元件，出现元件的属性对话框。选中“值”页，按“在数据库中编辑元器件”按钮，弹出元器件属性对话框，如图 7-1-22 所示。对话框中包含了 7 方面的信息来设置电阻元件的相关参数和属性。

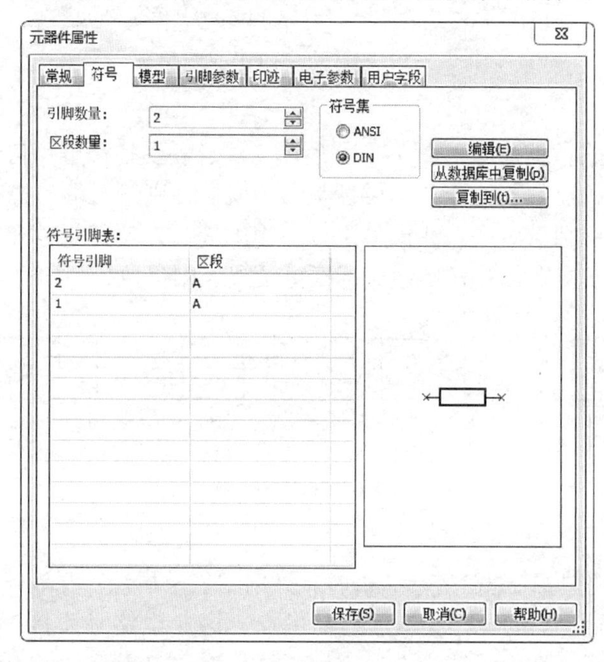

图 7-1-22　元器件属性对话框

例如，利用 1kΩ 电阻编辑一个 900Ω 电阻，具体操作为：在“Basic”的“RESISTOR”中找到“1.0kΩ”电阻，再把元件保存到用户数据库；双击电阻元件，将“常规”中“1.0kΩ”的地方均改为“900Ω”，其他属性可以修改也可以保持不变，然后单击“保存”按钮，就可以在“用户数据库”中找到所创建的 900Ω电阻。这种方法简单快捷，常用来创建新的电路元件。

电感和电容元件等的使用及创建方法与电阻元件相同。

（2）电位器。

电位器位于“Basic”组“POTENTIOMETER”下，图标如图 7-1-23 所示。电位器滑动点的移动可改变阻值的大小，使用鼠标拖动滑动条或通过键盘上的按键来控制，键盘按键默认设置为“A”键，也可双击电位器图标，在属性对话框的“值”页中修改，还可设定阻值变化的幅度。图 7-1-23 中 1kΩ 表示两个固定端子间的阻值，50%表示滑动点下方电阻占总阻值的百分比。

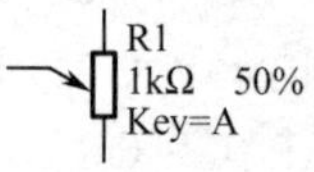

R1
1kΩ　50%
Key=A

图 7-1-23　电位器

（3）开关。

Multisim 14 提供了多种开关，其中单刀单掷开关（SPST）和单刀双掷开关（SPDT）常用于电路分析，可通过键盘按键来控制开关，默认设置为“Space”键，也可以双击开关图标，在属性对话框的“值”页中修改为其他按键。

3. 指示元件库（Indicators）

指示元件库中提供多种显示电路仿真结果的指示元件，如图 7-1-24 所示，包括电压表（VOLTMETER）、电流表（AMMETER）、探测器（PROBE）、蜂鸣器（BUZZER）、灯泡（LAMP）、虚拟灯泡（VIRTUAL_LAMP）、十六进制显示器（HEX_DISPLAY）、条形光柱（BARGRAPH）等。

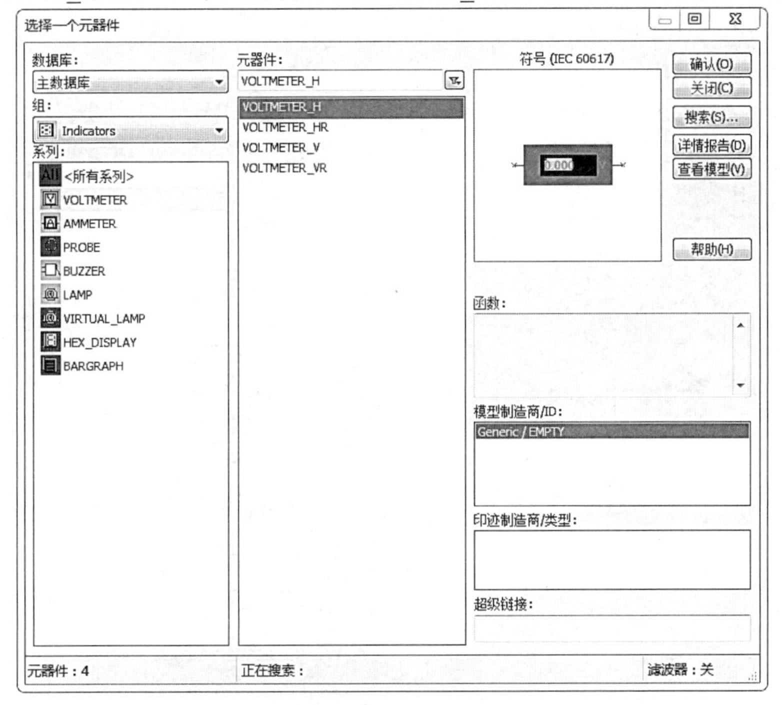

图 7-1-24　指示元件库

7.2　Multisim 14 电路仿真方法

7.2.1　Multisim 14 的仿真功能

Multisim 14 提供了多种电路仿真工具，可完成模拟电路、数字电路和混合电路的各项仿真功能，进行电路分析，具体包括交互式仿真、直流工作点分析、交流分析、瞬态分析、直流扫描、单频交流分析、参数扫描分析、噪声分析、蒙特卡罗、傅里叶分析、温度扫描、失真分析、最坏情况、噪声因数分析、极零、传递函数、光迹宽度分析、批处理分析等，还可以进行用户自定义分析，其中直流工作点分析、瞬态分析、单频交流分析及参数扫描分析是最基本的分析方法，也是本章的重点内容。

7.2.2　Multisim 14 电路仿真实例

下面以一阶电路为例，介绍应用 Multisim 进行电路仿真的方法和步骤。电路如图 7-2-1（a）所示，求电路的阶跃响应 $i_L(t)$。在 Multisim 中创建的电路图如图 7-2-1（b）所示，求解结果如图 7-2-2 所示。

1．建立电路文件

运行 Multisim 14，会自动新建一个电路文件，此时应立即保存以.ms14 为扩展名的 Multisim 电路文件，便于后期修改、调用等。

2．创建电路

（1）放置电压源和受控电压源。

① 选用直流电压源：在“Sources”组“POWER SOURCES”下选择“DC POWER”，将一个直流电压源放置到电路图编辑窗口。双击直流电压源图标，弹出电源属性对话框，在“值”页将电压由默认值 12V 改为 10V。

② 在“Sources”组“CONTROLLED_VOLTAGE_SOURCES”下选择电流控制电压源“CURRENT_CONTROLLED_VOLTAGE_SOURCE”，将元件放置到电路图编辑窗口中，双击图标，在“值”页将互阻由默认值 1 改为 5。

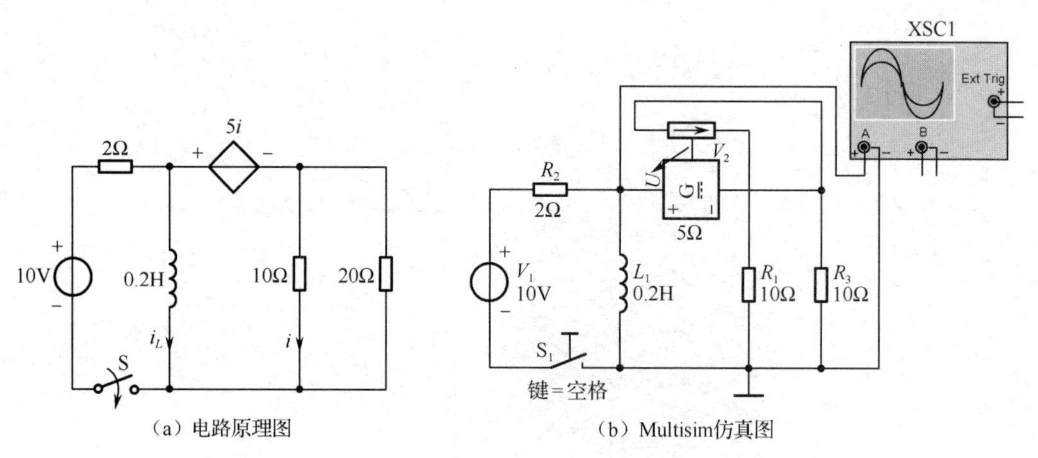

图 7-2-1　电路原理图与 Multisim 仿真图

（2）放置电阻、电感和单刀单掷开关。

① 在“Basic”组“RESISTOR”下或在“基本”工具栏选择需要的电阻，单击“确定”按钮，将电阻放置到电路图编辑窗口。

② 旋转电阻：鼠标右击电阻，出现弹出式菜单，选择“顺时针旋转 90°”旋转电阻以便于电路连接。

③ 新增电阻，需要新增，具体操作参见 7.1.3 节。若仅仿真，可任选电阻直接修改参数。

④ 放置一个 0.2H 电感：在“Basic”组“INDUCTOR”下或在“基本”工具栏选择需要的电感，其他与放置电阻相同。

⑤ 放置一个单刀单掷开关：在“Basic”组“SWITCH”下选择“SPST”项，将一个单刀单掷开关放置到电路图编辑窗口中。默认“空格”键控制开关。

⑥ 放置一个接地端。需特别注意，采用 Multisim 创建的电路必须接地，可在“Sources”组“POWER_SOURCES”下或在“功率源元器件”工具栏选择⏚。

（3）示波器的连接。

由于需要观察电感电压波形，需将示波器接入电路，如图 7-2-1（b）所示。单击 Multisim“仪器”工具栏第 4 个仪器，将选中的双通道示波器放置到电路图编辑窗口。将通道 A“+”接线端接电感上方，通道 A“−”接线端接地。

（4）电路连接及导线调整。

① 电路连接。

将鼠标指针接近所要连接的元件引脚端，鼠标指针会自动变为“+”状。单击左键拖动指针到另一连接点。再次单击左键，产生一条导线将两个连接点接通。按照电路模型将各元件用导线连接起来。

受控源的连接：电流控制电压源的控制量是电阻电流，因此控制端与电阻元件串联；而受控电压源串联在电路中。特别要注意的是控制端口和被控制端口都设定了参考方向，连接时要与题设的要求一致。

如果受控源控制量是电压（电压控制电压源或电压控制电流源），则受控源的控制端需并联于控制支路。

② 导线调整。

- 单击选中需调整的导线，可调整接线的长短和位置。
- 双击某一导线，可改变结点的编号及导线的宽度。需要注意：要设定的结点编号不应该与其他结点编号重复。
- 右击某一导线，在弹出的快捷菜单中选择“区段颜色”，可打开颜色对话框，用于改变导线的颜色。
- 单击选中某一导线，利用键盘“Delete”键可以删除该导线。

3. 电路分析

双击示波器图标打开其显示面板，仿真模式为 Interactive Simulation（交互式仿真），按下 Multisim 界面的仿真启动按键，电路开始仿真，示波器屏幕出现电感电压变化的波形。调节时基、通道 A 刻度，反复按下“空格”键观察电感电压波形，如图 7-2-2 所示。

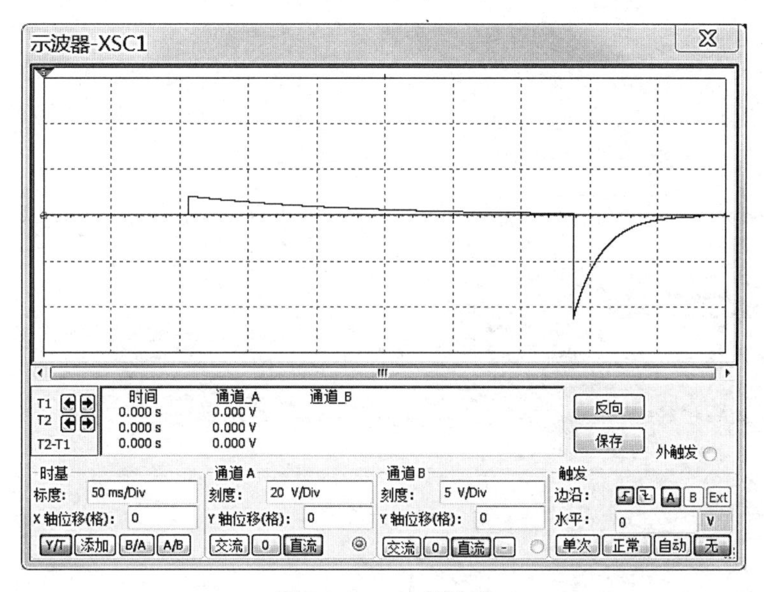

图 7-2-2　$i_L(t)$ 的波形

7.3　基于 Multisim 14 的电路计算机辅助分析

本节将结合具体例题，运用交互式仿真、直流工作点分析、交流分析、瞬态分析、参数扫描等分析方法，给出直流电路、动态电路、交流电路、含有运算放大器电路等的计算机辅助分析方法。

7.3.1　直流电阻电路分析

【例 7-3-1】 求图 7-3-1 所示电路的结点电压 u_1、u_2 和电流 i。

解：

（1）输入电路原理图。

在 Multisim 中输入电路原理图，如图 7-3-2 所示。

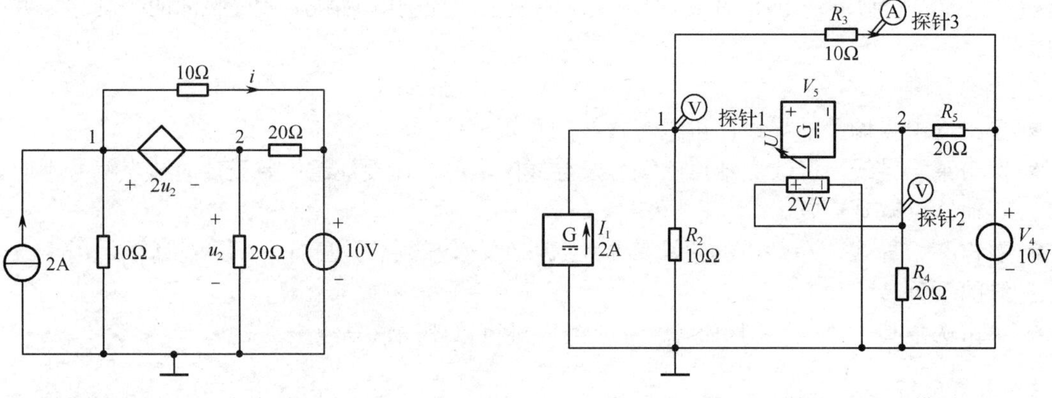

图 7-3-1　例 7-3-1 电路原理图　　　　图 7-3-2　例 7-3-1 的 Multisim 模型

（2）电路分析。

方法①：直流工作点仿真分析。

对于直流电阻电路，要测量电路中某些结点的电压或支路电流，可采用直流工作点分析（DC Operating Point Analysis）。在进行直流工作点分析时，交流电源停止作用（交流电压源短路、交流电流源开路），电容视为开路、电感视为短路，本例中可直接进行电路分析。

选择菜单“仿真→Analyses and Simulation→直流工作点”，弹出如图 7-3-3 所示分析参数设置对话框，“输出”页用于选择所要分析的电压、电流和功率等。

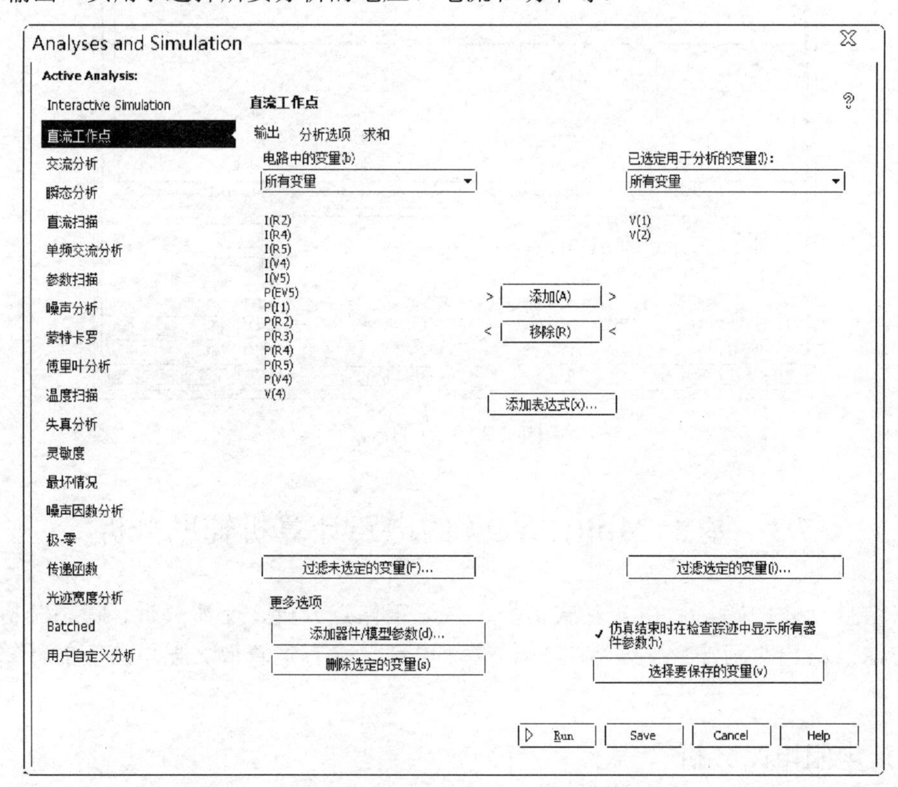

图 7-3-3　直流工作点分析参数设置对话框

“电路中的变量”栏中列出了电路中可以分析的所有变量。在变量列表框选中要分析的变量，利用“添加”按钮可以将它移到“已选定用于分析的变量”栏中，利用“移除”按钮可取消选择。

分析电压是结点相对于参考结点之间的电压，在变量列表框中以“V”开头，后面的数字表示结点编号。

分析电流，在变量列表框中以“I”开头，后面的字符表示电源或元件。例如，“I(V1)”表示分析电压源 V_1 的支路电流，其参考方向是从电压源内部的正极到负极。分析功率与分析电流类似。

本例分析结点①、②的电压，在变量列表框选择“V(1)”、“V(2)”；分析电流 i，选择“I(R3)”，注意，“I(R3)”与 I_1 参考方向相反。仿真结果如图 7-3-4（a）所示。

方法②：交互式仿真分析。

将仿真模式由“直流工作点”切换为“Interactive Simulation”，可通过在电路上直接放置测量探针的方式实时观察测试对象的状态。放置探针 1、2、3 如图 7-3-2 所示。

设置完毕后单击“Run”按钮，可得到分析结果，如图 7-3-4（b）所示。$V_1 = 15\text{V}$、$V_2 = 5\text{V}$，电流 i 为 0.5A，注意对比探针测量与“输出”选择测量结果的区别。

	Variable	Operating point value
1	I(探针3)	500.00000 m
2	V(探针1)	15.00000
3	V(探针2)	5.00000
4	V(1)	15.00000
5	V(2)	5.00000
6	I(R3)	-500.00000 m

（a）直流工作点仿真分析结点分析结果

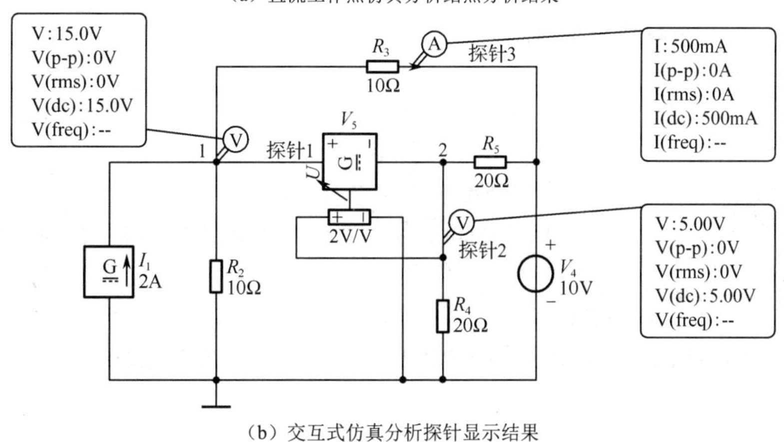

（b）交互式仿真分析探针显示结果

图 7-3-4　例 7-3-1 分析结果

【例 7-3-2】 求图 7-3-5 所示电路的戴维宁等效电路。

解： 在 Multisim 中输入电路原理图，如图 7-3-6 所示，在 A、B 间接数字万用表。需注意的是，CCVS 的控制量为 I_x，控制端要串接到控制支路中，且参考方向是左正右负。

（1）测量开路电压。

读取电压表读数，即在万用表 XMM1 控制面板上选择直流（-）、电压（V）测量，结点 A 的

开路电压 $U_{OC}=16V$，如图 7-3-7（a）所示。

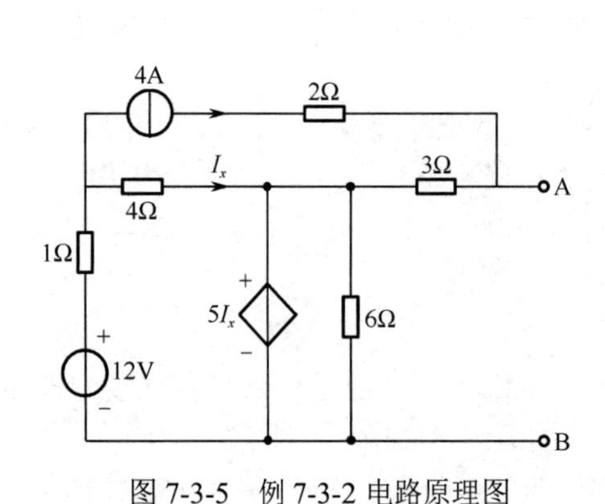

图 7-3-5　例 7-3-2 电路原理图

图 7-3-6　例 7-3-2 的 Multisim 模型

（2）测量短路电流。

在 A、B 结点之间串接电流表，即在万用表 XMM1 控制面板上选择直流（-）、电流（A）测量，启动仿真开关，万用表上显示 A、B 间的短路电流为 5.333A，如图 7-3-7（b）所示。

（a）开路电压测量值

（b）短路电流测量值

图 7-3-7　开路电压和短路电流的测量

（3）求等效电阻。

根据戴维宁定理，电路的等效电阻为

$$R_{eq}=\frac{16}{5.333}\Omega\approx 3\Omega$$

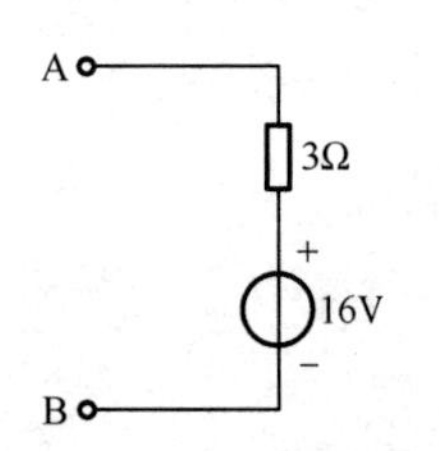

图 7-3-8　戴维宁等效电路

（4）画戴维宁等效电路。

画出戴维宁等效电路，如图 7-3-8 所示。

在 Multisim 中，对于含有受控源的线性有源二端网络，可通过测量电路端口的开路电压和短路电流，得到该二端网络的戴维宁等效模型。

【例 7-3-3】 测量如图 7-3-9 所示电路中的电流 I，并验证叠加定理。

解：

（1）测量电流 I。

在 Multisim 中输入电路原理图，电流表位于指示元件库中，打开面板将其工作模式设为 DC。电流表直接测量电流 I 为 2A，如图 7-3-10 所示。

（2）验证叠加原理。

① 电压源单独作用。将电流源删除，启动仿真按钮，电流表读数为 0.75A，如图 7-3-11（a）所示。

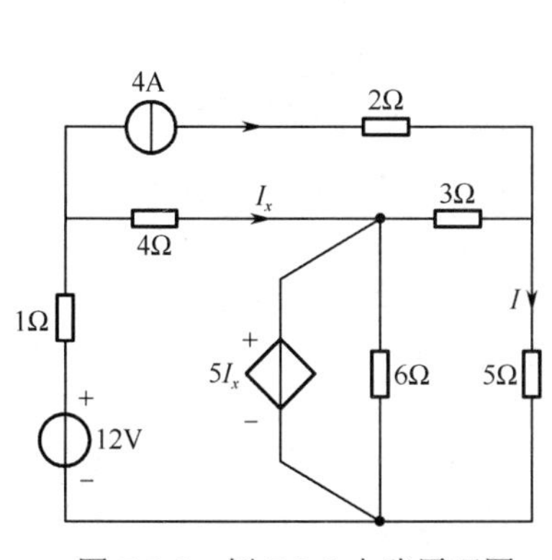

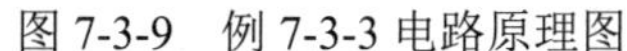

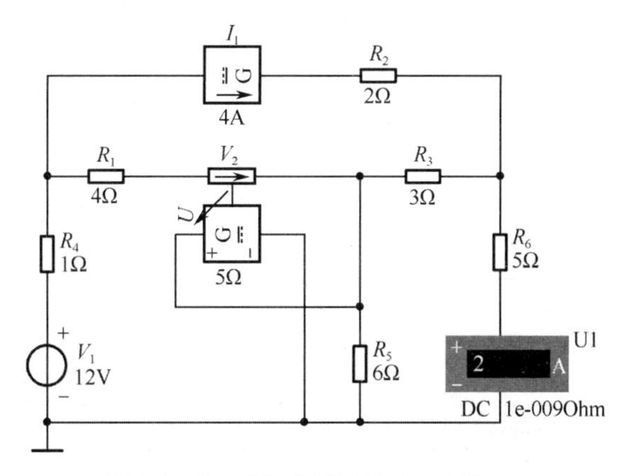

图 7-3-9　例 7-3-3 电路原理图　　　　图 7-3-10　测量电流 I 的仿真电路

② 电流源单独作用。停止仿真，将 4A 电流源接入电路，将电压源置为 0 或换为导线。启动仿真，电流表读数为 1.25A，如图 7-3-11（b）所示。

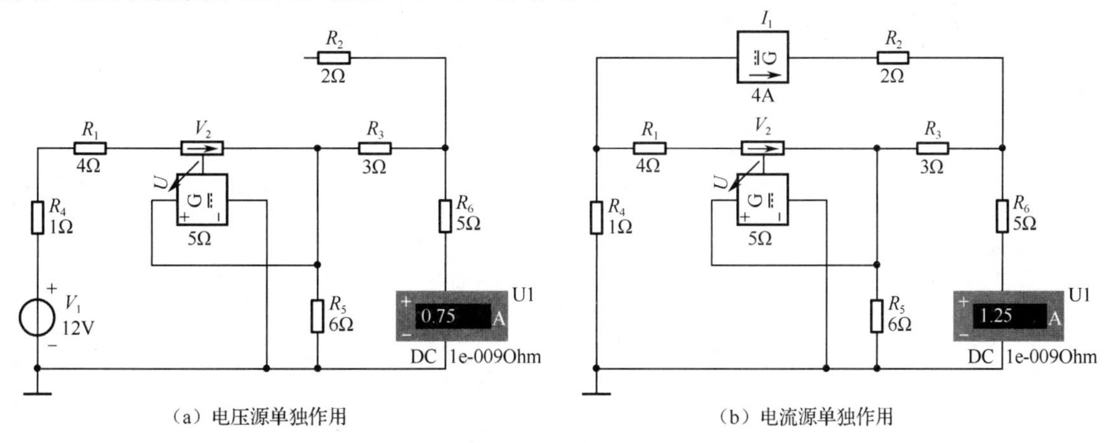

（a）电压源单独作用　　　　（b）电流源单独作用

图 7-3-11　电源单独作用时电流 I 的测量结果

③ 两个电源同时作用时，$I = 0.75+1.25 = 2\text{A}$，与①结论相同，验证了叠加定理的正确性。

7.3.2　动态电路分析

【例 7-3-4】 如图 7-3-12（a）所示电路中，$R_1 = R_2 = 1\Omega$，$R_3 = 0.5\Omega$，激励为脉冲电压源，如图 7-3-12（b）所示，求解电感电流的时域响应。

解： 在对电路进行瞬态分析时，要准确绘制动态电路响应的时域波形是一件非常困难的事情，对于高阶电路尤为突出。Multisim 所提供的瞬态分析功能能够有效地解决这个问题，也可以通过示波器观察时域波形。

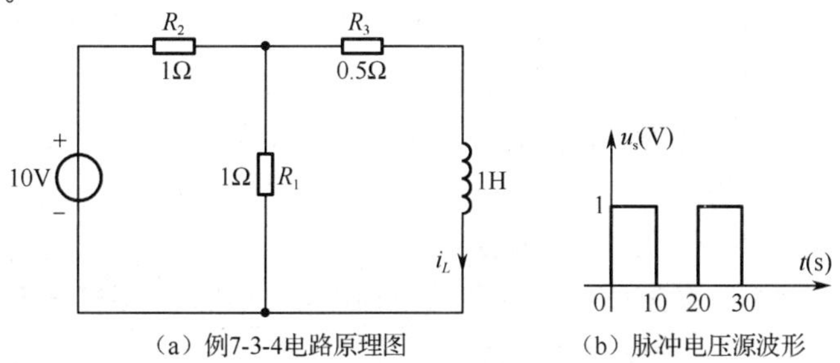

（a）例7-3-4电路原理图　　（b）脉冲电压源波形

图 7-3-12　例 7-3-4 电路原理图及脉冲电压源波形

（1）在 Multisim 中输入电路原理图。

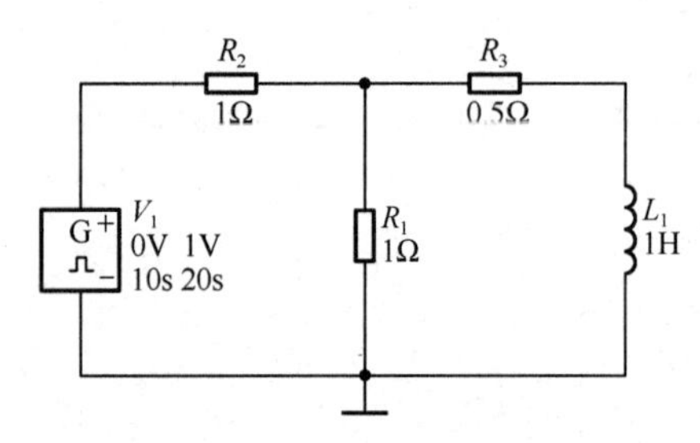

图 7-3-13　例 7-3-4 的 Multisim 模型

在“Sources”组“SIGNAL_VOLTAGE_SOURCES”下选择“PULSE_VOLTAGE”或在“信号源元器件”工具栏选择脉冲电压源，放置到电路图编辑窗口。双击脉冲电压源，按图 7-3-12（b）调整参数，如图 7-3-13 所示。

（2）瞬态分析设置。

选择菜单“仿真→Analyses and Simulation→瞬态分析”，弹出如图 7-3-14 所示的瞬态分析参数设置对话框，在“分析参数”页中设置。

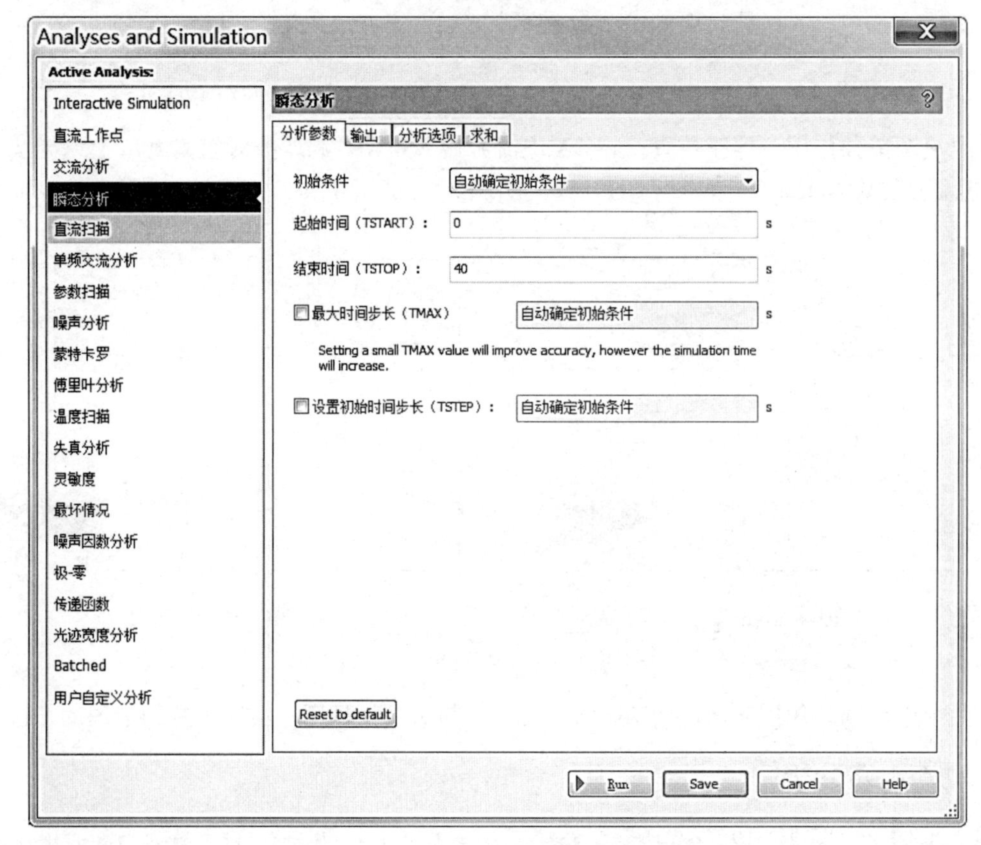

图 7-3-14　瞬态分析参数设置对话框

在“分析参数”页中各项说明如下。

① 初始条件：用于设置初始条件。包括以下选项：

自动确定初始条件——由程序自动设置初始值。

设为零——初始值设置为 0。

用户自定义——由用户自定义初始值。

计算直流工作点——通过计算直流工作点得到初始值。

本例选择“自动确定初始条件”。

② 起始时间（TSTART)：分析的起始时间通常设置为 0。

③ 结束时间（TSTOP)：结束时间要根据具体情况来确定。本电路结束时间选择两个完整周期即 40s。

④ 最大时间步长（TMAX)：勾选后可以设置最大时间步长。此项将影响计算的精度，如不勾选则由程序自动设置初始条件。

⑤ 设置初始时间步长（TSTEP）：勾选后可以设置初始时间步长，如不勾选则由程序自动设置初始条件。

在“输出”页中选择分析变量 I(L1)。单击“Run”按钮，得如图 7-3-15 所示结果。由波形可以看出，电感电流在 $t=0$ 时刻未发生跳变，此后随着时间的增长，电感电流按指数规律增长，经过 $4\tau \sim 5\tau$ 后达到稳定状态。

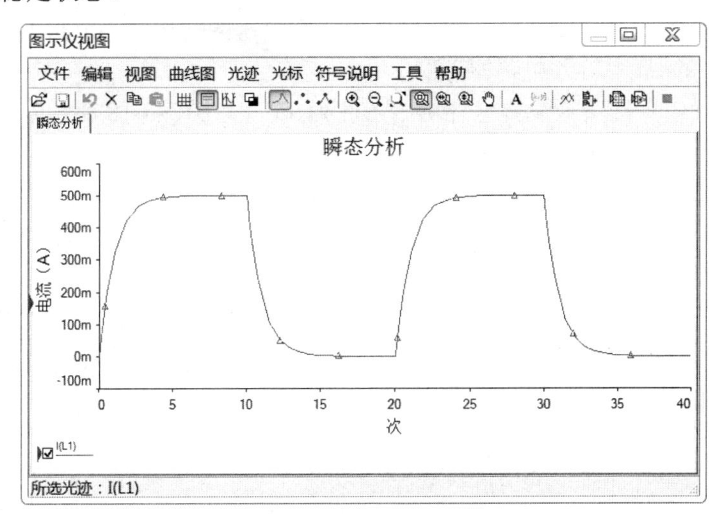

图 7-3-15　例 7-3-4 动态分析结果

（3）图形显示窗操作方法。

在图形显示窗中，3 个工具按钮 分别表示显示/隐藏网格、显示/隐藏符号说明、显示/隐藏光标，如图 7-3-16 所示。

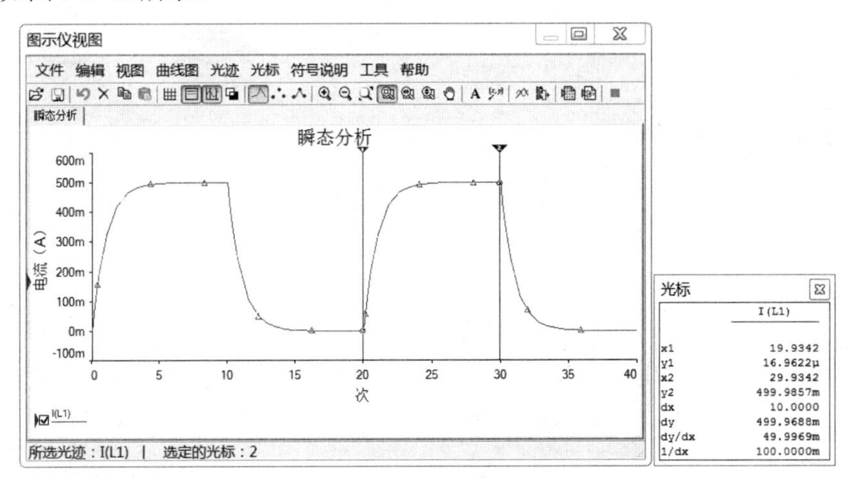

图 7-3-16　图形显示窗

Multisim 提供两个游标，通过游标，可以测量曲线参数。拉动游标，在弹出界面中显示游标处的曲线时间刻度和纵坐标值，dx、dy 表示两游标处的时间和曲线值的增量。如果分析多个变量，必将出现多条曲线，为了便于区别，以不同的颜色表示。单击第二个按钮，在弹出界面中，彩色直线段列表标明了不同的分析变量所对应的曲线的颜色。

单击“Tools”菜单栏，可将图形显示窗中的曲线数据（取样点的横、纵坐标值）输出到 Excel 电子表格中。

如果采用虚拟元件，动态元件初值的设定还有另外一种办法。在电容元件的属性对话框中，选中“其他 SPICE 仿真参数”并将初始电压设置为 10V。放置电容未经任何旋转时，电容元件初始电压的参考方向是左正右负。在瞬态分析参数设置页的“初始条件”中，必须选择“用户自定义”。电感元件的初始电流设置方法与此相同，电感元件初始电流的参考方向值得注意，在放置电感元件时，电感为水平放置，电流参考方向从左至右。

【例 7-3-5】 在如图 7-3-17 所示的 RLC 串联电路中，设电容初始储能 $u_C(0_+) = 3V$，$C = 1mF$，$L = 1mH$，当 R 分别为 0.5Ω、2Ω、3Ω 时，试观察电容电压的波形，并分析响应的性质。

解：（1）在 Multisim 中输入电路原理图

双击电容，在“值”选项卡设置电容初始条件为 3V，如图 7-3-18 所示。

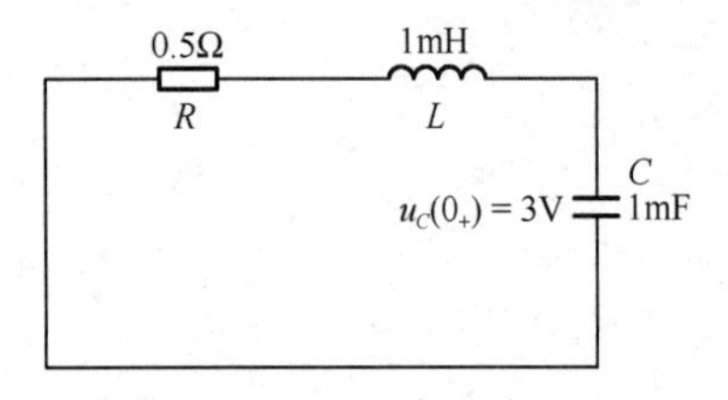

图 7-3-17 例 7-3-5 电路原理图

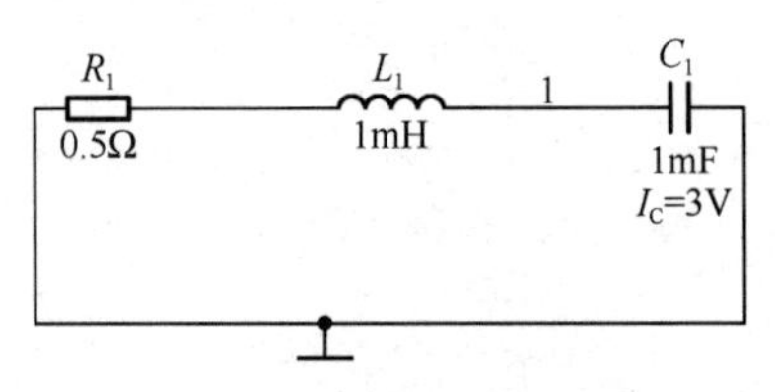

图 7-3-18 例 7-3-5 仿真电路

（2）参数扫描设置。

若要观察电路某参数改变后电路性能对比，可以用 Multisim 提供的参数扫描方式。

选择菜单“仿真→Analyses and Simulation→参数扫描”，出现如图 7-3-19 所示的扫描参数设置框。

图 7-3-19 扫描参数设置框

“分析参数”页共有 3 个区，各区功能如下。

① “扫描参数”区用于选择扫描的元件和参数。

“扫描参数”下拉菜单中有“器件参数”、“模型参数”和“circuit parameter”（电路参数）可选择，本例选择“器件参数”，在右边进一步进行选择：“器件类型”项选择扫描的元件种类，本例选择“Resistor”（电阻）。“名称”项中选择扫描的元件序号，本例中只有一个电阻 R_1。

“参数”项选择扫描元件的参数，可以在当前值栏确认参数默认值，本例选择“resistance”。

② “待扫描的点”区用于选择扫描方式。

“扫描变差类型”项中有“十倍频程”“线性”“倍频程”及“列表”可选择。本例选择“列表”，值为 0.5，2，3。

③ “更多选项”区用于选择分析类型。

单击“待扫描的分析”下拉菜单，本例选择“瞬态分析”，单击“编辑分析”按钮对该项进行进一步设置，初始条件设为“用户自定义”，“结束时间”设置为 0.04s。

单击“输出”页，输出结点 1 的电压 V(1)。

单击“Run”按钮执行参数扫描分析，此时可通过右击图示仪视图下方曲线示例粗调字体、各曲线设置，也可双击曲线示例打开图形属性，对 3 条曲线的形状、颜色等信息进行详细设置。参数扫描结果如图 7-3-20 所示，分别显示电路的欠阻尼、临界阻尼和过阻尼状态下的电容电压波形。

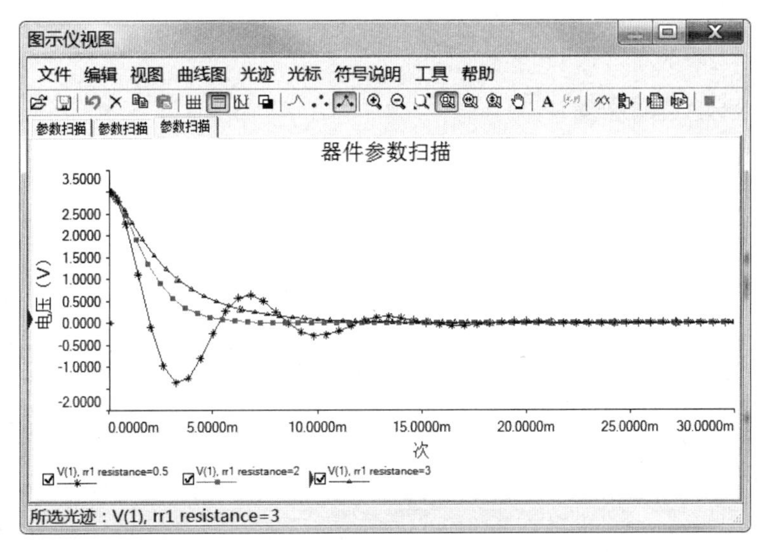

图 7-3-20　参数扫描结果

7.3.3　交流电路分析

【例 7-3-6】 图 7-3-21 中，已知 $\dot{U}_S = 5\angle 0°$ V，$\dot{I}_S = 7\angle 0°$ A，计算在 $\omega = 1$、10、200rad/s 时的结点电压值。

解： 应用 Multisim 中的单频交流分析求解电路在特定频率电源作用下电路的响应。仿真电路如图 7-3-22 所示。

选择菜单“仿真→Analyses and Simulation→单频交流分析”，出现如图 7-3-23 所示的扫描参数设置框。

在“频率”文本框输入 $\omega = 1$rad/s 时频率 f 的值。

单击“输出”页，输出结点 1、2、3 的电压 V(1)、V(2)、V(3)。

单击“Run”按钮执行单频交流分析，结果如图 7-3-24 所示。

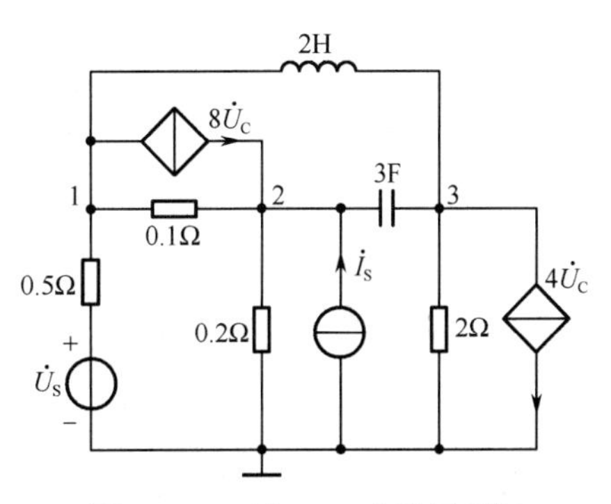

图 7-3-21　例 7-3-6 电路原理图

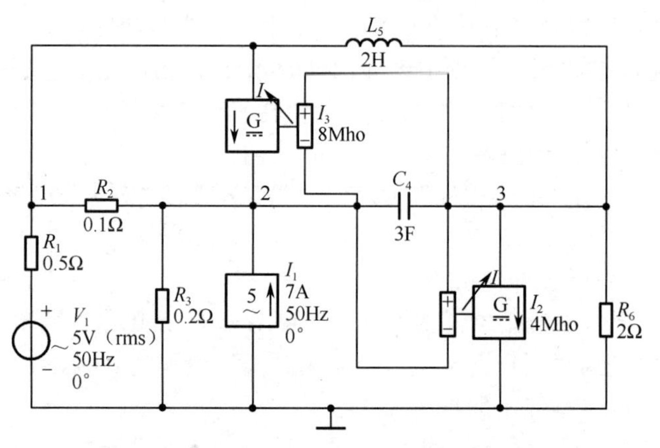

图 7-3-22　例 7-3-6 仿真电路

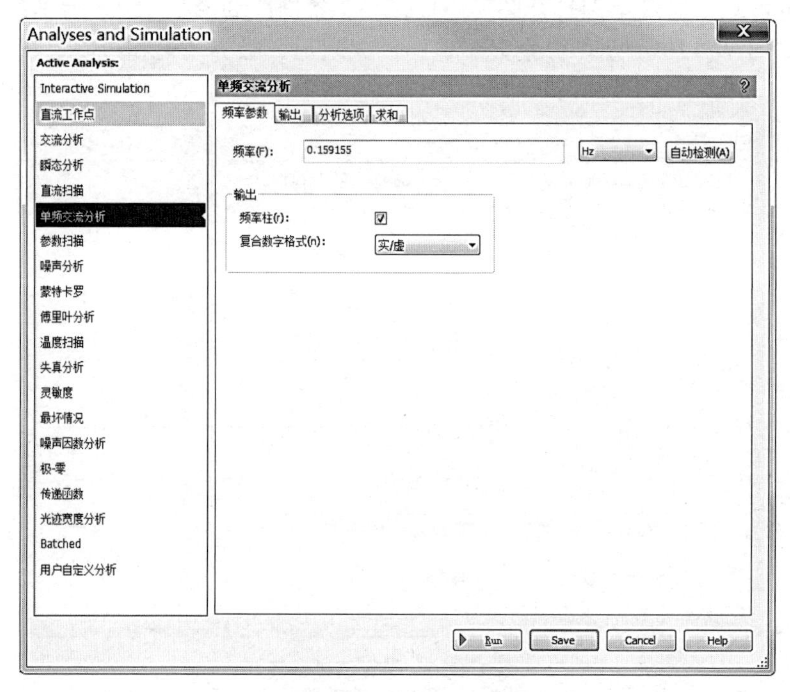

图 7-3-23　扫描参数设置框

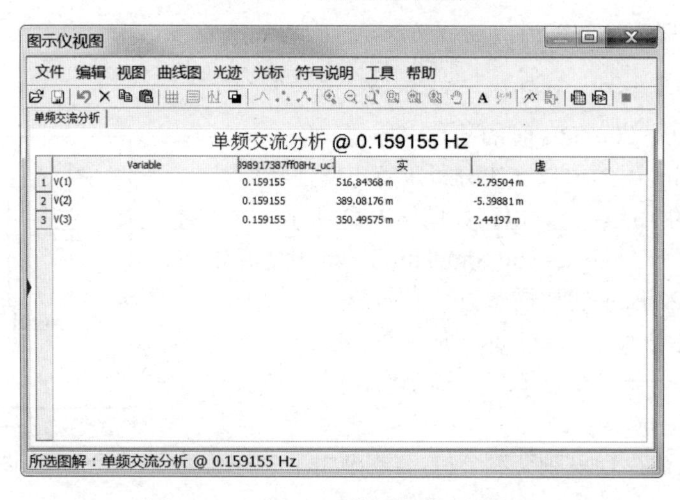

图 7-3-24　例 7-3-6 单频交流分析结果

修改“频率”，分别对应 10、200rad/s 时频率值，重复输出结果。

【例 7-3-7】 如图 7-3-25 所示 *RLC* 串联电路中，$R=10\Omega$，$L=100\mu F$，$C=100nF$，观察电感电流的幅频特性和相频特性，求谐振频率及电路的品质因数。

解： 本题采用交流分析。交流分析用于分析电路的幅频特性和相频特性。在进行交流分析时，首先计算电路的直流工作点，建立非线性元件的线性化小信号模型。直流电源停止作用，交流电源、电容、电感被各自的交流模型替代，非线性元件被线性化的交流小信号模型替代，所有的激励信号被认为是正弦信号，如果信号源是方波或三角波，系统自动转换为正弦波。

在 Multisim 中输入电路原理图，仿真电路如图 7-3-26 所示。

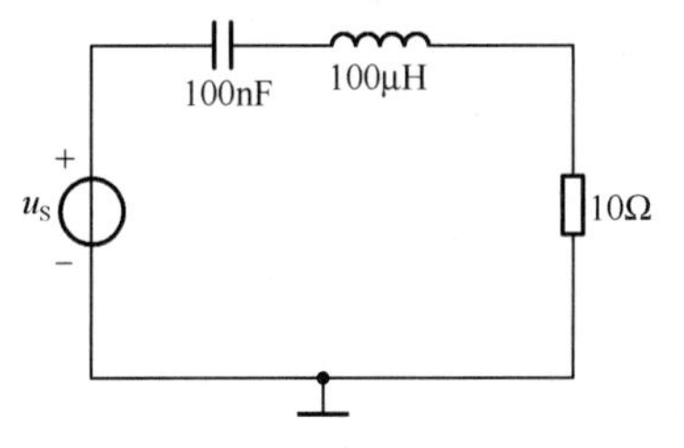

图 7-3-25　例 7-3-7 电路原理图

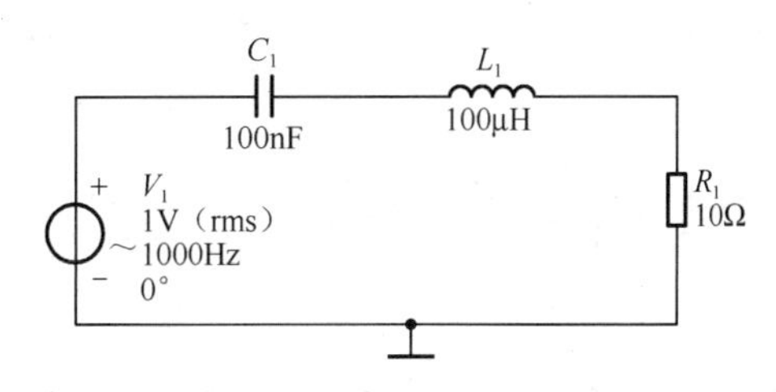

图 7-3-26　例 7-3-7 仿真电路

选择菜单“仿真→Analyses and Simulation→交流分析”，弹出交流分析设置对话框，如图 7-3-27 所示，选定信号源起止频率为 10kHz～1MHz，频率轴刻度选用十倍频，输出变量为电感电流。

在图 7-3-27 交流分析参数设置框中，“每十倍频程点数”用于设置扫描的频点数目，设置数目越大，扫描频点越多，曲线越光滑，但分析速度会慢。“扫描类型”用于设置扫描的频点的方式，“十倍频程”扫描曲线横坐标将采用对数坐标；“倍频程”表示按倍频方式扫描；“线性”表示按线性扫描，曲线横坐标将采用算术坐标。“垂直刻度”为纵向坐标刻度设置，分为线性、对数、分贝、倍频程设置方式。

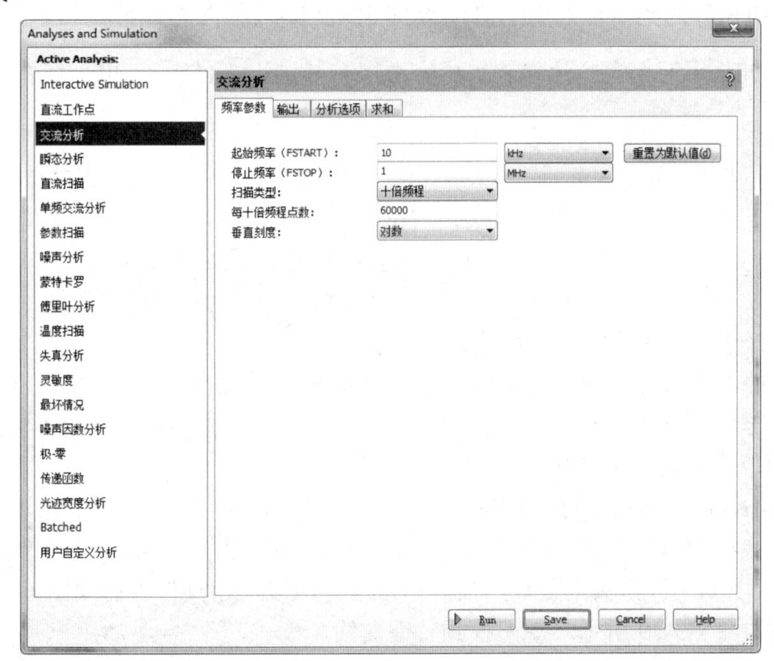

图 7-3-27　交流分析参数设置框

单击“Run”按钮得到如图 7-3-28 所示的结果，上面曲线为幅频特性曲线，下面曲线为相频特性曲线，注意根据扫描频点数量设置的不同，测得的谐振点频率数值有差异。

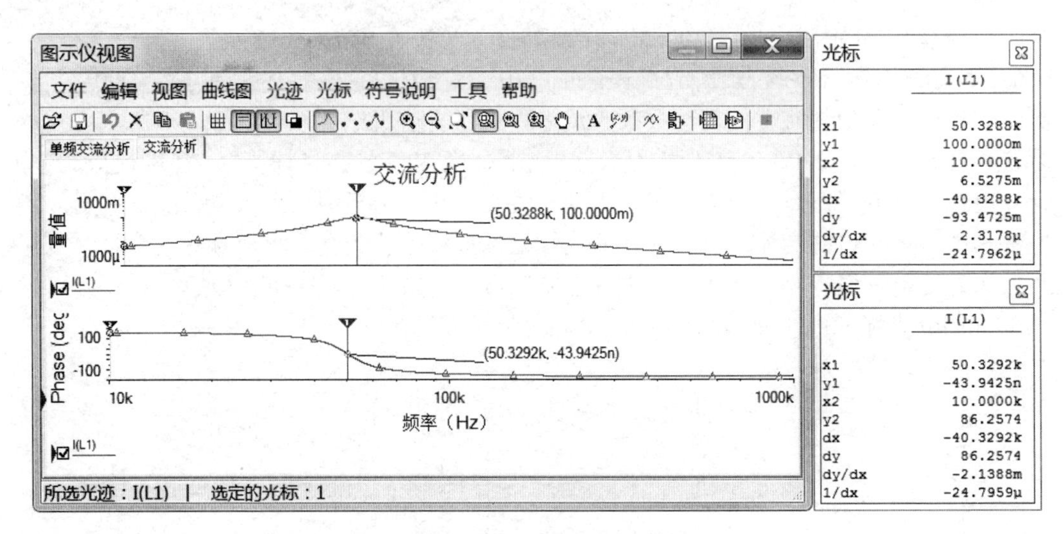

图 7-3-28　交流分析结果

利用幅频特性、相频特性曲线，可以分析电路的谐振频率。本例为 *RLC* 串联电路，谐振时，电路表现为纯电阻性质，电流将达到最大，电感电流的相移为零度。从幅频特性看出，曲线存在最大值，当 *RLC* 串联电路电流达到最大时的频率，用光标测出 $f_0 = 50.3292\text{kHz}$，此时发生串联谐振；从相频特性分析，在 f_0 处电感电流的相角偏移为零度。

理论上计算，有

$$f_0 = \frac{1}{2\pi\sqrt{LC}} = \frac{1}{2\pi\sqrt{100\times10^{-6}\times100\times10^{-9}}} = 50.3\text{ kHz}$$

Multisim 分析结果与理论基本相符。

将正弦交流电压源的频率设置为谐振频率 50.3292kHz。在 *RLC* 串联谐振电路中，电路的品质因数 $Q = \dfrac{U_C}{U_S}$，因此采用万用表交流挡测得电容电压有效值为 3.11V，而电压源有效值为 1V，则有 $Q = 3.11\text{V}$。

按理论计算，有

$$Q = \frac{\sqrt{\dfrac{L}{C}}}{R} = \frac{\sqrt{\dfrac{100\times10^{-6}}{100\times10^{-9}}}}{10} = 3.16$$

Multisim 计算结果与理论值基本相符。

利用相频特性，可以方便地确定电路的性质。本例中，当 $f < f_0$ 时，相频特性相角为正，表示电流超前于电压，*RLC* 串联电路表现为容性；当 $f > f_0$ 时，相频特性相角为负，表示电流滞后于电压，*RLC* 串联电路表现为感性。

如果要观察不同电阻阻值对品质因数的影响，可以用参数扫描方式。分析参数“名称”为“R1”，“扫描变差类型”为“列表”，“值列表”取 10,1,0.5,0.1；“待扫描的分析”设为“交流分析”，参数与上相同。单击“Run”按钮输出仿真结果，单击下方曲线（相频特性曲线图），右击鼠标后单击删除图形，结果如图 7-3-29 所示，观察幅频特性曲线。

可以发现电阻阻值越小，品质因数越大，通频带越窄，电路选择性越好。

【例 7-3-8】 测量如图 7-3-30 所示三相三线制电路总有功功率。

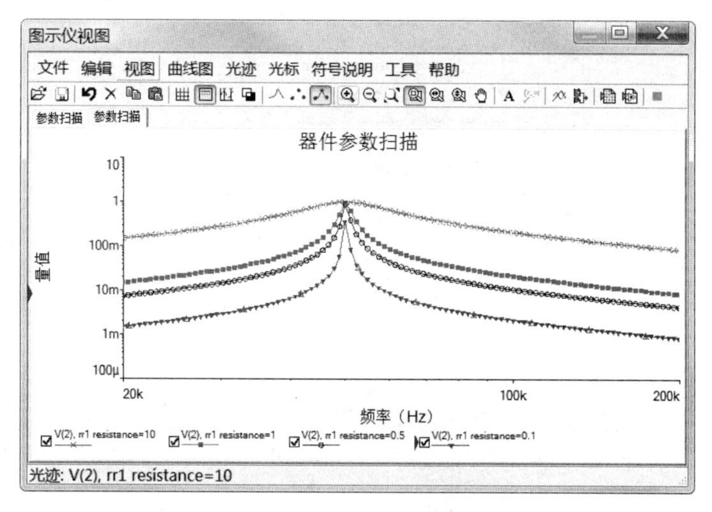

图 7-3-29 参数扫描结果

解： 测量三相负载总有功功率，分别用一只功率表测量一相的有功功率，三个功率表读数之和即为三相负载的总有功功率，称为三功率表法。

在测量三相三线制电路（如图 7-3-30 所示）的总有功功率时，不论负载对称与否，也不论负载是 Y 接还是△接，都可以采用两功率表法。在一定条件下，两个功率表之一的读数可能为负，即线路中的一只功率表将出现负读数，这时直接读数即可。

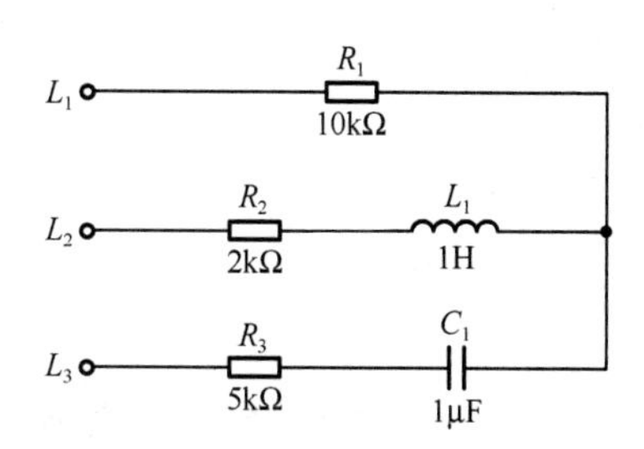

图 7-3-30 三相三线制电路图

本例使用两种方法在 Multisim 中输入电路原理图，如图 7-3-31 所示。

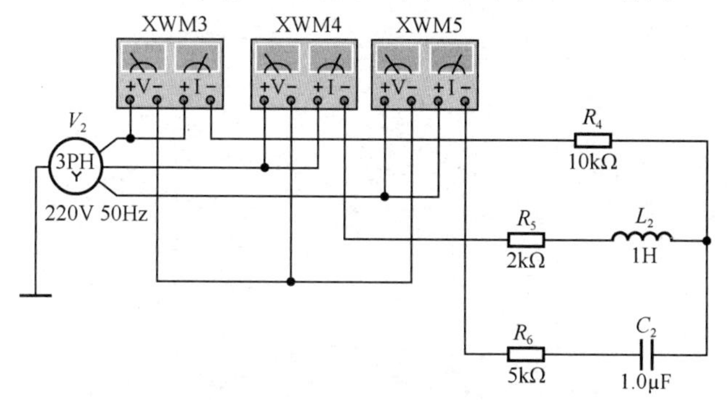

（a）三功率表法电路图

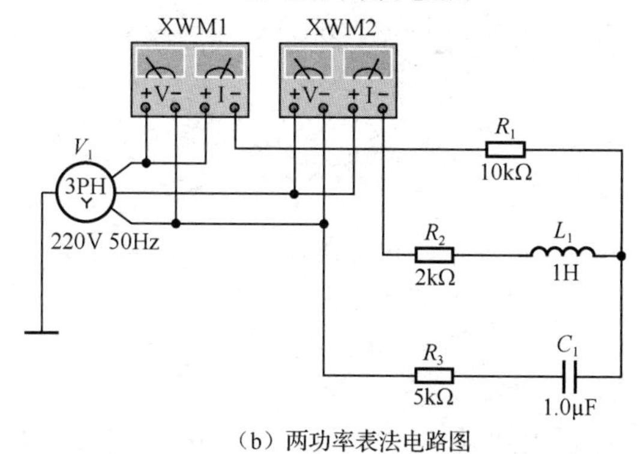

（b）两功率表法电路图

图 7-3-31 两功率表法、三功率表法电路图

选择菜单“仿真→Analyses and Simulation→Interactive Simulation”，单击“Run”按钮。依次双击功率表，打开功率表面板，如图 7-3-32 所示。

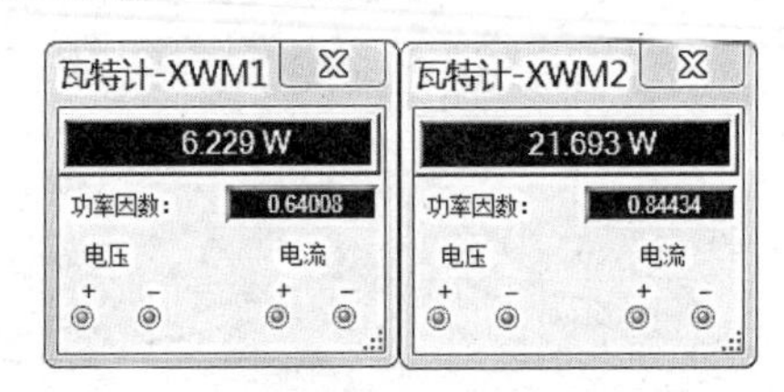

（a）两功率表法电路功率表测量值

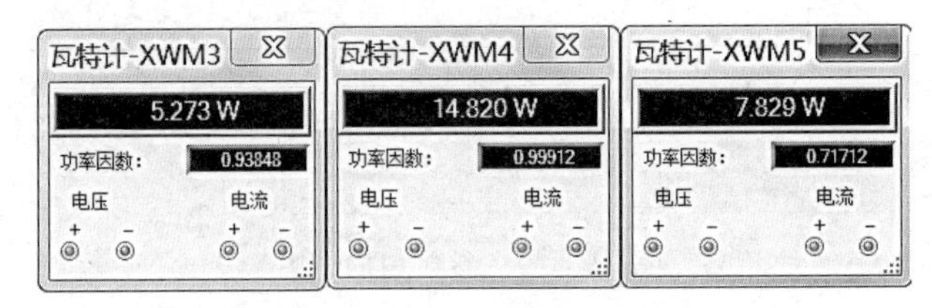

（b）三功率表法电路功率表测量值

图 7-3-32　两功率表法、三功率表法测量结果

两功率表法测量结果：6.229+21.693 = 27.922

三功率表法测量结果：5.273+14.820+7.829 = 27.922

两种方法测量结果一致。

7.3.4　含有运算放大器电路分析

【例 7-3-9】 已知 *RLC* 振荡电路如图 7-3-33 所示，电阻 R_0 与可变电阻 R_1 的串联构成正电阻，运放 741 和电阻 R_2、R_3、R_4 构成负电阻，电压源 U_S、电阻 R_5 的串联支路用于为振荡电路提供初始能量，当可变电阻 R_1 变化时可使电路分别工作在衰减振荡、等幅振荡、增幅振荡，试观察电容电压波形。

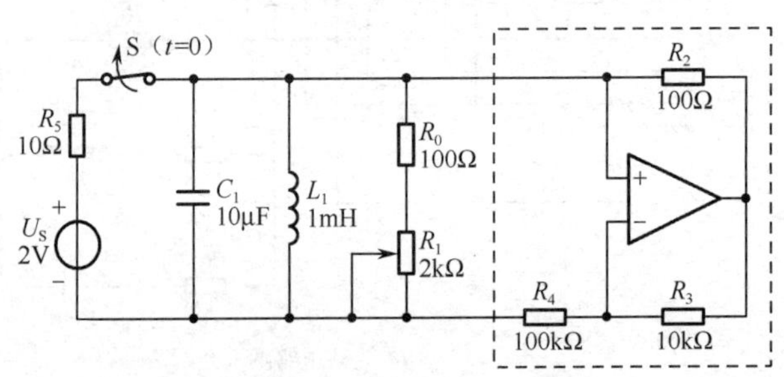

图 7-3-33　*RLC* 振荡电路原理图

解：（1）电路分析。

负电阻是一种满足欧姆定律的有源元件，可由正电阻元件和运算放大器构成。图 7-3-33 中虚线框所示电路，就是实现负电阻的电路。

当运算放大器工作在线性区，虚线框内电路的输入端等效电阻为

$$R_{eq} = -\frac{R_2 R_4}{R_3} = -1000\,\Omega$$

即虚线框部分可等效成 1000 Ω负电阻。

该负电阻与电感、电容、电阻及电源支路并联，组成 *RLC* 二阶电路。二阶电路具有振荡特性，其中负电阻可“中和”电阻的作用，随着可变电阻 R_1 的变化，使等效电阻为正电阻、零和负电阻，

使电路工作在衰减振荡、等幅振荡和增幅振荡。

振荡频率

$$f = \frac{1}{2\pi\sqrt{LC}} = 1591.5\ \text{Hz}$$

等效电阻

$$R_{eq} = \frac{-1000(R_1 + 100)}{R_1 - 900}$$

因此，$R_1 = 900\ \Omega$时，R_{eq}为无穷大，电路处于等幅振荡；$R_1 > 900\ \Omega$时，电路处于增幅振荡；$R_1 < 900\ \Omega$时，电路处于减幅振荡。应用 Multisim 可观察电路的工作状态。

（2）Multisim 仿真分析。

① 应用 Multisim 可以测量输入电阻，电路如图 7-3-34 所示，电压与电阻的比值为−1000Ω。

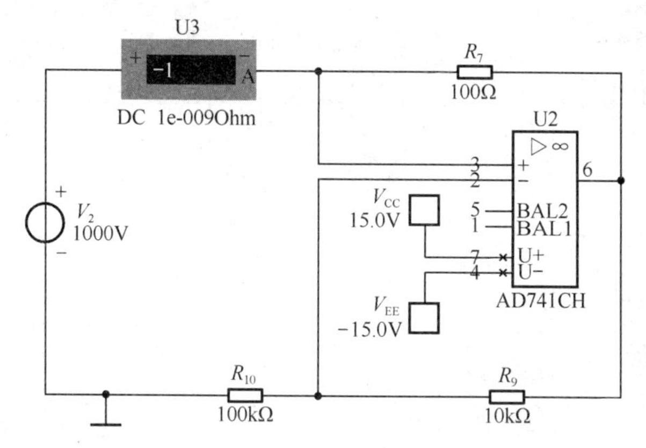

图 7-3-34　负电阻 Multisim 模型

② 在 Multisim 中输入电路原理图，如图 7-3-35 所示。其中频率计 XFC1 用于测量振荡波形的频率，示波器 XSC1 用于观测电容电压波形，注意图中 R_1 的接法。

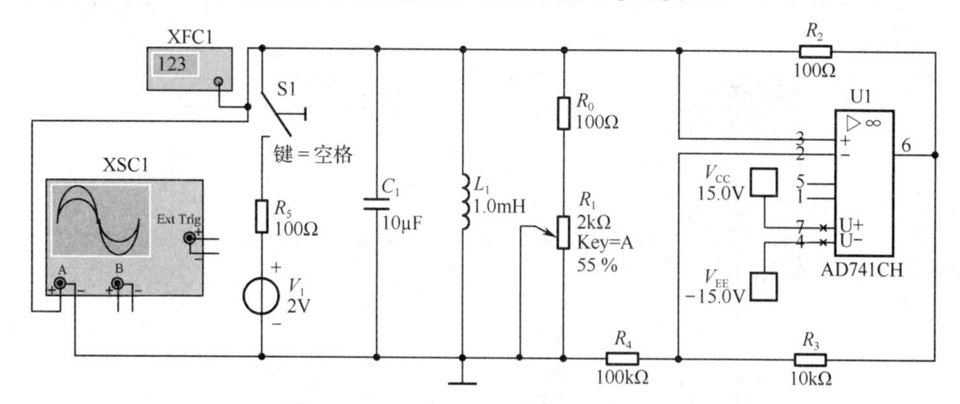

图 7-3-35　*RLC* 振荡电路 Multisim 模型

A．测量电路的振荡频率：

先闭合开关 S，然后断开，调节频率计数器灵敏度为 1mV，测得的频率为 1.59kHz（如图 7-3-36 所示），与理论计算值吻合。

B．观察增幅振荡：

调节滑块为 0%，可变电阻 $R_1 = 2\text{k}\Omega$，闭合开关 S 后断开，可在示波器上观察增幅振荡波形，如图 7-3-37 所示。

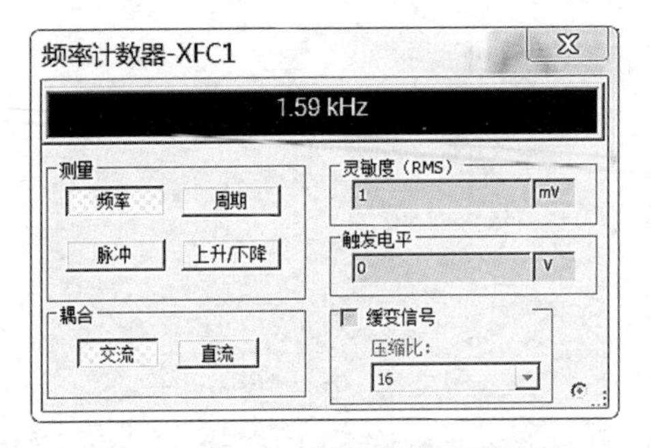

图 7-3-36　*RLC* 振荡电路测量结果

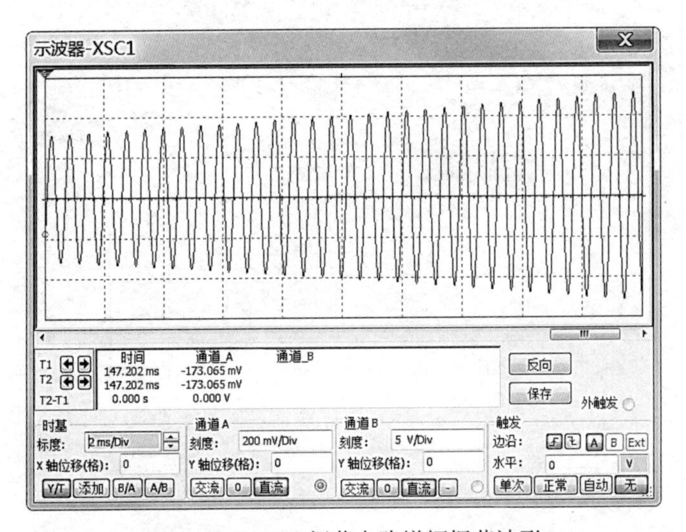

图 7-3-37　*RLC* 振荡电路增幅振荡波形

C．观察减幅振荡：

调节滑块为 100%，可变电阻 $R_1 = 0\Omega$，闭合开关 S 后断开，可在示波器上观察衰减振荡波形，如图 7-3-38 所示。

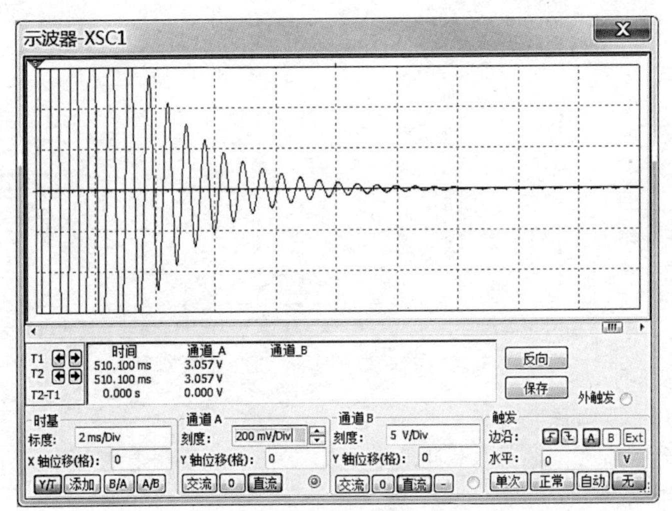

图 7-3-38　*RLC* 振荡电路衰减振荡波形

D．观察等幅振荡：

调节滑块为 55%，可变电阻 $R_1 = 900\Omega$，闭合开关 S 后断开，可在示波器上观察等幅振荡波形，如图 7-3-39 所示。

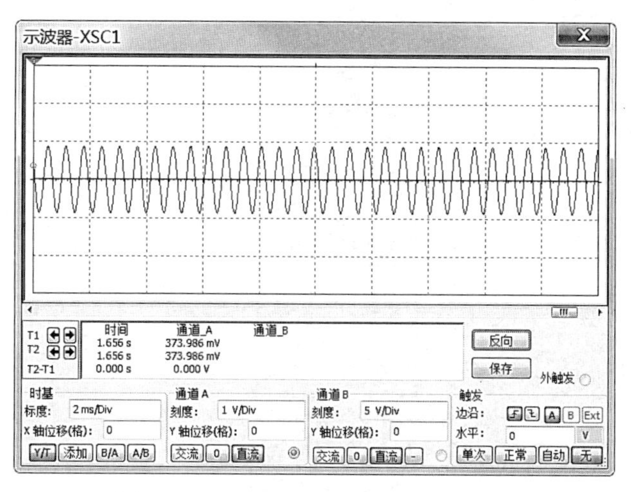

图 7-3-39　*RLC* 振荡电路等幅振荡波形

习　　题

7-1　利用 Multisim，采用两种方法分析题 7-1 图所示电路的结点电压。

7-2　利用 Multisim 设计仿真实验，求解题 7-2 图所示二端网络的戴维宁等效电路。

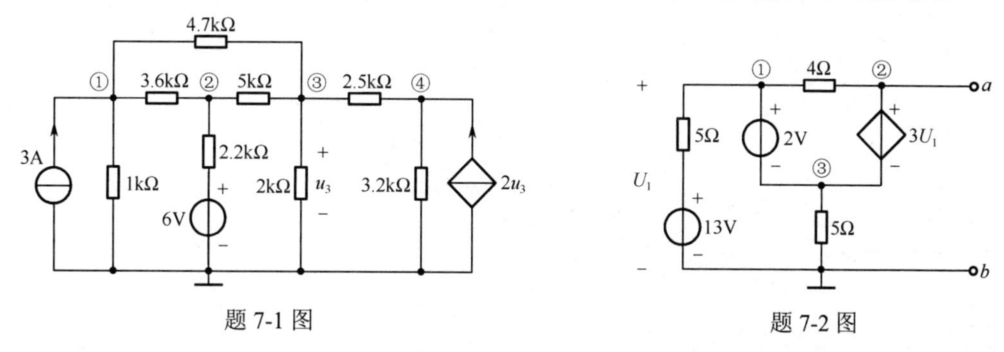

题 7-1 图　　　　题 7-2 图

7-3　题 7-3 图所示网络中，已知 $\dot{U}_S = 4\angle 0^\circ$ V，$\dot{I}_S = 2\angle 0^\circ$ A，$R_1 = R_2 = 2\Omega$，$R_3 = 0.5\Omega$，$R_4 = 1\Omega$，$R_5 = 0.5\Omega$，$C_1 = 1$F，$L_1 = 0.25$H，$\omega = 1$rad/s，利用 Multisim 中单频电流分析工具计算电路的结点电压。

7-4　在题 7-4 图所示电路中，设 $u_S(t)$ 是幅值为 10V，频率为 50Hz 的方波电压源，电感的初始储能为零，在 Multisim 中，采用参数扫描的方式观察 R_1 分别为 20Ω、80Ω、180Ω 时电流 $i_L(t)$ 的波形，并分析时间常数对瞬态过程的影响。

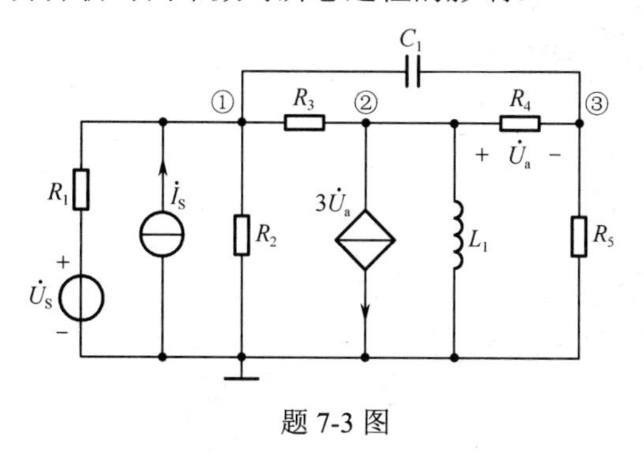

题 7-3 图

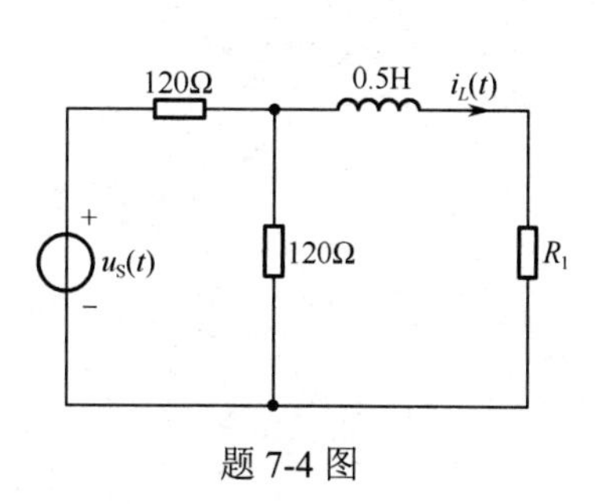

题 7-4 图

参 考 文 献

1．邱关源. 电路. 北京：高等教育出版社，2006.
2．周庭阳，张红岩. 电网络理论. 北京：机械工业出版社，2008.
3．付志红. 计算机辅助电路分析. 北京：高等教育出版社，2007.
4．云昌钦，蒋保臣. 计算机辅助电路分析. 济南：山东大学出版社，2005.
5．颜秋容. 电路理论——基础篇. 北京：高等教育出版社，2017.
6．颜秋容. 电路理论——高级篇. 北京：高等教育出版社，2018.
7．田社平. 电路理论基础. 上海：上海交通大学出版社，2016.